本书受2015年教育部"教育十三五规划"重点委托课题"新技术革命和中国未来教育"(教育部规划司函件20150306)资助。

本书为国家社会科学基金项目"基于一般均衡分析的产业结构优化动力机制研究"(15BJL041)和辽宁省教育科学"十三五"规划课题"新技术革命的人力资本动因和教育发展战略研究"(JG16EB186)的阶段性研究成果。

新技术革命与中国未来教育发展

王大超 等 ◎ 著

中国社会科学出版社

图书在版编目（CIP）数据

新技术革命与中国未来教育发展/王大超等著.—北京：中国
社会科学出版社，2017.9
ISBN 978 - 7 - 5203 - 0263 - 0

Ⅰ.①新… Ⅱ.①王… Ⅲ.①新技术革命—关系—教育事
业—发展—研究—中国 Ⅳ.①G521

中国版本图书馆 CIP 数据核字（2017）第 094551 号

出 版 人	赵剑英
责任编辑	卢小生
责任校对	周晓东
责任印制	王 超

出　　版	中国社会科学出版社
社　　址	北京鼓楼西大街甲 158 号
邮　　编	100720
网　　址	http：//www.csspw.cn
发 行 部	010 - 84083685
门 市 部	010 - 84029450
经　　销	新华书店及其他书店

印　　刷	北京明恒达印务有限公司
装　　订	廊坊市广阳区广增装订厂
版　　次	2017 年 9 月第 1 版
印　　次	2017 年 9 月第 1 次印刷

开　　本	710 × 1000　1/16
印　　张	19
插　　页	2
字　　数	285 千字
定　　价	80.00 元

目　录

第一章　绪论 …………………………………………………… 1

　　第一节　问题提出 …………………………………………… 1

　　第二节　研究目的 …………………………………………… 2

　　第三节　研究内容 …………………………………………… 3

　　第四节　文献综述 …………………………………………… 10

　　第五节　研究意义 …………………………………………… 26

　　第六节　研究思路 …………………………………………… 27

　　第七节　研究方法 …………………………………………… 28

第二章　技术革命的历史轨迹及科学、技术、教育之间的
　　　　　内在逻辑 ……………………………………………… 31

　　第一节　相关概念 …………………………………………… 31

　　第二节　技术引领下的第一次工业革命 …………………… 33

　　第三节　科学引领下的第二次工业革命 …………………… 35

　　第四节　教育引领下的第三次工业革命 …………………… 37

　　第五节　科学、技术、教育与经济发展之间的互动模型 …… 42

　　第六节　新技术革命背景下教育的新动向 ………………… 45

第三章　新技术革命动因与主要发达国家人力资本战略 ………… 49

　　第一节　人力资本的本质内涵 ……………………………… 49

　　第二节　人力资本与技术革命 ……………………………… 52

　　第三节　新技术革命以人力资本为主要动因 ……………… 63

　　第四节　人力资本战略国别案例 …………………………… 69

　　第五节　国别经验总结与启示 ……………………………… 76

第四章　新技术革命背景下的人才标准和人才培养模式 ………… 91

　　第一节　新技术革命背景下的中国经济发展新"瓶颈" …… 91

　　第二节　经济发展与教育优先 ……………………………… 93

　　第三节　新技术革命背景下的教育新使命 ………………… 96

　　第四节　新技术革命背景下的人才需求 …………………… 98

　　第五节　新技术革命背景下发达国家的人才培养模式 …… 104

　　第六节　我国人才标准的变革与发展 ……………………… 118

　　第七节　新技术革命背景下我国的人才培养模式 ………… 126

第五章　新技术革命背景下终身化与个性化教育研究 …………… 142

　　第一节　新技术革命背景下终身化与个性化教育的
　　　　　　认识论基础 ………………………………………… 142

　　第二节　新技术革命背景下不断完善终身化与个性化
　　　　　　教育的必然性 ……………………………………… 152

　　第三节　新技术革命背景下终身化与个性化教育现状及
　　　　　　存在问题 …………………………………………… 156

　　第四节　新技术革命背景下国外终身化与个性化教育
　　　　　　发展状况 …………………………………………… 168

　　第五节　新技术革命背景下终身化与个性化教育建议 …… 173

第六章　新技术革命背景下的高校转型发展 ……………………… 187

　　第一节　新技术革命与高校转型发展 ……………………… 188

　　第二节　高校转型发展的必要性 …………………………… 190

　　第三节　新技术革命背景下我国高校的转型发展 ………… 196

　　第四节　新技术革命背景下高校转型发展的内容 ………… 203

　　第五节　国外高校转型发展的经验借鉴 …………………… 209

　　第六节　新技术革命背景下高校转型发展的对策 ………… 219

第七章　新技术革命与教育公平 ·· 222

　　第一节　新技术革命背景下教育公平理念的阐释 ············ 222

　　第二节　新技术革命背景下我国教育公平存在的
　　　　　　问题及成因 ·· 236

　　第三节　国外促进教育公平的经验 ························· 247

　　第四节　以教育信息化促进教育质量公平 ·················· 253

　　第五节　新技术革命背景下促进我国教育质量公平的
　　　　　　对策建议 ·· 270

结　语 ·· 282

附　录 ·· 284

参考文献 ·· 288

后　记 ·· 298

第一章 绪论

第一节 问题提出

人类进入 21 世纪以来，出现了以数字制造技术（以 3D 打印机为标志）、互联网技术和可再生能源技术整合和创新的第三次工业革命，同时也带来了一场新技术革命。这次革命将导致工业、产业乃至社会发生重大变革，将打破第一次、第二次工业革命以规模化和标准化为特征的生产模式，将推动一批新型产业诞生和发展，将引发社会生产方式、制造模式甚至生产组织方式等方面的变革。面对全球范围内的新技术革命，许多国家纷纷出台了应对策略，比如美国提出优先发展先进制造、信息技术、新型能源和新材料技术等策略；欧盟等国家提出重点发展微纳米电子、纳米技术、光电子、先进材料、工业生物技术和先进制造技术六大关键应用技术；韩国提出优先发展系统产业、材料及零部件产业、能源产业、创意产业，向先进产业强国飞跃的策略；印度提出大力发展移动互联、云计算、大数据为代表的信息技术，打造世界信息技术制造业中心。对于我国来说，必须牢牢把握这次革命带来的战略转型期，以全新的姿态把握和应对全球战略性产业调整带来的机遇和挑战。我们需要保持经济平稳较快发展，要深入研讨供给侧结构性改革问题，通过产业升级、结构调整和创新驱动来实现经济转型发展和强国战略。而在新技术革命背景下，欲提升国家科技创新能力，就必须加强人力资源建设，将发挥人的创造力作为推动科技创新的核心；欲从人力资本大国转变成人力资本强国，就必须优先发展教育。因此，如何使我国教育在"十三五"时期或更远的将来能够切实承担起培养创新型人才的历史重任，如何跳出传统的教育思维模式，使新的教育理念、教育手段、人才培养模式在新技术革命背景下，从国家战略层面适应经济新常态的要求，是摆在我们面前的一个重大课题。

综上所述，关于新技术革命与未来教育的课题研究有着特殊的现实意义。目前我们迫切需要回答：新技术革命背景下未来教育和国家发展战略是什么关系？为适应经济新常态的要求，未来教育的目标和任务是什么？新技术革命视角下未来人才的培养模式如何？我国高校如何转型发展来适应和满足不同领域的新型劳动力的规模结构、素质特征的需要？如何借助新技术革命促进教育公平并在此基础上更好地体现终身教育？中国未来教育要特别关注在多学科知识融合的背景下，注重专业知识、专业素质和实践能力的培养，加强创新思维、创新能力和创新品质的培育；关注为应对人口红利消失拐点的出现，劳动人口由劳动密集型向知识密集型或创意创造型转移的一种趋势；要更加注重亲自然情结的培养和同理心的觉醒，形成生物圈保护意识，促进人与自然和谐发展；中国未来教育要均衡发展学校教育、家庭教育、企业教育、社区教育，利用现代技术搭建教育一体化平台，逐步实现教育的个性化、信息化、国际化和终身化，使每一个人都能平等、便利地获得受教育的机会。

第二节　研究目的

通过对新技术革命与未来教育理念、教育功能、教育目标等问题的分析，论证新技术革命背景下中国未来发展中教育的引领地位，结合建构的新技术革命背景下未来教育与国家发展战略互动的理论框架，阐释教育在未来中国经济转型发展、创新驱动、产业结构调整升级过程中的目标和任务。

通过对适应和促进不同阶段技术革命发生、发展的不同国家人力资本战略的比较，对新技术革命背景下我国的人才需求特征、人才培养模式、高校转型发展、终身教育、个性化教育、教育公平等问题进行深入分析，探寻突破"瓶颈"问题的途径。对"十三五"时期我国高校转型发展、新型人才培养，为进一步探寻教育公平、终身教育、个性化教育的实现提出对策建议。

第三节 研究内容

基于研究目的以及课题委托单位的研究预想，本课题研究设计了六个子课题即本书的六章。第一章为技术革命的历史轨迹及科学、技术、教育之间的内在逻辑，从现象学研究范式回答了教育、科学和技术之间的逻辑关系是什么。第二章为新技术革命动因与主要发达国家人力资本战略，从解释学研究范式回答了为什么人力资本是新技术革命的动因。第三章为新技术革命背景下的人才标准和人才培养模式，从批判探究研究范式回答了教育需要为新技术革命培养什么样的人。第四、第五、第六章分别从建构主义研究范式，回答了教育如何为新技术革命培养所需要的人。

一 技术革命的历史轨迹及科学、技术、教育之间的内在逻辑

从理论层面对新技术革命与中国未来教育的互动进行阐释，致力于探寻新技术革命背景下中国未来教育的发展理念、发展目标、发展模式和实现手段，构建具有中国特色、满足国家发展战略的我国未来教育事业发展的理论框架，包括六方面内容：

第一，相关概念的阐述，探析新技术革命和未来教育的本质内涵。

第二，阐述技术引领下的第一次工业革命，探析技术与教育的内在逻辑关系。

第三，阐述科学引领下的第二次工业革命，探析科学与教育的内在逻辑关系。

第四，阐述教育引领下的新一轮科技革命和产业革命，分析第三次工业革命的主要特征，其主要特征概括为人与自然关系的"新质变"、能源生产和使用的"新质变"、生产方式和流程的"新质变"、生产组织方式的"新质变"以及生活方式的"新质变"。

第五，科学、技术、教育与经济发展之间的互动模型：教育的发展和技术的进步离不开经济的发展和社会的进步，研究中以新技术革命为条件，以围绕推进政治、经济、文化、社会、生态文明"五位一体"目标中新技术革命与中国未来教育之间的互动为过程，以规划设计中国未来教育的发展目标、发展模式，结合相关理论（经济新常态、协同创新、多元利益主体共同参与等理论）具体回答"什么是"未来教育，并进一步阐释未来教育的教育理念及实现手段，建构一个全面系统、科学合理的科学技术—教育—经济协同创新互动模型。

第六，新技术革命背景下教育改革的新动向，着重探讨新技术革命背景下教育的新方向、新定位以及新趋势。

二 新技术革命动因与主要发达国家人力资本战略

通过理论、实证和国际比较研究，论证人力资本积累是新技术革命发生的充要条件，论证教育是未来技术进步和创新发展的内在驱动力。一方面，人力资本作为必要条件引领了新技术革命的产生和发展；另一方面，人力资本积累能够通过提升劳动者的职业适应能力减少技术创新和岗位变更引发的摩擦性失业，减少转型升级带来的效率损失。教育作为形成人力资本的重要途径，在新技术革命背景下必须承担更加重要的责任。教育改革发展作为人力资本战略的重要一环，必须紧扣"引领"和"适应"两个关键词，既要在量上适度超前积累，又要特别强调结构优化，才能顺利实现教育现代化目标，在国家深化改革过程中，在经济社会转型和发展的关键时期更有担当和作为。这部分内容主要包括五项：

第一，阐述人力资本的本质内涵。人力资本是能够带来未来财富收入的人力储备，是能够提高劳动生产率的知识和技能存量，是能够学习和创造新知识和新技能的知识和技能基础。对人力资本本质内涵的这一阐释分为三个层次。第一个层次是经济学学科视角的定义、第二个和第三个层次是教育经济学学科视角和教育学学科视角的定义。

不同的学科视角对于人力资本的解释在本质上是相互融通、互相印证的。

第二，论证人力资本与技术革命的关系。首先，人力资本供给增加提高了技术进步概率，追问如果技术进步不是源自经济收益，那么技术进步到底从何而来呢？唯一可能的解释是包括新科学发现和新技术发明在内的技术供给，一方面受人类探索自然的好奇和征服自然的欲望所激励，另一方面以人力资本积累作为必要条件。另外，科学和技术的融合大幅提升了知识更新速度，教育投资获得了前所未有的重视，加速了人力资本积累。其次，人力资本供给增加提升了技术扩散激励，当市场上存在大量普通劳动力时，与普通劳动力互补的技术就会带来更多的利润。当市场上人力资本积累非常丰厚时，技术进步就会逐渐朝着与人力资本互补的方向逐渐发展。最后，人力资本结构优化为技术革命提供了持续动力。本部分着重回答：什么是人力资本结构优化？在多个产品和多个生产部门存在的复杂现实经济条件下，什么样的比例关系才是最优的人力资本结构？人力资本结构优化的标准是什么？怎样才能实现这种比例关系达到人力资本结构优化的目标？

第三，论证新技术革命以人力资本为主要动因，全球人力资本储备普遍增长，新技术革命增加了人力资本的需求，人力资本扩张与新技术革命有着因果逻辑关系。

第四，人力资本战略的国别案例，探讨了英国、美国、德国、日本、韩国等国家的人力资本战略，剖析不同时期部分发达国家人力资本战略的内容和历史作用。

第五，人力资本战略的国别经验总结与启示：以创新为核心制定教育发展战略，充分认识和积极发挥教育引领作用，积极应对人力资本需求结构变化，完善教育优先发展战略的政策保障，优化教育优先发展战略的经费保障。

三　新技术革命背景下的人才标准和人才培养模式研究

从分析新技术革命背景下的中国经济出发，探究中国经济发展面临的新"瓶颈"，探讨新技术革命背景下的教育新使命、人才的标准和人才的培养模式。在人才标准中，能力、知识和技能是其主要内容，创新是人才标准的第一要素，完善的人格品质是人才标准的新保障，跨文化交流能力是人才标准的新扩展。对于人才培养模式，首先，新型劳动者须以高知识占有量为基础，进行分层培养。其次，建立科学的人才管理体系，加强高等教育分类管理，大力发展高等职业教育，快速发展民办高等教育，最后建立完善的高等教育人才培养质量保障体系。这部分内容包括七个方面：

第一，新技术革命背景下的中国经济发展新"瓶颈"。阐述科学技术发展的综合化与高速化趋势和科学、技术、生产的三位一体化趋势，不仅增加了科技创新的难度，也对社会劳动者的基本素质提出了新要求。

第二，经济发展与教育优先。科技基础、创新能力对于一个国家和民族经济的发展越来越重要。科技和创新能力的提升离不开教育，教育应处于优先发展地位。

第三，新技术革命背景下的教育新使命。创新意识的培养、创造能力的塑造以及新型知识架构和实践技能的累积都离不开教育，这些都将赋予教育以新的使命。教育的总体目标也并不仅仅在于增加知识总量，提升技能水平，要使受教育者的认知结构得以发展，积极的个性品质得以塑造，道德感、理智感等社会性情感得到升华，内在的发展潜能由可能变为现实。

第四，新技术革命背景下的人才需要。包括创新型人才、技能型人才、复合型人才、多样化人才、个性化人才、国际化人才、终身学习型人才和信息型人才。

第五，新技术革命背景下发达国家的人才培养模式。通过对美国、英国、日本等发达国家的人才培养模式的梳理和比较，探讨在新技术革命背景下，我国的人才培养模式应趋于怎样的变化。

第六，我国人才标准的变革与发展。阐述了新中国成立后，中国的人才标准经历了三个发展阶段。同时，我们建构出新技术革命背景下我国未来人才的五大标准：（1）创新精神与创新能力是未来人才的首要标准。（2）完善的个性品质是未来人才标准的核心成分。（3）高水平的能力、知识和技能是未来人才标准的主要内容。

（4）终身学习能力是未来人才标准的重要根基。（5）跨文化交流能力与文化包容能力是未来人才标准的新拓展。

第七，探讨新技术革命背景下我国的人才培养模式。提出了12条建议：（1）大力推进教育信息化。（2）形成与时俱进的教学内容。（3）新型劳动者须以高知识占有量为基础，分层式培养。（4）加强高等教育分类管理，快速发展民办高等教育。（5）大力发展职业教育，建设现代职业教育体系。（6）引导部分地方院校向应用型高校转型。（7）大力推进教育国际化，提升我国人才核心竞争力。（8）深化高等学校创新创业教育改革。（9）大力推进教育信息化。（10）积极完善终身教育体系，推动学习型社会的建立。（11）建立科学的人才管理体系。（12）建立完善的高等教育人才培养质量保障体系。

四　新技术革命背景下的终身化与个性化教育研究

新技术革命的到来，将会改变人类的生活方式和生产方式，给全球的人才培养模式带来了挑战。在新技术革命背景下，本书的研究提出以终身化、个性化、定制化、差异化教学、分散合作的学习模式，改变现有的批量化、标准化、固定化、分段化的育人模式。这部分主要包括五项内容：

第一，新技术革命背景下终身化教育与个性化教育的认识论。新技术革命带来教育变革，中国教育必须回归到教育本质。终身化教育应是自然而然的个性化教育，两者相互依存。

第二，新技术革命背景下不断完善终身化教育与个性化教育的必然性。首先，优质教育提升国家全球竞争力。其次，新常态经济敦促教育理念转变。再次，新技术革命引领教育变革。最后，教育革命中的自我救赎。

第三，新技术革命背景下终身化教育与个性化教育现状和存在的问题。在培养高素质劳动者和创新型人才方面，目前的教育效能还存在巨大差距，此问题涉及教育的诸多方面，比如体制僵化、培养模式单一、教学内容滞后等。此外，新媒体技术和网络技术在教育教学中的普及还处于浅层次，正规教育与非正规教育、现实教育与虚拟教育尚未建立起合理、有效的相互沟通和衔接的关系，目前离现代技术革命的"数字制造技术、互联网技术和再生性能源技术的交互融合"还有很大距离。这些问题的存在，使终身化教育与个性化教育在部分环节上进入了盲区或误区。现存的问题包括：教育立法不力，终身化与个性化教育体系不健全，终身化与个性化教育质量监管不到位和终身化教育与个性化教育管理机制不完善。

第四，新技术革命背景下国外终身化教育与个性化教育发展状况：通过对美国、日本、德国等部分国家的终身化、个性化教育的发展战略进行梳理和总结，横向比较其优势和特点，并进行本土化的适应性分析，提出适合我国教育终身化、个性化的战略构想。

第五，新技术革命背景下终身化教育与个性化教育建议。转变教育理念，充分发挥政府政策制度的杠杆作用，产学研联动终身化与个性化教育，多元融资保障终身化与个性化教育可持续发展，加大终身化与个性化教育的立法，构建整体优化的终身化与个性化教育体系，创新评价监管模式、建立终身化与个性化教育管理机制。构建新型学校管理模式、形成多元化办学模式、形成管办评分离的新型教育治理机构；改革招生体制、严肃办学环境、突出人力资本价值、建立完善的终身教育体系；倡导个性化教育、建立社区学院、重视信息化教育、开展国际化教育互动、构建特色学校、完善教育立法。具体的做法包括：建设终身化与个性化教育服务支撑平台，构建整体优化的终身化与个性化教育体系，优化教师管理，进行多元融资，加快现代大学建设步伐，改革现行评价制度，发挥产学研协同效应，数字化、网络化学习和创新终身化、个性化教育管理机制等。

五　新技术革命背景下的高校转型发展研究

在新技术革命背景下，许多国家不约而同地选择了依靠科技创新来提升国家综合国力和核心竞争力，建立国家创新体系。党的十八大提出的"创新驱动发展战略"具有鲜明的时代特征。"创新驱动"的实质是科技创新，科技在未来经济发展中将成为具有决定意义的要素，各国之间的竞争最终归结为人才的竞争。高校应为新技术革命培养出引领者，为我国从资源大国向科技大国、人才大国迈进提供有力支持。这部分主要包括六项内容：

第一，新技术革命与高校转型发展，论述了高校转型发展的内涵及其与新技术革命的关系。

第二，高校转型发展的背景。一是高校转型发展是提高国家竞争力的重要途径；二是经济结构转型与升级需要多元化的高素质人才；三是高校提升竞争力需要寻找新的途径。

第三，新技术革命背景下我国高校的转型发展。一是我国高校转型发展的历程；二是在新技术革命背景下，我国高校转型发展中存在的问题；三是在新技术革命背景下，影响高校转型发展的因素。

第四，新技术革命背景下高校转型发展的内容。从高校结构调整—高校内涵发展—高校制度建设三个维度展开研究。

第五，新技术革命背景下国外高校转型发展的借鉴。针对经济技术发展的不同阶段，通过对法国、芬兰、德国、瑞士等国家高校发展战略的比较研究，以新技术革命为背景，对我国高校的转型发展进行本土化的适应性分析，提出我国高校转型发展的可行路径。

第六，新技术革命背景下高校转型发展的对策。主要包括：重新划分分类标准，实现高校分类管理；调整高校专业结构，建立与企业发展需求相适应的人才培养体系；改变人才培养结构，构建校企深度合作的培养模式；完善产学研协同创新机制，加强高校与产业的深度对接；完善制度建设，实现高校整体的提升。

六　新技术革命背景下的教育公平问题研究

基于新技术革命背景下的教育理念和教育手段，分析新技术的运用对原有教育不公平带来的影响，研讨新技术革命促进教育公平的可行性，主要包括五个方面的内容：

第一，新技术革命背景下教育公平理念的阐释。阐述教育公平是一个发展的理念，教育公平是一个相对平等的概念，是作为公共物品的教育公平的理念，教育公平制度不是一个帕累托最优的制度设计，强调教育结果公平、教育多样化的理念。

第二，新技术革命背景下我国教育公平存在的问题与原因分析。从总体看，目前我国教育存在着城乡差距、区域差距、阶层差别、民族差别、校际差别和性别差别等，这些差别分别在教育的起点公平、过程公平及结果公平上有所表现。阶层差距成为现阶段我国教育公平的主要问题，收入差距是导致阶层差距和城乡差距的主要原因，阶层差距导致社会负能量蔓延，阶层差距导致教育结果不公，教育投入总量和结构的不足加剧城乡差距，传统教育模式导致教育质量公平难以实现。

第三，国外促进教育公平的经验借鉴。成功跨越了中等收入陷阱的日本和韩国，同属东亚，在民间文化方面也有很多相似之处，所以他们的经验很值得学习。此外，欧美发达国家、印度、巴西等对我国也有许多可借鉴之处。可借鉴的内容包括：日本义务教育资源均衡配置和教师流动制度；韩国以"平准化教育"，促进教育结果公平；印度的长处在于注重学生数学和软件开发能力的培养；巴西实行严格的教育补偿制度。欧美发达国家通过发展多样化课程设置，促进教育公平，通过多样化的办学形式促进教育质量的提升，在教育公平的区域差别上，积极开展多元化教育，重视学前教育，健全的评估体系确保教育的质量和教育结果公平。

第四，以教育信息化促进教育质量公平。教育信息化能够在很大程度上解决教育资源拥挤性的问题，促进教育公平。教育信息化能够促进教育质量公平，教育信息化有利于教育结果公平。

第五，新技术革命背景下促进我国教育质量公平的建议。牢固树立以教育转型来实现教育质量公平的理念；实现义务教育资源内涵式均衡发展，保障教育质量公平；建立大数据理念下的教育质量公平；以教育信息化实现教育公平，如O2O教育模式的探讨与应用。

第四节　文献综述

本书在"中国知网""万方数据库""百度""谷歌"等搜索引擎中输入关键词，进行相关文献的查找，所收集的文献中，期刊文献较多，硕博论文较少。主要研究的内容有三个方面：一是关于技术和教育关系的探讨；二是我国教育应如何迎接新技术革命；三是新技术革命对未来教育的机遇与挑战。

一 关于新技术革命与未来教育之间关系研究的综述

对于"技术和教育之间是什么关系"问题的研究是一个历史性的话题，有学者认为，新技术革命实质上是一场知识的革命。现代信息技术强大的信息存储、处理、传递等功能从表面上看对教育有着毋庸置疑的价值，能从根本上提高教育的效率和效果。然而，历史告诉我们，貌合神离的技术与教育之间的联姻并不能保证获得我们所期待的结果。要真正实现技术对教育的支持，我们必须深刻反思历史的经验和教训，从各个角度来深入探究教育与技术的结合过程。① 科技的发展离不开教育，并对教育的进一步发展起促进作用；教育对科技起决定作用，没有教育科技也无从谈起。所以科技与教育密不可分，只有科技与教育共同发展才有社会的进步、经济的发展。② 方兴未艾的信息化技术与人类学习、交往、工作和生活融为一体，数字化信息技术（以下简称技术）成为人类赖以生存与发展的环境。对学习者而言，技术突破了时空界限，丰富了信息的表征/表现形式，改变了学习资源的分布形态与对其拥有关系，使学习资源具有无限可复制性和广泛通达性，提供了行为主体的智能代理功能，这必将增加人们的学习机会，引起学习者学习方式、认知方式、教育关系及学习生态发生意义深远的改变。而当学习方式、认知方式、教育关系及学习生态发生改变时，又必将对在此基础上建立的教育教学产生深远影响。③ 互联网是所有传播媒介技术的最大集成者，它传播速度快、传播范围广、表达符号丰富、记录准确、支持双向传播。这些优势集中在一起，使互联网在记录、表达和传播结构上，具有了前所未有的特征，彻底改造了原有的社会传播生态环境，也必将引发学术研究和教育教学的革命性变革。④ 第三次工业革命的到来，需要培养出高素质的劳动者，更需要培养出创新型人才。信息技术对教育具有革命性的影响，而这种

---

① 赵勇：《教育与技术的关系探微》，《中国电化教育》2004 年第 208 期。

② 王珍燕：《理论学习资料（全国教育工作会议专辑）》，新浪博客，http://blog. sina. com. cn/s/blog_ 6207dc7c0100mhrp. html，2016 年 8 月 11 日。

③ 祝智庭、管钰琪：《教育变革中的技术力量》，《中国电化教育》2004 年第 324 期。

④ 郭文革：《教育的"技术"发展史》，《北京大学教育评论》2011 年第 3 期。

影响的产生，需要我们从宏观、中观和微观层面共同推动，只有这种"自上而下"与"自下而上"的改革方式相结合，才能让我们的教育改革取得更大成效。[①] 随着技术的发展，技术将成为生存必需的环境，人类的基本认知方式，驾驭世界的基本思维方式正在发生意义深远的改变，当基本认知方式都发生改变的时候，在此基础上建立的教育大厦必然发生意义深远的改变，如果只是将技术作为单纯地解决教育某一方面问题的工具，仅仅用于完成现有的模式和方法，技术将对教育产生异化作用，解决技术对人的奴役的根本途径在于技术、人和精神的融合，创造新的秩序、范式与文化。[②] 从教育发展历程的考察中发现，教育与技术的关系主要表现为：教育领域中的技术是随着教育的发展变化而不断变化的。技术在教育领域的应用涉及的因素有教育目标、教育制度、学习者特点、教育环境、教学过程等，这些因素是相互关联和相互作用的。[③] 技术与教育的关系从历史的视角来看，技术曾经对教育变革产生过革命性的影响，但这并不意味着今天的教育应该围着技术转。包容性思考是整合"以技术为中心"还是"以教育为中心"这两种不同观点的有效方法。在技术与教育之间应该寻找一个平衡点和结合点。

从已有研究成果来看，有关新技术革命、未来教育的内涵和外延及其相互关系问题还未能得到实质性的解决，在实际操作中，研究成果还不能得到很好的转化和应用。同时，国内研究者的研究相对更为狭窄，还停留在片断、局部地分析，在研究过程中，还存在许多不足和盲点。在研究方法上，以往的研究以思辨式为主，实证研究和行动研究更是缺乏。在研究内容中，学者们对于"技术与教育的关系"研究主要有以下几种观点：一是"技术中心论"，认为技术革命能够带来教育的革命，即技术变革决定教育如何发展；二是"教育中心论"，认为技术革命会促进教育的发展，有利于提高教育的有效性；三是

---

① 柯清超：《技术推动的变革与创新》，《中国电化教育》2012 年第 303 期。

② 余胜全：《技术何以革新教育》，新浪博客，http://blog.sina.com.cn/s/blog_56d3e9a50100v379.html。

③ 马万全、单美贤：《教育发展历程中教育与技术的关系》，《苏州大学学报》（哲学社会科学版）2009 年第 5 期。

"综合论"，认为教育和技术是相互关联和相互作用的；四是"不定论"，认为技术和教育的关系在不同的历史时期关系是不同的，在当下的技术与教育应该是在"包容性思维"下进行整合，寻找一个平衡点和结合点。各方观点都有一定的道理，但都缺乏对自己所持观点的有力论证，对技术和教育的内涵、外延及之间存在的联系及互动规律研究不够深入系统，而这恰恰是问题的关键所在；新技术革命与未来教育对"是什么""为什么""有什么关系"还有待进一步厘清和聚焦；从研究层次上看，现象学的研究仍然占主体，而方法学、元学层面的研究涉及较少，导致理论的深入度不够。在研究视角上，有从历史的角度、比较的角度对技术与教育等问题进行探讨，但缺乏其他相关学科研究的视角，例如从经济学、哲学视角等深入地去探讨和解剖两者的关系。

二　关于新技术革命与国家人力资本战略研究的综述

这部分的研究，通过文献的梳理，发现学者主要研究的是人力资本与经济增长之间的关系，对于新技术革命下的人力资本研究还很少。

（一）从经济学的视角，探讨人力资本与经济增长的关系

尼尔森和菲尔普斯研究了人力资本、技术进步与经济增长的关系。研究表明，一个技术进步或动态经济中，生产管理需要更多的变革适应性，而经受的教育越多，引进新技术的速度就越快，人力资本积累也越迅速，进而促使经济有效增长。20世纪70年代，知识、技术和人力资本在经济发展中的作用越来越明显，这个时期不少经济学家都把目光扩展到发展中国家的经济发展上，并建立了许多增长模型，其中具有代表性的有罗默的"收益递增"模型，卢卡斯的"两资本"模型等。在建立的模型中，他们把人力资本视为最重要的内生变量，特别强调人力资本存量和人力资本投资在内生性经济增长和从不发达经济向发达经济转变过程中的首要作用。这些研究都充分揭示了人力资本投资水平及其变化对各国经济增长率和人均收入水平收敛趋势的影响，进而确定人力资本积累在经济增长和经济发展中的关键作用。[1] 有学者通过分析和评价西方人力资本理论，并借鉴西方人力

---

[1]　谢昌财：《经济增长与人力资本积累研究》，硕士学位论文，贵州财经学院，2009年。

资本理论来分析中国的人力非资本化问题，从而为中国经济体制改革提供了新的思路。

（二）从教育学的角度，阐释人力资本积累对工业革命的作用

一些学者研究了教育质量对经济增长的影响，发现在 LDCS 国家中，初级和中级人力资本对增长的影响最明显，而对于发达国家，高级人力资本作用最明显。[①] 有研究表明，随着教育水平的提高，人力资本积累的作用越来越显著。第三次工业革命的科技特征和产业特征将为各国市场带来深刻变革，因此，对人力资本与产业资本的结合提出了新要求。在推进第三次工业革命的人力资本建设中，第三次工业革命带来了制造业产业链的重构，应当着重培养制造业基础人才、复合型技能人才和创新型知识人才。[②]

（三）从国家竞争力的角度出发，论证如何把握住第三次工业革命，顺利实现产业转型升级，提升国家竞争力

有研究表明，要在全球整体经济发展趋缓、国内外市场活力不足的情况下提升中国全球竞争力排名，必须要在改善基础设施，改进公共体制的同时，重点建立能够满足经济发展需求的高等教育与职业培训体系，提高企业对技术的吸收能力，提升商品市场效率和金融市场的成熟度。而我国教育发展水平严重滞后于国家整体发展，全球竞争力中教育因子的总体实力在国际竞争中处于劣势。

三 关于新技术革命背景下的人才标准与人才培养模式研究的综述

第三次工业革命背景下的人才培养以高等教育的研究为主，高等教育作为教育的顶端，在教育中起着重要作用，办好人民满意的高等教育是国家的意志，也是高等教育所要担当的历史责任。

（一）从高等教育的内涵出发，强调高等教育的内涵式发展

大部分学者认为，为了适应新技术革命的到来，办好人民满意的

---

① 谢昌财：《经济增长与人力资本积累研究》，硕士学位论文，贵州财经学院，2009 年。
② 刘京京、张万红：《第三次工业革命对人才培养模式的牵引》，《教育研究与实验》2013 年第 4 期。

高等教育，必须以内涵发展为主，提高教育质量；必须阳光办学，促进教育公平；必须创新驱动，深化教育改革。如张维维在论文《把握战略机遇期办人民满意的高等教育》中提出：一要优化发展结构，建立现代大学制度；二要创新培养模式，拓宽发展成才途径；三要注重质量内涵，完善自我革新机制；四要接受优质教育的平等机遇；五要兑现高等教育的社会承诺；六要防止高等教育行为的腐败。方晓田在论文《第三次科技革命与高等教育变革》中指出，为了适应第三次工业革命，我国高等教育要转变观念，深化体制改革，调整人才培养目标，变革培养方式和途径，创新教学内容等。金为民、金鑫在论文《高等教育如何面对新技术革命的挑战》中指出，面对新技术革命，我们要快速推动教学内容和教学方法上的全面改革。在这部分的文献中，学者提出了我们要如何提高高等教育的质量，适应新技术的发展，但是缺少在改革道路上所需要的保障措施。

（二）从基础教育出发

强调基础教育应以人为本，尊重人的尊严、人的权利、人的需要，以培养学生终身学习能力、亲自然情结，同理心和社会情绪力为核心，应该满足每一个学习者的学习需求，应该为每个学习者提供公平的受教育机会。鲍成中在论文《第三次工业革命背景下的中国基础教育变革》中提出，我国基础教育：一是基础教育教师观的变革；二是基础教育课堂观的变革；三是基础教育学习观的变革；四是基础教育课程观的变革；五是基础教育评价观的变革；六是基础教育管理体制和机制的变革。有学者也提出，人才的培养是一个系统工程，贯穿幼儿教育、小学教育、中学教育、大学教育乃至终身教育，每个环节都不容松懈，而其中的基础教育是培养创新型人才的奠基阶段，是一个人性格、个性形成的重要阶段。没有基础教育创新型人才培养模式的革新，谈高校创新型人才的培养无疑是空中楼阁。[①] 面对第三次工业革命，基础教育要主动迎头而上，积极探求解决策略：一是重构教

----

① 史降云、孙佳瑾：《第三次工业革命背景下的基础教育课程改革——以武汉市为研究对象》，《江汉学术》2014 年第 1 期。

育理念——教师角色的大转变；二是课程改革体系——构建动态体验式课程；三是转变教学方式——"反转式"教学的合理借鉴；四是营造成长氛围——"亲自然"的生物圈大环境。

（三）从新技术革命对教育的挑战与机遇出发

阐述新技术革命的特点，强调新技术革命的到来给产业结构带来深刻变化，从而直接影响到就业人口的结构、范围以及劳动者的智力结构和素质，而这些就要求改变教育的内容、形式、体制和结构，产生了综合化、多样化、信息化、灵活化、终身化的新型教育，它最明显的标志是教育、教研和生产三结合。[①] 面对新技术革命的特点，学者们认为，教育首先要信息化，其次是要个性化，最后要教育终身化。如陶西平在《迎接教育信息化的挑战》中提出，教育信息化是教育现代化的重要标志之一，其核心是教学过程的信息化。

（四）从培养人才策略出发，加快中国教育变革，迎接第三次工业革命对教育的挑战

保罗·麦基里认为，"迎接第三次工业革命，政府应该注重教育而非规划未来"，面对新形势，我们必须抢抓机遇，加快人才培养模式变革，培养出大量高素质的劳动者和创新人才。[②] 如长江教育学院周洪宇教授在论文《新挑战与新机遇：第三次工业革命及中国教育应对之策》中提出九条建议：加快思想观念的转变，教学内容的转变，培养方式的变革，教育信息化上升为国家战略，积极完善终身教育体系，加速教育国际化进程，加强师资队伍建设，加快教育体制改革与制度创新，完善健全教育经费投入体系。[③] 申国昌、程功群在论文《第三次工业革命背景下的教学改革》中提出在个性化、定制化的时代背景下，我们必须重新思考教育在未来世界的使命。[④] 进行合作式

---

① 王金波：《新技术革命与教育》，《枣庄师专学报》1986 年第 2 期。

② 周洪宇、鲍成中：《第三次工业革命与人才培养模式变革》，《教育研究》2013 年第 10 期。

③ 周洪宇：《新挑战与新机遇：第三次工业革命及中国教育应对之策》，新浪网，http://blog. sina. com. cn/s/blog_ 844c66a201018mzg. html。

④ 申国昌、程功群：《第三次工业革命背景下的教学改革》，《教育研究与实验》2013 年第 4 期。

与游戏化教学的尝试，新型师生关系的民主化教学，课堂教学的广域性探索。学者强调教育未来的走向是创新型人才培养模式的建构：一是要树立创新型人才教育观；二是丰富和完善课程体系；三是创设和应用多种教学方式；四是实现多维评价体系。

（五）借鉴国外经验

通过对美国的制造业人才发展路线、欧洲的人才吸引和规避流失政策、日本的产学联合培养国际化人才体系的借鉴，谈我国的人才培养。这部分研究主要探讨了如何培养人才及人才培养模式是什么。如何培养人才，首先从人才培养观念上进行转变，然后在培养模式中强调以学生为主体，科教融合，教学方式的改变，网络化、信息化、个性化学习等，要培养创新型人才、智能型人才、应变型人才。于洋在论文《第三次工业革命与社会教育》中也提到，应对第三次工业革命，社会教育的应对路径：一是深化社会教育理念，生存与改革并重；二是国家建立长效机制，明确政府主导责任；三是完善社会教育机制，学校要成为社会教育的辅助平台；四是综合多种力量，促成社会资源的教育转化。但是，在人才培养这一方面，学者们缺少对人才培养标准的研究，在新技术革命背景下，对人才评价标准、评价制度研究得还不够，也缺乏相应保障措施的研究。

四 关于新技术革命背景下的终身化教育与个性化教育研究的综述

这部分研究主要是从教育学的视角出发，从教育的本质含义研究终身化教育和个性化教育，国内关于终身化教育理论研究得不多，国内学者对日本的终身教育研究较多，对英国的个性化教育研究较多。终身化和个性化教育的提出主要是对人才培养模式的一个改变，并且个性化教育和终身化教育的实施能够促进教育的公平。

（一）概念分析

首先将创新驱动的理念融入终身化教育与个性化教育中，对其内涵进行深入的分析。其次依据国家政策提出终身化教育和个性化教育的必要性。中国共产党十六大报告指出，要"构建终身教育体系"，"形成全民学习、终身学习的学习型社会，促进人的全面发展"。《国家中长期教育改革和发展规划纲要（2010—2020 年）》第二条"工作方针"提出："关心每个学生，促进每个学生主动地、生动活泼地发展，尊重教育规律和学生身心发展规律，为每个学生提供适合的教育。"①

（二）依据新技术革命的特点，提出开展终身教育，是时代的需要

发展继续教育是发展终身教育的一个重要组成部分，柳琼华在论文《创新驱动发展战略与企业创新人才培养——继续教育发展的一个新视角》中指出，作为终身教育的一个重要组成部分，继续教育是人类终身教育系列中较高层次和较高能级的教育，是人类在知识经济时代为了适应科学技术飞速发展，国际竞争形势日益激烈的需要而产生的一种新兴的教育事业，它主要是对已经从学校毕业并参加社会工作的劳动者，根据其职业岗位需要所进行的知识的更新、补充、拓展和提高的教育。② 积极完善终身教育体系：要完善终身教育体制，要构建学校、企业和社区一体化体系，要充分运用现代信息技术创造有利条件。

（三）个性化教育首先要依托互联网的应用，因材施教

网络教育为个性化教育提供了学习的可行性，网络教育与传统的网络公开课不同，网络教育采用了大量的数据分析的方式，为学生提供网络视频，看视频学习，网上做题，网上有针对性的习题练习，辅导老师可以在后台了解学习者的学习进度。老师利用教学评估系统有针对性地进行个别辅导。通过网络后台可以准确跟踪不同的学生每天花多长时间在网上观看学习视频，做作业，在什么地方被卡住。这样的方式能密切跟踪学生的学习行为，改进教学策略。对不同的学生根据其知识掌握的情况，有不同的进度，也可以有不同的科目，有不同的难度，学生可依照自己的步调、节奏来学习，不再被贴上"好生"

---

① 刘荣添：《语文高效课堂呼唤教师角色的转变》，《教育实践与研究》2012 年第 8 期。

② 柳琼华：《创新驱动发展战略与企业创新人才培养——继续教育发展的一个新视角》，《福建商业高等专科学校学报》2013 年第 12 期。

与"差生""慢生"与"快生"的"标签",真正做到因材施教。[①]
其次给每个学生提供适合的教育,把选择权还给学生。顾明远在论文
《个性化教育与人才培养模式创新》中提出,为每个学生提供适合的
教育体现了以人为本、人尽其才的思想。要改革人才培养模式,要以
人为本,尊重学生的主体性,尊重学生的选择,把选择权还给学生,
并为学生选择提供条件。只有尊重学生的选择权,发挥学生学习的主
体性和主动性,学生的潜能才能得到充分的发挥。

五 关于新技术革命背景下的高校转型发展研究的综述

党的十八大提出实施创新驱动发展战略,要求走中国特色自主创
新道路,以全球视野谋划和推动创新,提高原始创新、集成创新和引
进消化吸收再创新能力,更加注重协同创新。[②] 高等学校是我国培养
高层次创新人才的重要基地,是我国基础研究和高技术原始创新的主
力军和解决国民经济重大科技问题、实现技术转移和成果转化的生力
军。王建华认为,无论历史上还是现实中,大学转型一定肇始于某种
新的大学理想的提出或某种新观念的问世。[③] 今天的大学之所以要转
型,一方面是在社会史的维度上,大学转型是为了更好地满足政治以
及社会经济发展的需要;另一方面在大学史的维度上,转型也是大学
自身内在逻辑的自然延伸。[④] 通过对文献的梳理,发现学者对高校转
型发展的研究不是很多,基本是围绕着高校为什么要转型、如何转
型、面临的困难和国外经验这四个方面来写。

（一）为什么转型

目前我国高校确实存在教育体系不现代、教育结构不合理、制度
不完善、办学定位不明确、同质竞争没有优势等诸多问题。改变这些
问题,必须寻求转型发展,而地方高校是主要转型对象,转型方向就
是现代职业教育。社会需要大量高素质的应用技能型人才,转型就是
要改变传统的人才培养模式,填补这个缺口。地方高校的定位应是应

---

① 汤敏:《第三次工业革命需要什么样的教育》,《创新人才教育》2013 年第 5 期。
② 负志兴:《从日本和牛看中国牛肉产业发展》,《中国畜牧业》2016 年第 8 期。
③ 王建华:《大学转型的解释框架》,《中国地质大学学报》2011 年第 1 期。
④ 同上。

用型科技大学，按照产业发展和经济发展需要培养学生。① 转型是适应经济发展方式转变的需要，是产业升级的需要，是国家战略，是产业结构升级之需，是大学毕业生就业之需。

（二）如何转型

张象林在论文《新建本科院校转型发展研究述评》中指出，新建本科院校转型发展的实施路径：一是推动学科专业建设转型；二是推动人才培养体系转型；三是推动科学研究工作转型；四是推动教师队伍建设转型；五是推动管理体制机制转型。黄河科技学院在转型发展中主要的经验有：一是构建新的大学治理结构，创新校企合作机制，持续创新本科学历教育与职业技能培养相结合的人才培养模式；二是构建"金字塔"式创新创业教育体系，人才队伍新体系建设。另外，郑国军、张若开在论文《协同创新与高等学校转型发展研究综述》中提出，通过协同创新实现高等学校转型。

（三）面临困难

主要集中在五个方面：观念不适应；师资不适应，应用型人才培养需要实践经验丰富的教师，而现在"双师型"教师紧缺；管理和利益需调整；培养规格不够明确；课程体系的特色不够鲜明，课堂上仍是以教师为主体，以教师讲授为主，方法单一，无法调动学生的主体积极性。

（四）借鉴国外经验

法国、芬兰、德国等国家在经济技术发展的不同阶段采取不同的高校发展战略。法国采用"双轨制"，少数大学进行精英教育，综合大学进行大众化教育。1996 年开始试行大学职业学院，实现了普通教育与技术教育的平衡。大学出现普通文化、科学研究和职业资格的三重均衡，在大学第一阶段增加培训内容，旨在提高学生就业率。高质量的职业型学位更好地适应了欧洲劳动力市场的需要。芬兰实行高校

---

① 郑鹏、曾新、熊玮、熊国保：《高校转型背景下普通院校"一体两翼"人才培养模式研究——以东华理工大学市场营销专业为例》，《东华理工大学学报》（社会科学版）2015年第 12 期。

的分层化、专业化发展，突出特色，打造品牌，对高校进行合作与合并，实现资源整合，提高效率。德国从"双元制"过渡到了"卓越大学计划"。

六 关于新技术革命背景下的教育公平问题研究的综述

教育公平问题主要体现在基础教育，在新技术革命背景下，学者们认为，要进行均衡发展、内涵发展、多样发展，其核心理念是突出教育公平、育人价值和减轻学生过重的课业负担。如倪闽景在论文《创新驱动推动基础教育转型发展》中指出，我们必须清楚地认识到教育公平的层次性。第一层次是"每个孩子都有学上"，只要政府加强投入就可以解决；第二层次是"每个孩子都能上比较好的学校"，只要在保证投入的基础上，进行教育资源配置的重构就有可能做到；第三层次是"每个孩子在学校里都能得到满足自身充分发展需求的教育"[1]，而我国基础教育均衡化推进的难度，恰恰在于需要同时解决这三个层面上的公平问题。真正的教育公平是让每一位学生的潜能得到充分发展，而不是让每一位学生得到相同的发展。创建满足学生充分发展需求的教育，是现代教育公平的新追求。基础教育的问题还是重点要解决教育公平的问题，但从文献上看，对教育不公平产生的原因研究是比较多的，但是，解决的措施可操作性不强。

（一）教育公平的含义研究

所谓教育公平，是指国家对教育资源进行配置时所依据的合理性的规范或原则。这里所说的"合理"是指要符合社会整体的发展和稳定，符合社会成员的个体发展和需要，并从两者的辩证关系出发来统一配置教育资源。[2] 从教育实践主体来看，教育公平可分为学生公平与教师公平。从教育活动过程来看，可分为教育起点公平、过程公平和结果公平。起点公平是指每个人不受性别、种族、出身、经济地位、居住环境等条件的影响，均有开始其学习生涯的机会。过程公平是指教育在主客观两个方面以平等为基础的方式对待每一个人。结果

---

① 倪闽景：《创新驱动推动基础教育转型发展》，《基础教育参考》2013 年第 6 期。

② 李康林：《我国成人教育公平缺失及其完善》，《职教论坛》2009 年第 11 期。

公平即教育质量平等。从教育公平的结果是根据一定的公平原则进行操作而产生的这一角度来看，教育公平可分为原则的公平、操作的公平和结果的公平。从是否把教育实践的主体（教育者和受教育者）看作存在的差异，教育公平可分为同质的教育公平和差异的教育公平。[①] 进入 21 世纪后，西方学术界提出了"给每一个人平等的机会"的观点，是要肯定每一个人都能受到适当的教育，这样的教育要适合每一个学生的特点，要突出学生自身的个性，使学生有机会公平地最大限度地获取知识。在 2007 年经济合作与发展组织（OECD）为协助其成员国制定教育政策等目的而准备的文件中，认为教育公平有两个含义。第一个含义是公正，就是要保证性别、社会经济地位和种族等个人和社会因素不妨碍人达到其能力所允许的教育高度。第二个含义是覆盖，就是要保证所有的人都受到基本的、最低标准的教育。[②] 例如，每个人都应该能够读、写和做简单的算术。这也就意味着教育公平，一是要做到"因材施教"，使人充分发展；二是要保证所有的人都受到最低标准的教育。

（二）教育公平的缺失研究

主要体现在城乡公平缺失、地区公平缺失、阶层公平缺失和配置公平缺失。首先，城乡公平缺失。中央教育科学研究所教育政策分析中心研究人员的研究显示，城乡间义务教育阶段学校的基本办学条件和师资水平存在较大差距，但这些差距正在逐步缩小。[③] 其次，地区公平缺失。地区之间的发展情况不一样，存在着财政投入的不一样，这是自然形成的一种差别。再次，阶层公平缺失。随着社会经济的发展，我们面临的一个新的现实是劳动人民内部出现了分化，很多阶层分化出来。阶层除所从事工作性质的差异外，另一个重要差异就是收

---

① 丹尼酒：《教育公平概念》，新浪博客，http：//blog. sina. com. cn/s/blog_41cdc75d0102vha7. html。

② 刘乾：《高校自主招生制度公平性的调查研究》，硕士学位论文，华东师范大学，2012 年。

③ 中央教育科学研究所教育政策分析中心：《义务教育均衡发展是实现教育公平的基石》，《教育研究》2011 年第 2 期。

入差异。在市场经济条件下，这种收入差异逐渐演变为身份差异。①
最后，配置公平缺失。配置公平缺失最突出的表现是高等教育经费有
限，而各高校开始肆无忌惮地争夺。区域间义务教育资源配置公平研
究在早期比较受关注，杜屏（2000）以省为分析单位，系统地分析了
各级教育经费的地区性差异如何随时间而变化。这一研究指出，在
1988—1996 年，小学和初中的生均经费省区间的差距都在不断
加大。②

（三）教育公平的特征研究

这部分内容包括教育公平是有原则的公平，教育公平是相对的公
平，并且教育公平是永恒发展的。③ 首先，教育公平是有原则的公平，
早在古代，孔子的"有教无类"是朴素的教育公平原则，亚里士多德
的"平等地对待平等的，不平等地对待不平等的"同样是一条重要的
原则。俗话说，没有规矩不成方圆，这规矩就是原则。毫无原则论教
育公平是空中楼阁，是无目标无内容的公平。教育公平的原则就是要
"合情合理"。从理论上讲，就是要合规律性，也就是在评价教育现象
时不仅要遵循个体的认识规律，也要遵循价值规律，还要遵循历史发展
规律。④ 其次，教育公平所指的公平是一种相对的公平，它具有相对
性，不是完全意义上的绝对公平。最后，教育公平是一个持续永恒发展
的概念。教育公平是人们追求的永恒理念，是人类奋斗的方向与目标。

（四）实现教育公平途径的研究

目前，造成我国教育不公平的原因是多样的，而且教育不公平的
现象在短期内也无法消除，我们需要从实际出发，遵循合理性、可行
性和相对性的原则，从各个方面采取有效措施，争取在更大程度和范
围内实现教育公平。学者为了实现教育公平，努力寻找一些切实可行
的途径和策略。教育公平问题，与教育政策息息相关，教育政策是引

---

① 李康林：《我国成人教育公平缺失及其完善》，《职教论坛》2009 年第 11 期。
② 杜屏：《以充足性为基础的教育财政公平——美国义务教育财政政策改进对我国的
启示》，《中国教育政策评论》2008 年第 12 期。
③ 曹利：《教育公平的内涵及原则》，《四川教育》2011 年第 9 期。
④ 冯海波：《论公民社会中的现代教育公平》，《长江论坛》2011 年第 111 期。

发教育公平问题的最终根源。所谓教育政策也绝非是单一的全国统一的政策，政府应在全面分析国际、国内形势的基础之上，细致地剖析地区间、学校间，各地、各校现有资源的差异，有针对性地、有差异地制定合理、有效、便于执行贯彻的教育制度及相关政策，确保教育的公平性得到普及，使国民尤其是农村子女这一弱势群体得到公平享受教育的机会。

首先，以法律保障教育公平的实现。在政府推进教育公平的过程中制度是关键，法律是保证。要进一步加强和完善教育立法，建立健全教育法律法规体系，以法律来保障教育公平的实现。

其次，各级政府要加大改革力度。离开社会公平的教育公平是不存在的，所以，政府要通过一系列的政策来调整地区、城乡、阶层之间的收入分配，推进社会公平，为教育公平创造良好的客观环境。[①]

再次，有学者提出建立利益平衡机制，公平分配教育资源。针对我国目前的教育资源分配失衡情况，应建立全国性的、区域的乃至校际间的教育资源配置的平衡机制，逐步缩小经济、社会、教育发展不同水平地区的差异。[②] 国家应加大对中西部尤其是广大农村地区教育的投资力度，改造农村学校的办学条件与设施。改善农村教师的待遇，提高农村学校的师资水平，使广大农村地区的孩子拥有与城市学生同等的教育资源。

又次，深入推进课程与教学改革，建构合理有效的学业评价体系。课程设置与教学过程是保障教育过程公平和结果公平的核心要素。[③] 我们不但应当重视学生的学业成绩，更要重视如何为学生提供高质量的师资，提供优质合理的课程资源，在教学中，促进学生潜能发挥、锻炼学生的思维能力和引导学生人格健康发展。同时，还要构建发展性学业评价体系，以及提出正确评估学校教育质量的标准和办法。

[①] 胡小和、李菁：《浅析中国教育公平》，《家教世界》2013 年第 9 期。
[②] 董晓波：《和谐社会构建中的教育公平问题研究》，《教育与职业》2007 年第 12 期。
[③] 北京教育科学研究院课题组：《国际社会促进教育公平的实践及其对我国的启示》，《基础教育》2009 年第 6 期。

最后，树立"终身学习""终身教育"的观念。改变以学校教育为中心的封闭型教育制度，建立开放式教育体系，开展多层次、多形式的教育，逐步完善终身学习体系，为每个人任何阶段的继续教育创造充分的条件，使教育成为一个持续不断的过程。如果一个人在一定年龄或一定阶段上失去了受教育的机会，他还应有别的机会接受教育。[①] 同时，建立和完善国家对弱势群体的资助体系。对处于弱势地位的学生，国家应给予更多的关照。只有通过对弱势群体的积极关注，采取有效的政策措施、建立科学的补偿机制，才能不断提高教育公平的水平，促成教育公平的实现。

七 关于新技术革命与未来教育研究视角的综述

已有研究成果显示，学者对"新技术革命与教育"的研究视角，大部分是以新技术革命为背景，研究教育的相应变革，有代表性的是，宋俊骥的《第三次工业革命视域下的高职教育人才培养模式创新》（《教研理论》2013 年第 7 期）；顾明远的《第三次工业革命与高等教育改革》（《北京师范大学教育学报》2013 年第 6 期）；张妍、张彦通的《以第三次工业革命为导向：我国高等工程教育转型发展的战略选择》（《教育研究》2014 年第 5 期）等。这部分文献主要阐述的是教育应该如何应对新技术革命或第三次工业革命的到来，没有从国家战略目标的层面深入探讨新技术革命与教育发展变化的内在逻辑关系，仍旧是以教育论教育。本书正是想从国家战略目标出发，在新的历史时期，通过创新驱动的战略，探寻教育新的发展模式，针对我国产业结构的升级，分析劳动力市场的变化，提出未来教育的发展方向。另一个视角是从教育变革的角度来研究经济的发展变化，这方面的研究比较少，共收集到三篇文章，于新东的《第三次工业革命：教育革命须先行》（《宁波经济》2013 年第 3 期）；牛少凤的《高等教育在工业革命中的作用及启示》（《中国城市化》2014 年第 5 期）；以及张晓鹏的《教育引领英国的工业革命》（《上海教育》2007 年第 5 期）。这方面的研究主要依据政府的政策导向，结合目前我国国情，

---

① 王勇、严萍：《把握教育公平的天平》，《宿州教育学院学报》2006 年第 12 期。

要"实施创新驱动发展战略",要把"科技创新作为提高社会生产力和综合国力的战略支撑"。在加快转变经济发展方式中,高等教育可以更好地发挥科技是第一生产力和人才是第一资源重要结合点的特殊作用。① 另外,按照《国家中长期教育改革和发展规划纲要(2010—2020年)》,到2020年,我国的高等教育毛入学率要提高到40%,将接近发达国家的水平。这将意味着,经过"十三五"时期的努力,会有更多的人接受高等教育。实现高等教育的现代化,既要有教育大国的基础地位,更要实现从教育大国到教育强国的转变。② 研究还强调要通过大学文化建设,提供一种责任感和使命感,凸显爱国主义思想的核心价值,强调文化的重要性。

无论从哪一个视角研究新技术革命与未来教育,学者们都试图清晰地阐述二者之间的关系,但从研究深度和理论高度上,特别是在经济新常态这一历史阶段,从国家战略和创新型人才培养层面出发的文章还较少,对这一问题的研究还显得远远不够。

第五节　研究意义

一　理论意义

在理论方面,第一,通过对文献的梳理,结合相关理论,分析技术革命的历史轨迹并论证教育在未来社会发展中的决定及引领作用;第二,建立新技术革命背景下的未来教育与国家发展战略互动的理论框架,分析"十三五"时期新型劳动力的数量规模和素质特征;第三,从创新驱动、产业升级、未来劳动力市场需求变化的视角,研究新技术革命背景下的教育目的、教育理念、教育模式和教育手段;第四,结合现代教育理论,在新技术革命背景下深刻研讨教育终身化、

---

① 张维维:《把握战略机遇期办人民满意的高等教育》,《北京教育(高教)》2013年第633期。

② 同上。

个性化及探索教育公平的可能性与可行性问题。

二 实践意义

在实践方面，第一，对未来教育而言，进一步明确教育对新技术革命的主动适应和积极引领的双重功效，为制定国家"十三五"教育发展规划提供依据；第二，对社会而言，通过对新技术革命动因、人力资本战略及人才标准和人才培养模式的研究，进一步明确未来教育在提升人力资本方面的目标、任务和手段；第三，对国家而言，通过对新技术革命背景下的教育终身化和个性化、高校转型发展及教育公平等现实问题的研究，进一步明确国家"十三五"规划乃至未来规划中教育的发展方向及实现手段。在我国经济建设、政治建设、文化建设、社会建设以及生态文明建设全面推进过程中，本书重点研讨经济新常态下不同领域的新型劳动力的规模结构、素质特征及培养模式，在新技术革命的视角下分析和比较不同国家的人力资本战略，使教育对未来人才的培养进一步适应我国产业结构优化升级的要求，使生产小型化、智能化、专业化的产业组织新特征能够得到更充分的体现。为"十三五"时期我国高校转型发展、新型人才培养，为进一步探寻教育公平、终身教育、个性化教育的实现途径提供对策建议。

第六节 研究思路

本书遵循"应然—实然—应然"的研究思路，运用规范研究与实证研究相结合的研究范式，按照"应该是什么—现状是什么—原因是什么—对策是什么"的逻辑主线，构建包含理论分析、事实分析和对策建议在内的完整研究体系。

通过理论分析构建新技术革命背景下未来教育的分析框架和理论基础，科学界定新技术革命和未来教育的内涵和外延。通过梳理技术革命的历史轨迹，厘清科学、技术和教育在不同时期的关系及在技术革命产生和发展过程中各自的功能，结合经济学中的人力资本供给理论进一步论证在新技术革命背景下教育在国家发展战略中的引领作用，建立新技术革命背景下未来教育与国家发展战略之间互动的理论框架。

通过事实分析深刻揭示教育存在的现实问题，并以新技术革命为背景研究解决问题的路径。一方面对现状进行客观描述，通过客观描述存在的现实问题，深入探讨以经济转型发展、产业升级和结构调整为目标的未来教育发展中的突出问题和"瓶颈"。对人才培养模式、高校转型发展、教育公平、终身教育等具体问题进行分析与评价，深入探寻实践中存在的问题，剖析产生问题的原因。另一方面通过定性和定量研究相结合的方法，进一步阐释新技术革命背景下的人才标准、培养模式、终身教育、高校转型发展及教育公平问题的可行性路径。

第七节　研究方法

一　收集资料的方法

（一）文献法

文献法即通过文献检索获得相关研究资料的方法。本书将分别收集理论文献，包括学者所著的学术著作、论文、研究报告；文献来源于沈阳师范大学图书馆馆藏资料，中国知网、中国数字化期刊群（万方）、人大复印报刊资料等中文网上资源库，Eric、Sage 等外文网上资源库等。

运用文献法的目的包括两方面：一是掌握新技术革命与未来教育的最新研究进展。二是了解为解决相关问题学者们提出的具体措施。在对理论文献进行分析评估的基础上，清晰界定本书的核心概念，确定问题研究的基本范畴，明确新技术革命背景下中国未来教育的新理念、新目标、新任务，确定研究的基本框架，并指导调查问卷、访谈提纲等研究工具的设计与开发。

（二）静态分析和动态分析

教育和技术在发展的过程中充分体现着动态的、演进的特征，因此，本书不仅对教育和技术结构进行静态比较，更在演化的基础之上对教育和技术结构的动态演进过程进行了研究。只有从这一视角进行分析，才能更清楚地认识新技术革命和未来教育关系的实质。

（三）访谈调查法

访谈调查法是一种直接收集资料的方法，是访谈者通过与被访谈者的面对面交谈来收集资料、了解情况的一种方法。本书访谈的对象多为各个相关学科的专家，由于本书是为国家制定未来教育发展规划提供支撑的预研究，因此，需要结合不同的学科知识和理论，才能对未来教育问题有更深入、更准确的把握。

本书运用访谈调查的主要目的在于，更现实、全面地研讨我国经济社会在新常态背景下不同领域的新型劳动力的规模结构、素质特征及培养模式，分析新技术革命背景下我国教育所存在的问题、表现及成因，研判解决这些问题可能面临的障碍，为厘清主要问题，科学设定解决问题的方案提供丰富翔实的第一手资料。

本书的访谈对象分为教育学、产业经济学、教育经济学、管理学等专家。从多种渠道选取专家进行深入访谈。访谈主要围绕着面对国家发展战略、面对新技术革命我国教育存在的主要问题、未来教育的发展方向等内容展开。采取半开放式访谈形式，按照粗线条式的访谈提纲进行访谈。访谈中，根据访谈的进展和具体情况对内容进行灵活调整，对一些问题进行适时的深入追问。重点在于在访谈中鼓励受访者提出自己的问题，并就一些问题进行协商式的探讨。

二 分析资料的方法

（一）文献资料分析

本书运用"概念与范畴分析模式"对通过文献法所收集的资料进行了分析，这项工作分为三步：

第一步，对资料进行整理和归类。按照文献来源，将资料主要分为两类：一类是通过文献法所收集到的文献资料，主要包括学术著作、学术论文和研究报告等；另一类是通过访谈法收集到的资料。

第二步，对资料进行分析，抽象、提炼出了有关概念和范畴。这项工作又分为两步：一是从资料中寻找出本土概念（资料中抽象出的已有的概念或范畴);二是从资料中再提炼和抽象出一些资料中没有的理论概念或范畴,即创造性概念和范畴。

第三步,分析本土概念或范畴之间、创造性概念或范畴之间以及本土概念或范畴与创造性概念或范畴之间的逻辑关系,从而构建起本书的理论框架。

（二）访谈数据分析

本书在征得访谈对象同意的前提下,对个别访谈与专家征询会的过程进行录音,并将所有的访谈数据逐字逐句地转录为文本文字。对访谈资料的分析,经历了"阅读材料,确定主题","对与主题相关的资料命名","进行概念归类"和"提炼主题形成陈述性结论"四个步骤。由于预先阅读全部的访谈资料,因此分析的第二步与第三步实际上是在一个过程中同时完成的,即将资料命名和归类的过程合二为一,边命名、边归类。这一过程类似于开放式编码与主轴编码。

访谈资料的分析过程遵循了"分—总—分"的逻辑顺序,经历由最初对每一位受访者的访谈数据进行仔细的研读与分析,到完成对所有受访者访谈数据的独立命名与归类后,对概念类别进行总体分析,再到根据实际情况返回原始的研究资料之中进行仔细的比较与分析的过程。

（三）比较分析

本书的各个子课题中多数都运用了该研究方法,在研究中依据子课题的研究需要选取不同的国家作为比较和借鉴的对象,对其新技术革命背景下国家的教育发展战略进行深入的剖析,总结其经验和特点,并进行本土化的适应性分析。

第二章 技术革命的历史轨迹及科学、技术、教育之间的内在逻辑

扑面而来的3D打印技术标志着第三次工业革命的到来，同时也带来了一场新技术革命。新技术的出现不同程度地影响着各个领域的发展，教育也不例外。新技术革命给中国未来的教育提出了一系列急需破解的问题：（1）中国的未来教育要以"新技术"为中心，教育应该如何改革去适应新技术革命？未来的教育模式、教学方式、教学方法、教学内容等如何改革才能够培养出新技术所需要的人才？（2）新技术革命要以"未来教育"为中心，未来教育需要什么样的技术作支撑？新技术应如何适应未来教育发展，才能为教育服务？（3）在当下，新技术革命和教育如何整合、如何互动才能寻找一个共同发展的平衡点和结合点？课题组认为，回答这些问题，首先要厘清新技术革命与未来教育的关系，准确界定什么是技术革命，什么是新技术革命，什么是未来教育；其次通过事实论证和逻辑论证来证明概念的全面性、科学性和合理性；最后通过对新技术革命与未来教育内涵的深入研究构建其与经济、社会的互动模型，并从理论上厘清新技术革命与未来教育发展的新思维，廓清我国未来教育的共识性路径，为实践研究提供借鉴。

第一节 相关概念

一 新技术革命

"技术革命"这一概念在国外用得不多，而在国内却用得比较多。

据钱学森回忆，毛泽东曾于 1959 年提议，把一般的小的技术改进叫作"技术革新"，而把在技术具有上根本性的广泛影响的大的变革叫作"技术革命"，以便把这两个概念加以区别。一般认为，技术革命指的是人们改造世界方式的根本性变革，是引起社会生产力巨大发展并推动生产关系变革的物质基础。普遍地说，只有世界性的技术突破才能称作技术革命，而局部的、一般的技术进展则只能称为技术革新。[①]

结合技术革命的概念，课题组在归纳的基础上给出定义："新技术革命是指以现代科学技术中原子能、空间通信、电子计算机、新能源、新材料等为技术基础，以可再生能源、人工智能、通信网络、生物基因、3D 打印等技术为主要内容，引发人们思想观念、生产关系及生活方式发生根本性变革，最具时代影响力的世界性突破技术。"最近，世界各国所关注的第三次工业革命在第三次技术革命和新技术革命的共同推动下正在悄然发生，这一次工业革命的发生是以第三次技术革命中各种技术逐渐走向成熟为基础，以新技术革命中相关技术的普遍应用为内容。

二　未来教育

从古至今，教育变化甚大，人类社会的每一次重大变革都与教育息息相关。从原始的部落文明发展到农耕文明，再从农耕文明发展到工业文明，如今正在从工业文明向绿色生态文明的转变。人类社会的每一次跨越式发展都会伴随着教育革命。不同时代的教育学家往往关注现实的教育，力求发现所处时代教育的本质属性，从而形成对"教育"的时代解读。在新技术革命的背景下，课题组对新形势下的教育进行了有针对性的研究，包括教育未来的发展目标、定位等问题，简称为"未来教育"的发展战略。新技术革命的出现为未来教育发展赋予了全新的教育内涵，提出了更高的教育要求，提供了丰富的教育内容，开辟了新的教育领域，使教育从面向过去和现在转向越来越注重

---

① 周洪宇、徐莉编著：《第三次工业革命与当代中国》，湖北教育出版社 2013 年版，第 5 页。

未来；未来的教育要有组织地和持续不断地带领人们积极认识未来，启发人们对未来的想象力，确立面向未来的观念，形成创造未来的欲望，建立关心未来的习惯，激励探索未来的兴趣，满足自身发展需求及未来社会需求的活动。课题研究组把未来教育定义为：在新技术革命背景下，教育的内容、目的、组织、规模、方式、人才标准、价值取向等所体现的一种新的教育系统。

课题组研究总结出的未来教育的发展趋势为：

第一，注重亲自然情结的培养和同理心的觉醒，形成生物圈保护意识，促进人与自然和谐发展。

第二，关注多学科知识融合，注重专业知识、专业素质和实践能力的培养，加强创新思维、创新能力和创新品质的培育。

第三，结合新技术均衡发展学校教育、家庭教育、企业教育、社区教育，搭建教育一体化平台，有效协同各种教育，逐步实现教育的个性化、信息化、国际化和终身化，确保每一个人随时随地都能够获得受教育的机会。

第二节　技术引领下的第一次工业革命

近代工业兴起并得以快速发展的一个重要基础是科学知识和先进技术的大规模应用，可以说工业革命的发生和发展是在经济发展需求的推动之下，与科学、技术、教育和经济发展相结合的结果，是科学、技术和教育所产生的不同"知识"转化到工业革命的过程。本书的研究起点是厘清科学、技术和教育之间的关系，由于科学、技术和教育在不同历史时期中的互动关系呈现出动态的、演进的过程，因此在研究中通过梳理技术革命的历史轨迹分析不同历史时期科学、技术和教育之间的内在逻辑。

众所周知，由第一次技术革命引发的第一次工业革命发生在18世纪的英国，是以纺织机械的革新为起点，以蒸汽机的发明和广泛使用为标志，使人类社会的生产方式发生了根本性变革，从而实现了人类从农耕时代到蒸汽时代的转变。1705 年，英国锁匠托马斯·纽科门发明了一种大气活塞式蒸汽动力机。1733 年，织布工凯伊发明了飞梭，改变了这种用手穿梭的织布操作法。1765 年，兰开夏的织布工兼木匠哈格里弗斯发明了一种由一个轮子带动的能同时转动 8 个纺锭的"珍妮纺纱机"，使生产效率提高了 8 倍。1769 年，理发师阿克莱特发明了用水力带动的"水力纺纱机"，这种水力纺纱机有 4 对卷轴，以水力作为动力，纺出的纱坚韧结实，但比较粗。1779 年，兰开夏的织布工克伦普顿综合了两种纺纱机的优点，发明了"骡机"，它可以推动 300—400 个纱锭，纺出细致而又牢固的纱线。1785 年，英国格拉斯哥大学的仪器修理工詹姆斯·瓦特对纽科门蒸汽机做了重大改进，制造出了功率大、耗能少的蒸汽机。从"飞梭的发明"到"蒸汽机的改良"等一系列以技术经验为基础的发明引发了第一次工业革命。历史证明，当时科学的发展落后于技术的进步，从瓦特改良蒸汽机技术来看，虽然科学理论起了一定的作用，但却十分有限，当时热力学基本定律还没有建立起来，热力学作为一门学科还没有形成。从这个意义上说，技术与科学是相互分离平行发展的，技术对科学并未形成直接的依赖关系。这一特殊的历史时期，从事发明的大多是工匠，因此，技术的经验成分是主要的，又如纺织机械的发明也是经验性的，对科学的运用大多是不自觉或零散的。在欧洲，当时的教育一直是贵族子弟的特权，是私人教育，即教育是属于私人的事务，需要由父母或者监护人承担，而不是由大众来承担。技术引领下的第一次工业革命作用于社会生产，影响到社会的各个方面，使社会生产力发生了巨大的飞跃，随之带来了社会产业结构的重大变革，机械制造业和加工业取代了农牧业而成为产业结构中的主导产业并成为英国国民经济的支柱工业，英国工业的迅速发展使其一跃成为当时世界上最先进的资本主义工业大国。在英国工业革命的影响下，法国、美国、德国、俄国和日本等国在 19 世纪也发生了工业革命，在很短时间里创造出比过去所有时代加总都难以企及的生产力与社会财富，大大改变了资本主义国民经济的整个面貌，同时也确立了西方工业强国在世界上的优势地位，形成了西方工业强国的世界话语权和其主导的游戏规则。

这一历史时期技术经验起到了关键的引领作用，技术发明和应用程度决定了整个国家经济的繁荣程度，也决定了整个国家的竞争实力。虽然当时的技术革新和发明创造与科学、教育的关系不是十分密切，但我们不能否定科学和教育与工业革命之间联系的普遍规律。正是技术在这次革命中所创造的巨大生产力充分显示了科学的威力，使当时的多数企业家进一步认识到发展科学、扶助科学的重要性，由此建立了许多科学社团，鼓励和重奖科学发明。教育在生产需要的驱动下也得以发展，企业家们开始兴办教育，兴办各种技工学校，将农耕时代个别化的、个性化的、分散的农耕教育转变为与工业革命相适应的规模化的、标准化的、集中化的班级授课式的集体教育，教育的改革和发展也给工业革命的发展注入了强劲的动力，为之起到了必要的支撑作用。技术引领下的第一次工业革命时期，科学和教育在技术发展的引领和推动之下得以发展，技术经验成为科学和教育得以产生和发展的根源之一。第一次工业革命开启了普通教育的大众化之路，同时也促进了初等职业技术教育的发展。

第三节　科学引领下的第二次工业革命

19世纪中后期，以电力技术为主导的第二次技术革命引发了第二次工业革命的发生，实现了人类从蒸汽时代到电气时代的转变。1826年，德国人欧姆经历多次实验，建立了反映电路中电压、电阻和电流关系的欧姆定律。1831年，英国科学家法拉第发现电磁感应现象，首创发电机原理。1866年，德国工程师西门子用强有力的电磁铁制造磁场，发明了世界上第一台大功率发电机，为电气工程的进一步发展开辟了道路。1873年，英国物理学家麦克斯韦出版了《论电与磁》一书，用优美的数学形式建立了关于电磁场运动及其相互转化规律的基本方程，即麦克斯韦方程组，把光、电、磁等自然现象统一起来。1880—1882年，美国科学家爱迪生设计了电灯插座、电钮、保险丝、电流切断器、电表、挂灯，还设计了主线和支线系统，又制成了当时世界上容量最大的发电机，并在纽约建立第一座发电厂，开辟了第一个民用照明系统。1895年，马可尼根据赫兹的实验，试验无线电通信成功，两年后在伦敦建立了马可尼无线电报公司。1876年，德国人奥托制成内燃机，后来狄塞尔制成柴油机。19世纪80年代，德国人戴姆勒和本茨使汽车技术日臻完善。1882年，法国人德普勒发现了远距离送电的方法。1903年，美国莱特兄弟制成飞机。19世纪晚期，瑞典化学家诺贝尔先发明甘油炸药，又发明无烟炸药。第一次工业革命后的科学发展进入了全面繁荣时期，使19世纪赢得了"科学世纪"的美称。科学引领下的第二次工业革命从根本上改变了19世纪以来人们的生产方式、生活状况和社会的文明程度，以科学发明为基础的技术创新从第一生产力的形成直接作用于经济社会发展，给人类社会带来了广泛而深刻的带有根本性的变革。美国在第二次工业革命中异军突起，一跃成为超级大国，之所以能够在此过程中迅速崛起超越英国，是因为美国在科学研究和成果引进的基础上，在一些尖端领域大胆地应用和独创，从根本上实现了美国产业经济和国家竞争力的超越。在大力应用技术的同时美国也意识到教育对科学技术发展和应用的支撑作用。建立在近代科学技术基础上的工业革命，需要大批有高度专业知识和技能的科学家、工程师和有一定文化素养及技能培训的工人，因此，普及和大力发展教育也成为第二次工业革命时期一些国家的发展战略之一。

相比于第一次工业革命，第二次工业革命明显地表现出技术对科学的逻辑依赖，可以说科学武装了技术，科学的发展拉升了技术水平，并为技术创新和创造提供了理论依据。这一时期科学对生产的巨大推动作用逐渐显露出来，此时的教育在全社会也备受瞩目。历史证明，在第二次工业革命中科学起到了关键的引领作用，以科学研究为基础的技术创新层出不穷并不断推动经济社会向更高层次迈进。

第四节　教育引领下的第三次工业革命

20 世纪 40 年代的第三次技术革命发生的主要标志是原子能技术、电子计算机技术、生物工程技术、空间通信技术等逐渐走向成熟。第三次技术革命为一场新的工业革命积聚了力量。21 世纪初，以可再生能源技术、人工智能、通信网络、生物基因、3D 打印技术为标志又一次新的技术革命悄然发生，第三次工业革命正是在第三次技术革命和新技术革命的共同推动下发生的。通常人们把 3D 打印技术的通用作为第三次工业革命的标志性事件。第三次工业革命将引领人类从工业时代进入大数据时代。1946 年，世界上第一台电脑 ENIAC 在美国宾夕法尼亚大学摩尔实验室诞生以来，计算机的广泛应用使人们迎来了一个"三 A 革命"，即生产自动化、办公室自动化和家庭生活自动化。1957 年，苏联成功地发射了世界上第一颗人造地球卫星，标志着人类活动范围从陆地、海洋、大气层扩展到宇宙空间，宇宙空间成为人类的第四疆域，使人类进入"高空领域"，开始研究利用宇宙空间的许多优越条件进行"太空生产"的问题。海洋技术的发展，不仅使我们能逐步开发海洋这个巨大的资源宝库，而且能帮助我们解决最重要的粮食问题。遗传工程学运用于经济领域，在农业、医疗卫生、食品加工等方面，创造出许多难以想象的奇迹。1951 年，美国首次在爱达荷国家反应堆试验中心进行了核反应堆发电尝试，发出了 100 千瓦的核能电力，在人类和平利用核能方面迈出了第一步。1986 年，美国科学家德雷克斯勒博士在《创造的机器》一书中提出的分子纳米技术，可以使组合分子的机器实用化，从而可以任意组合所有种类的分子，可以制造出任何种类的分子结构。1969 年，美国出现了互联网技术，在美国国防部研究计划署（ARPA）制定的协定下将美国西南部的加利福尼亚大学洛杉矶分校、斯坦福大学研究学院、加利福尼亚大学和犹他州大学的四台主要计算机连接起来，并以迅雷之势发展至今。进入 21 世纪，相继出现了大数据、云计算、物联网、3D 打印等技术。不容置疑，第三次工业革命正在我们身边发生，正在影响着我们的生活。第三次工业革命将成为经济增长的倍增器、发展方式的转换器、产业升级的助推器，将给人类带来全方位的冲击。美国未来学家杰里米·里夫金说："第一次工业革命使 19 世纪的世界发生了翻天覆地的变化，第二次的工业革命为 20 世纪的人们开创了新世界，第三次工业革命同样也将对 21 世纪产生极为重要的影响。"

一　第三次工业革命的提出

关于第三次工业革命的内涵，比较有代表性的观点有三种：一是以保罗·麦基里为代表，2012 年 4 月，英国《经济学人》杂志发表了关于第三次工业革命的专题文章。该刊著名编辑保罗·麦基里认为，第三次工业革命的核心是数字化革命，标志是 3D 打印技术，关注点是数字化制造和新能源、新材料的应用，其核心是制造业数字化，即网络信息革命和材料技术革命的结合。正如保罗·麦基里所说："第三次工业革命将会对制造业的发展带来巨大影响，并将改变商品制造方式，改变就业格局乃至整个世界制造业布局。"随着直接从事制造业人数的减少，劳动力成本在整个生产成本中的比例将降低，这会使制造商将部分制造业迁回发达国家。二是以杰里米·里夫金为代表。著名未来学家杰里米·里夫金撰写的《第三次工业革命——新经济模式如何改变世界》一书提出了第三次工业革命模式是互联网技术与可再生能源相融合。以可再生能源的转变、能源的分散式生产、能源储存、通过能源互联网实现分配和"零排放"的交互方式，构成了新经济模式的五大支柱。这一划分视角是以科技发展带来的能源变化为标志的。杰里米·里夫金认为，第三次工业革命应当是一个可持续发展的模式，将使人类迅速过渡到一个全新的能源体系和工业模式；能源的民主化将从根本上重塑人际关系；并将深刻地改变世界政治经济的版图，产生一种合作性的扁平化权力，重构人类乃至国家间的关系。三是以维克托·迈尔－舍恩伯格和肯尼思·库克耶为代表。在他们撰写的《大数据时代——生活、工作与思维的大变革》一书中提出，第三次工业革命是以大数据的开发管理和应用为核心，大数据带来的信息风暴正在变革我们的生活、工作和思维，大数据开启了一次重大的时代转型，并讲述了大数据时代的思维变革、商业变革和管理变革。书中维克托·迈尔－舍恩伯格明确指出，大数据时代最大的转变就是放弃对因果关系的渴求，而取而代之关注相关关系。也就是说，只要知道"是什么"，而不需要知道"为什么"。这颠覆了千百年来人类的思维惯例，对人类的认知和与世界交流的方式提出了全新的挑战。

二　第三次工业革命的主要特征

第三次工业革命向人们传递了一个明确的具有启示意义的信息，层出不穷的新发明、新技术使科学和技术从脱离现实社会生活实际的"象牙塔"中走了出来，与人们的生产和生活发生了直接的"化学反应"。新一轮的工业革命将人们带入个性化时代，将改变人类的命运，将使人与自然的关系、能源生产和使用、生产方式和流程、生产组织方式、生活方式等发生"新质变"。

（一）人与自然关系的"新质变"

人类与自然的关系经历过两个阶段。人类诞生之初，90%以上的时间在采摘野果和狩猎，我们的祖先与自然的接触直接和亲密。人类的生产方式变为农耕之后，人与自然之间的关系发生了翻天覆地的变化。人类对自然和动物不断地加以管理和控制，人类开始与自然界隔离开来，给人类行为和动物行为设置了虚拟的界限，人类一代比一代自觉，一代比一代独立，但却逐渐失去了人与自然的亲密关系。全球变暖形势日趋严峻，全球气温上升，将导致大量动植物灭绝，导致更多的水灾和干旱。第四次联合国气候报告提醒我们：地球的化学性质正在发生变化。社会危机的出现是人类自身发展过程中对自然毫无节制的"索取"所带来的种种后果，是人与自然关系逐渐疏远的表现。

第三次工业革命中新能源、新材料和新技术的完美结合给我们提供了契机，将使人类重新融入自然，人们要主动自愿地重新发现自身与自然的相互依赖关系，形成生物圈保护意识。这种意识是人的道德回归和同理心的觉醒，有助于人们重返自然与生物圈友善相处。"现在，分散式的信息和通信技术与分散式的可再生能源结合起来，形成了第三次工业革命的基础，也为生物圈保护意识的产生打好了基础。我们认识到人类虽然具有差异性，但是可视为一个家庭，和地球上的其他物种组成一个大家庭，我们生活在同一个生物圈里，并且相互依赖。"①

人与自然重新回归到相互依赖的关系，需要每一个人都认识和注重同理心的唤醒，担负起营造社会同理心气氛的责任，积极在大转型中寻找到自己的角色定位。

（二）能源生产和使用的"新质变"

我们目前的经济与社会发展模式、生活消费模式所依赖的石油和其他化石能源正在迅速减小等甚至步进入枯竭状态，根据国际能源署《2015年世界能源展望报告》，2015年全球石油需求预计平均9400桶/日，而全球原油产量在2006年可能就已达到峰值，当时每天的产量为7000万桶。这意味着以石油为基础的工业化生产模式正逐渐衰退，永不会再回到其巅峰状态。面临能源危机，各国需要在理念、技术、资源配置、消费习惯、社会组织等诸多方面转型以开发可替代的再生能源，具有无污染的绿色特征的太阳能、风能、水能在新型储存技术的广泛使用下实现分散式生产，每个家庭将变成一个发电厂，通过智能电网实现分享。能源网络化的生产和使用模式将要求每个人都要掌握能源的生产和使用的相关知识。

（三）生产方式和流程的"新质变"

第一次和第二次工业革命之后形成的生产方式是标准化作业、专业化分工、批量化流水生产，这一生产模式很难满足人们的个性化需求。新的生产方式是以互联网为支撑的智能化大规模定制的方式，在市场需求进入多样化的新阶段，要求工业生产向个性化、小批量的方向发展。未来的生产方式将体现出新的特征：第一，生产控制平台、交易平台、信息平台及娱乐、社交平台将融为一体；第二，制造设备数字化、智能化，使生产设备能够更快地自我反应、计算、判断、分析、决策，便于操作；第三，个性化产品的生产将成为现实。制造业数字化将颠覆"铸造毛坯、切削加工、组装成品"等一系列传统的生产流程，通过数字化叠加的方式，在制造流程中将最终产品快速成

---

① ［美］杰里米·里夫金：《第三次工业革命》，中信出版社2012年版，第248页。

型，整合原材料直接以"打印"的方式将产品生产出来，从而使生产方式呈现出个性化生产的特征。

（四）生产组织方式的"新质变"

目前的生产组织方式是"集中生产、全球分销"，先建厂房，购买机器和原材料，组织集中生产再运输到各地进行销售。随着科学技术、制造技术、能源技术、材料技术的交叉融合和群体兴起，第三次工业革命孕育着新的生产组织方式和商业模式。新技术飞跃式的发展使大量物质流被成功虚拟化而转化为信息流，制造业的网络化、平台化、扁平化和智能化将带来颠覆性影响。经过新一轮工业革命的洗礼，上下游企业互联、区域内企业水平互联以及生产者和消费者之间的互联将成为现实，不同生产环节分工会呈现进一步细化、专业化。新的生产组织方式将以互联网技术为支撑，数字化、智能化、大规模化"分散生产、就地销售"。新的生产组织方式将对产业转型升级和结构调整产生重要的影响。

（五）生活方式的"新质变"

当下世界经济复苏步伐缓慢，出口对经济的拉动作用在短期内明显弱化，而投资也受到削减产能、调整结构以及经济增长周期的影响，各国政府都把经济增长的动力更多寄托在消费方面，以往人们生活所必需的物资资料均依靠标准化作业、专业化分工、批量化流水生产来实现供给，但"3D打印技术"的出现，使人们的生活方式正在发生"质变"。2015年9月，一家由7名清华大学毕业生创建的科技公司，推出了一款3D煎饼打印机。只要在电脑中输入文字或图片，就可打印出人像、建筑、卡通人物等各种形状的煎饼。该公司生产的打印机，将科技与美食结合——打印煎饼。"3D打印技术"能够满足人们消费和生产同时进行，大大缩短了人们消费的时间，打破了生产和消费空间上的界限，实现真正的定制化、个性化的消费模式，也使制造业和服务业的界限相对模糊。近日，美国维克弗斯特大学再生医学研究所的科学家们宣称已找到一种方法让3D打印机产出的骨骼、肌肉和软骨组织实现血液的流动，并让细胞得以生长，未来就可以打印出鲜活的组织供病人移植所用。维克弗斯特大学再生医学研究所近

10 年来一直在研发组织和器官的整合打印系统，使用类塑料材质来塑造组织，运用水基凝胶来为组织递送鲜活的细胞。截至目前，科学家们尚没有把任何打印出的身体部件用于人体实验，安全测试和临床测试都没有进行，但研究人员表示未来将会考虑将各种打印出的经过充分生长的组织用于需要器官移植的病人。①

从第三次工业革命的特征分析中可以看出，这一时期科学和技术越来越深入到了社会发展的微观世界，扩展到了宇宙天体，只能借助先进的装置才能进行。因此，科学对技术的依赖性越来越强，出现了"科学技术化"的趋势。同时，技术也更加科学化。科学和技术之间的关系越发密切，已成为互为前提、互为依靠的一对有机体、融合体，因此现代人们将"科学技术"联结在一起，统称为"科技"。正是由于科学和技术的深度融合才凸显出教育的引领作用。科学在转化为经济发展需要的技术时需要创新型人才；创新型人才是实现技术创新、科技发明，并形成自主知识产权的关键。只有创新型人才才能满足第三次工业革命对新能源、新材料、新技术的全面需求。技术在科学的指导下成为经济发展的生产力时需要高素质的劳动者，与普通劳动者不同，高素质劳动者需要具有一定的科学文化基础及极强的动手能力和实操技能；也只有教育能将"生物圈保护意识"传达到世界的每一个角落，唤醒人们的同理心。所以，在第三次工业革命发展中，教育承担着关键的推动和引领作用。

第五节　科学、技术、教育与经济发展之间的互动模型

教育革命、技术革命、科学革命与人类社会发展之间有着必然的联系，它们既显现出互融、互通、互促、互进的联系，又显现出相互制约、相对独立的区别。技术革命是指生产工具和工艺过程的重大变

---

① 新浪微博：《新 3D 打印机可"产出"器官、组织和骨骼》，http：//weibo. com/p/1001603943093295560740？from = singleweibo&mod = recommand_ article，2016 年 2 月 16 日。

革。产业革命是由技术革命引起的，是指国民经济的实际产业结构发生了根本变革，致使经济、社会等方面出现了崭新的面貌，不仅具有科学技术的性质和内容，而且具有经济和社会的性质和内容。科学革命指的是科学理论、方法、知识等巨大的进步，是科学的理论、概念、规范，也就是范式或模式的突破，是新学科的诞生并延伸至其他学科，比如，相对论、量子论、系统论、控制论等的诞生就导致了科学革命。科学革命通常是指人类对自然界认识的飞跃和科学研究的社会组织形式的重大变革，是技术革命的理论基础。教育革命不仅是教育理念、方法、手段等巨大的进步，同时也是教育过程和教育结果的重大革命，通过教育革命为科学革命和技术革命乃至人类社会发展提供动力和基础。一般来说，科学革命并不能直接变成生产力，而技术革命则能够直接影响或推动生产力的发展。但是，科学革命却可以成为技术革命的先导，因为对世界的新认识往往是新技术产生的深层理论基础，但无论是科学革命还是技术革命都是由"人"来支配，通过"人"来实现，科学革命之后会引起技术革命，技术革命则直接促进生产力的发展，生产力的巨大发展促进社会的发展与教育革命。社会的发展意味着上层建筑的改变，必然相应地促进教育的变革，使之与社会的变革相适应。反之，教育革命能促进科技的发展，是科技革命发生的基础。它们相互间有联动的趋势，其根本原因在于知识的增长加快科学、技术、教育与生产力的发展速度，社会形态的变化也必然随之加快。因此，科学技术成了第一生产力，而教育则是人类经济社会发展的动力和基础。科学技术革命通过教育革命首先变革了人类的生产方式，并通过生产方式的变革进而全面推动人类社会的进步和发展。在科学革命、技术革命、教育革命和人类的经济、社会发展之间存在着一种相互推动和协同变革的统一性。

当今世界各种竞争日趋激烈，各国政府都把提高本国的经济发展水平列为其首要的任务之一。2013 年 9 月 30 日，习近平总书记在中央政治局集体学习中讲到"即将出现的新一轮科技革命和产业变革与我国加快转变经济发展方式形成历史性交会，为我们实施创新驱动发展战略提供了难得的重大机遇。机会稍纵即逝，抓住了就是机遇，抓不住就是挑战。我们必须增强忧患意识，紧紧抓住和用好新一轮科技革命和产业变革的机遇，不能等待、不能观望、不能懈怠。"① 这次革命对中国而言，机遇与挑战并存。第三次工业革命是新能源的竞争、是新材料的竞争、是新技术的竞争，是经济发展水平的竞争，但最本质的竞争还是人才的竞争。人才是科学技术的载体，科学技术是通过人才的"中介"作用将其渗透到其他各个生产力要素中去的。特别是科学技术的发展、创新、突破、水平的高低，也是由人才的数量和质量所决定的。人才是发展生产力的关键，是第一生产力的载体，是第一生产力的开拓者。② 教育作为人才供给的主要来源在第三次工业革命发展中不应充当被动适应的角色，应主动引领其发展方向。无论是发达国家，还是发展中国家，教育结构的合理性决定其人才供给结构的合理性，决定其产业结构的竞争实力，也决定着其经济发展和国家现代化的成效与速度，所以，中国要把握住第三次工业革命，必须确立教育的优先发展地位，使教育结构调整和人才培养模式的改革符合第三次工业革命的发展方向。

第三次工业革命发展中，科技进步推动经济增长方式的转变，促进经济结构的优化，经济发展为科技进步提供必要的物质基础。科技进步需要教育提供人才支撑，经济发展依赖于教育的协同发展，经济发展为教育发展提供所需的资源。教育是科技进步和经济发展之间互动的桥梁，科技进步和经济发展对教育提出了新的需求，在此背景下，教育目的、教育内容、教育方式、教育规模等都将伴随着教育供给侧结构性改革而有全新的体现。科学技术、教育和经济之间协同创新的互动模式如图 2-1 所示。

总之，科学技术、教育和经济之间的协同创新是在教育引领下的协同创新。只有在国家发展战略目标的引导下不断地整合资源，提升层次，才能不断地提升国家竞争力。

---

① 习近平：《敏锐把握世界科技创新发展趋势，切实把创新驱动发展战略实施好》，《人民日报》2013 年 10 月 2 日。
② 桂昭明：《人才资源经济学》，蓝天出版社 2005 年版，第 73 页。

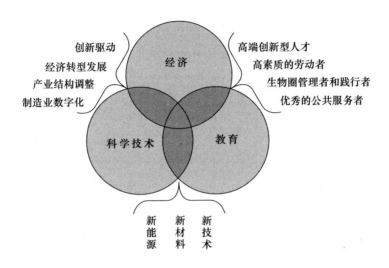

图 2 - 1　科学技术—教育—经济协同创新互动模型

第六节　新技术革命背景下教育的新动向

　　教育的进步与发展为人类社会的发展、科技的进步提供源源不断的动力，人类社会的变革、科技的进步也必然会引发教育的改革，影响和决定教育目的、教育内容、教育方式、教育模式和教育规模的更新。21 世纪，互联网、大数据、云计算、物联网、3D 打印等新技术不断涌现将社会、政治、经济、文化及生态陆续"搬上网"，信息化已成为国家重要发展战略，各个领域在互联网平台上积极探索、定位和拓展各自的发展空间。实践证明，各个领域只有通过有效的"连接—融合—互动—共同发展"才能发挥各自最大效用，实现利益最大化的目标。新技术的不断涌现明晰了教育的定位，促进了教育信息化的发展，同时也为教育教学改革带来了新的机遇和挑战。从原始的部落文明到农耕文明，从农耕文明到工业文明，再从工业文明向绿色的生态文明发展的过程中，人类社会的每一次文明跨越都伴随着教育的大革命。

一 新技术革命背景下教育的新定位

社会经济发展决定着人才的需求，也直接决定了教育是完成政治、经济、文化、社会和自然之间联动的"节点"，新技术的不断涌现进一步明晰了教育的定位，教育通过自身发展需要所建立的平台，聚集各个领域的优质资源，再由"教育资源和管理平台"通过合理的、有效的方式将其整合、优化、再分配到各个领域，达到"需求—供给"平衡，提高资源的利用效率，从而实现各个领域的共同发展。新技术革命的发生、社会经济发展的需要、国家政策的推动及教育自身发展规律的要求为教育发展提供了新的契机。未来教育培养出的高素质创新型人才，将不断地创新出新技术，新技术不断催生出新的产业形态、业务形态和商业模式，新产业的形成和发展为经济进步提供新引擎，为社会发展提供新动力，为生态文明提供新理念，为文化素养的提升提供新环境。因此，新技术背景下的教育将作为"触发器"唤醒整个社会、政治、经济、文化和自然之间的联结，将作为"融合器"促进整个社会、政治、经济、文化和自然之间的无缝对接，将作为"转换器"支撑整个社会、政治、经济、文化和自然之间的互动，将作为"服务器"引领整个社会、政治、经济、文化和自然实现共同发展（见图2-2）。

二 新技术革命背景下教育的新趋势

教育的重新定位对应着教育功能的变化，教育以完成其"联结功能"为前提最终实现其"服务功能"。目前教育的首要任务是实现其"联结功能"，首先实现教育内部各级各类教育间的"连接—融合—互动—共同发展"，为整个社会、政治、经济、文化和自然之间的外部"连接—融合—互动—共同发展"打好基础。教育内部的"连接—融合—互动—共同发展"的机制是外部机制的基本前提，外部机制是内部机制的更高阶段，也是教育发展的最终目的，更是实现其"服务功能"的具体体现。

现阶段教育改革的首要任务是实现教育的内部"联结"。教育内部"联结"是外部"联结"的基本前提，外部"联结"是内部"联结"的更高阶段，也是教育发展的最终目的，以此实现引领整个社

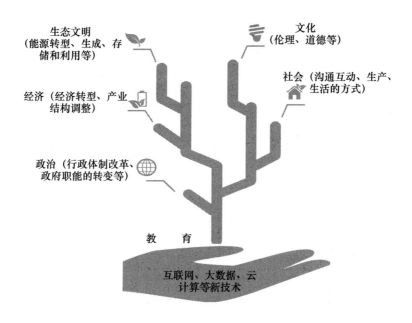

图 2 - 2 新技术革命背景下教育功能、使命的新定位

会、政治、经济、文化和自然实现共同发展的"服务功能"。教育的内部"联结"具体包括两个方面：一方面是实现教育内部各级各类教育间的"联结"；另一方面是实现传统教育和网络教育间的"联结"。我国教育信息化的进程依据"十二五"期间的核心任务已基本完成了"三通两平台"的建设，其中"三通"包括"宽带网络校校通""优质资源班班通"和"网络学习空间人人通"，"两平台"包括教育资源和教育管理两大平台，为教育内部"联结"提供了基础保障。我国近年来出台了进一步完善教育信息化的相关政策，为实现教育的"服务功能"做出了进一步规划。2015 年 7 月国务院颁布的《国务院关于积极推进"互联网＋"行动的指导意见》对教育提出："鼓励互联网企业与社会教育机构根据市场需求开发数字教育资源，提供网络化教育服务。鼓励学校利用数字教育资源及教育服务平台，逐步探索网络化教育新模式，扩大优质教育资源覆盖面，促进教育公平。鼓励学校通过与互联网企业合作等方式，对接线上线下教育资源，探索基础教育、职业教育等教育公共服务新方式。推动开展学历教育在线课程资源共享，推广大规模在线开放课程等网络学习模式，探索建立网络学习学分认定与学分转换等制度，加快推动高等教育服务模式变革。"2015 年 11 月刘延东副总理在第二次全国教育信息化工作电视电话会议上强调："'十三五'期间教育信息化要实现的三大目标就是三个'基本'：一是基本建成'人人皆学，处处能学，时时可学'，与国家教育现代化发展目标相适应的教育信息化体系；二是基本实现教育信息化对高素质人才培养和教育领域综合改革的支撑和引领作用；三是基本形成具有国际先进水平的、信息技术和教育融合发展的、中国特色的发展之路。"

社会经济发展决定着人才的需求，也直接决定了教育是完成政治、经济、文化、社会和自然之间联动的"节点"，教育内部的体制、机制决定具体培养人才的过程，因此教育内部联动的"节点"即是"人才培养的过程和质量"。

第三章　新技术革命动因与主要发达国家人力资本战略

技术革命的发展脉络清晰表明，人力资本是推动技术革命发生不可或缺的基本要素。在 21 世纪第一个十年爆发的这场新技术革命中，人力资本的重要性更加凸显。以往的技术革命具有一定的历史偶然性，这次新技术革命的爆发则是世界各国特别是主要发达国家通过实施教育发展战略合力推动的结果。早在 20 世纪 70 年代，英国、美国、德国、日本、韩国已经开始通过开启高等教育大众化进程进行大规模的人力资本储备扩张。21 世纪初，为了应对新技术革命背景下的国家竞争，上述国家更在积极制定以创新为核心的教育发展战略，力图为引领新技术革命中的国际分工提供坚实的教育和人才支撑。人力资本的规模扩张和结构优化分别作为必要和充分条件引领了新技术革命的产生与发展。教育作为形成人力资本的重要途径，在新技术革命背景下必须承担更加重要的责任。教育改革发展作为人力资本战略的重要一环，必须紧扣"引领"和"适应"两个关键词，既要在量上适度超前积累，又要特别强调结构优化，才能顺利实现教育现代化目标，才能在国家深化改革过程中，在经济社会转型和发展的关键时期更有担当和作为。

第一节　人力资本的本质内涵

人力资本是能够带来未来财富收入的人力储备，是能够提高劳动生产率的知识和技能存量，是能够学习和创造新知识和新技能的知识和技能基础。对人力资本本质内涵的这一阐释分为三个层次。第一个层次是经济学学科视角的定义，第二个和第三个层次是教育经济学学科视角和教育学学科视角的定义。不同的学科视角对于人力资本的解释在本质上是相互融通、互相印证的。

从经济学的学科视角看，人力资本是能够带来未来财富收入的人力储备。首先，财富是指个人或与他人共同拥有的能够满足人的某种需求的物质对象。正如费雪（Fisher，1906）在《资本与收入的本质》一书中所阐述的："Wealth is the material objects owned by human beings."财富具有三个特殊属性。一是有用性，即能够满足人们的某种需求；二是可拥有性，即能够通过清楚地确定产权产生排他性；三是物质性，即精神财富也要依附于物质财富加以体现以确保其可衡量。① 财富的种类包括不动产财富（土地、厂房、机器）、商品财富（原材料、产品）和人力财富。② 其次，资本是能够带来更多财富的财富存量。③ 资本具有三个基本事实特性，即生产性、储备性和与收入的相对性。资本首先是财富存量，是一种能够在未来带来更多财富的财富存量。由于所有的财富几乎都是储备财富，都是要供应未来消费的，所不同的只是时间长短而已，即使是吞下一盘饺子，也需要几分钟的时间，而饺子的生产性则体现在为人力生产提供所必需的能量。因此从广义来说，因为无法明确界定现在和未来的分界线，资本和财富范畴在理论上几乎可以重合。最后，收入是在某一时间段内的财富使用量。从本质上看，能够为人类带来任何愉悦享受，满足人类某种需求的财富属性的实现皆为收入。两者存在着对应关系，一个是存量、一个是流量。如果说资本是财富本身，那么收入就是财富的功用。例如，房子是资本，但是房子所提供的居住效用则是房子的收入。

人力资本是能够带来未来财富收入的人力储备这一定义隐含了人

---

① 为什么财富具有这三种性质，参见 Fisher, Irving, *The Nature of Capital and Income*, Macmillan Company, 1906, p. 3。

② 费雪将财富分为不动产、动产（商品）和人本身。

③ 这是亚当·斯密对于资本的经典定义，转引自 Fisher, Irving, *The Nature of Capital and Income*, Macmillan Company, 1906。

力资本的两个根本属性。人力资本的第一个属性是财富属性。人力资本首先是一种财富，是一种人力财富。首先人力资本具有物质属性。人之初本来一无所有，所拥有的最初财富其实就是人本身的身体系统。以吸吮、条件反射等基因知识为基础，逐渐学习复杂的知识，练习各种生存、工程和社会技能。虽然知识和技能本身并非物质的，但是，有知识和有技能的人却是物质的，人的学习和认知实践也是物质的，因此，人力资本满足财富的物质属性。其次人力资本具有产权属性。人力资本天然与人力资本主体不可区分，并且排他。一个人拥有的技能和知识，除非有意传授，很容易排他，因此满足财富的产权属性。最后，人力资本具备有用性。人力资本的有用性与其他资本相同，体现在可以为主体带来更多的财富收入。人力资本由于同时具备了财富的三个属性，因此具备财富属性。人力资本的第二个属性是资本属性。人力资本也是一种资本。人力资本同样具有生产性、储存性和与收入的对应性。人力资本的生产性体现在人类能够利用自身的知识和技能来进行生产和创造价值。人力资本的储存性在于人力资本与其他资本相同并不用于现期消费，而是用于增加未来财富收入。人力资本与收入的对立性体现在，人力资本并不能马上为拥有者带来愉悦和需求满足，变现为收入，但却有巨大的变现为收入的可能。人力资本除资本的一般属性外，还有一个特殊属性，那就是人力资本的积累既可以通过市场交换而直接获得，也可以通过花费劳动时间习得并积累。

上述人力资本的经济学阐释与传统人力资本经济解释的根本区别在于这是一种基于整体系统观的阐释，而非片面地基于局部观察的阐述，有助于深刻揭示人力资本的本质内涵。按照新的人力资本定义，人力资本的载体是作为整体的人，而不是传统人力资本理论所认为的健康、知识和技能。人力资本的本质是人力储备而非健康、知识和技能储备。健康、知识和技能储备仅仅是人力资本的必要组成部分，却并非人力资本本身。正如土地资本的载体是土地，而不是土地的肥力、所处的地理气候自然条件和周边环境一样。土地资本的本质是某一时点土地财富本身的存量，而不是某一时点的土地的肥力、水分的存量。尽管这些是影响土地资本质量的重要因素，但是，它们都不是土地资本本身。综上，人力资本的本质是一种财富资本，是人力储备。基于此，人力资本的计量也应以人的劳动时间为单位。单位劳动时间所创造的产品和服务就是人力资本带来的收入，反映了人力资本的价值。

从教育经济学学科视角看，人力资本是劳动者能够提高劳动生产率的知识和技能存量。因为没有了经济学中关于财富的物质性规定，人力资本可以解释为知识和技能存量。虽然知识和技能存量并非经济学中可物化的财富，但是知识和技能存量增加却可以通过提高劳动者的劳动生产率来增加财富和收入，因此补充了经济学中对于人力资本的认识。

从教育学的学科视角看，人力资本是劳动者通过营养保健和教育获得的学习和创造新知识、新技能的能力。教育学科视角下的人力资本定义进一步解释了为什么人力资本能够提高劳动者的劳动生产率，以及提升人力资本的现实途径。

从人力资本的核算来看，人力资本的积累就是一种时间积累，是劳动者为了提升学习创造新知识新技能的能力，通过花费时间进行营养保健和学习而积累起来的劳动时间储备。完备的人力资本的核算可以用一生中为营养、保健、学习和培训所支付的金钱和时间来衡量。之所以不包括睡眠和医疗，是因为睡眠和医疗的作用等同于设备的养护和维修，应该计入成本，不会累加成为新的人力资本。当一个地区或人群的饮食、保健习惯差异不明显，在职培训（干中学）又不易衡量时，最为可靠的替代性人力资本衡量指标就是劳动者为接受教育的总成本，包括直接教育成本和机会成本。人力资本的显著变化主要体现在劳动者受教育年限的显著变化。

第二节　人力资本与技术革命

一　人力资本供给增加提高了技术进步概率

人力资本积累的增加与技术进步并非历史的巧合，而是历史的必然。

关于技术进步到底从何而来，经济学家们提出了很多假说。文献中出现最多的是经济利益驱动说。但是，考察经济史不难发现，在漫长的世界经济史中存在一个普遍的现象，那就是伟大的发明家和艺术创造者往往在世时收益很低，甚至非常贫穷。表3-1列出了第一次工业革命期间一些最知名新技术的发明者们因为自身伟大发明而获得的个人收益。从表3-1中可见，尽管他们的发明推动了整个工业革命的进程，带来现代工业社会伟大转折，但他们却并未因为自己的伟大发明而获得与之相匹配的经济收益。因此，经济利益驱动技术进步供给说缺乏史料支持。

表3-1　　　第一次工业革命期间著名技术发明者的经济收益

创新者	设备	结果
约翰·凯	飞梭，1733年	备受专利起诉的折磨。1753年房子被机器破坏者摧毁，一身赤贫，死于法国
詹姆斯·哈格里夫斯	珍妮纺纱机，1769年	专利被拒。在1768年，受机器破坏者的攻击被迫出逃；1777年死于工作车间
理查德·阿克莱特	水力纺纱机，1769年	在1792年去世时财富达到50万英镑。他的大部分财富是在1781年之后积累的——那时其他生产者停止了对他专利权的"尊重"
塞缪尔·克朗普顿	走锭纺纱机，1779年	没有尝试发明专利。18世纪90年代生产者赠予了他500英镑，1811年英国议会赠予了他5000英镑
里弗莱德·埃德蒙德·卡特怀特	动力织布机，1785年	专利无价值。1790年机器破坏者焚烧工厂，1809年英国议会赠予了他1万英镑
伊莱·惠特尼	轧棉机，1793年	专利无价值。后来作为一位政府装备合同商而发家
理查德·罗伯茨	自动机，1830年	专利收入几乎与开发成本持平。1864年，他死于贫困之中

资料来源：转引自［美］格里高利·克拉克《应该读点经济史》，中信出版社2009年版，第209页。

　　一个显著的历史事实是，在工业革命前，尽管技术进步的速度非常缓慢，但始终没有完全停止。经济史学家克拉克（2009）认为，工业革命前的欧洲经济非常符合马尔萨斯模型，技术进步的结果是人口密度增加而不会增加人均收入。其解释如下：当出生率一定时，技术进步带来的收入增加会导致死亡率下降和人口增长。而人口增长又会拉动人均收入回到初始水平。根据这一模型，技术进步与人口增长显著正相关，因此可以通过人口增长率来衡量技术进步率。杜兰德（Durand，1977）的一项研究[①]表明，1250 年的世界技术增长率为 0.025，工业革命前的技术增长率为 0.045。但可惜的是，历史资料再详尽，却始终无法对技术进步的原因进行分析。而且 18 世纪末 19 世纪初的工业革命打破了马尔萨斯模型，引领世界走向了现代工业经济时代。而技术进步和人口增长因果关系也可能发生改变。其实，即使暂时放弃技术进步与人口密度之间的因果关系之争，有一点也毋庸置疑，那就是人口密度始终与技术进步密切相关。查阅科技进步史不难发现，几乎左右人类历史发展进程的所有重要发明都发生在人口密集的东亚、南亚、西欧和北美洲东部。在人口同样密集的地区，能识字会算数的人口越多，技术发明也就越多。

　　我们的追问是，如果技术进步不是源自经济收益，那么技术进步到底从何而来呢？唯一可能的解释是包括新科学发现和新技术发明在内的技术供给，一方面受人类探索自然的好奇和征服自然的欲望所激励，另一方面以人力资本积累作为必要条件。绝大多数的科学发现和技术发明均源自人类后天的学习和探索。从个体来看，劳动者的人力资本积累程度越高，学习能力越强，自然社会知识越丰富，则越有可能提出新思路和新做法来解决问题。从群体来看，人力资本积累程度高的劳动者越多，学习能力越强，自然社会知识越丰富，则越有可能获得新的科学发现和技术发明。换言之，一个只有 100 人的经济体，即使 100% 的劳动者人均一项发明，那么也只有 100 项发明，一个万人经济体，10% 的劳动者人均一项发明，那么也可以达到 1000 项发

---

　　① 〔美〕格里高利·克拉克：《应该读点经济史》，中信出版社 2009 年版，第 126 页。

明。如果这万人经济体中的劳动者，人力资本积累程度高，那么技术供给程度还可能成倍增加，这就是以受教育的劳动者数量为基数人力资本积累与技术供给关系最直观的解释。

人力资本积累提升可以有效增加技术供给这一论断还有很多历史资料可以佐证。其中，最著名的例子就是黑死病。14 世纪中期，欧洲暴发了臭名昭著的黑死病，削减了 1/3 的欧洲人口。其中，城市人口的死亡比例高达 65%，农村人口居住相对分散，死亡比例也达到了 33%。手工业者几乎消失殆尽，广袤农田无人耕种，牲畜四处游荡自生自灭。但是，黑死病不仅带来人口的消亡，同时也带来了人力资本积累的三个具有历史转折意义的巨变。

一是以英语替代拉丁语作为通用语大幅提升了知识传播速度。中世纪时期欧洲用来记载和传播知识的主要通用语是拉丁语，因其晦涩难懂，因此，只为贵族、庄园主、富商和传教士等少数上流社会阶层人士所掌握。黑死病暴发后，贵族和教士也不能幸免，能够使用这门语言者已经寥寥无几，为了尽快培养新技能者，学校中的授课语言趋向于用本地白话，英语逐渐成为主要通用书面语。因英语语法和发音规则相对简洁，更容易识别和掌握，极大地提升了知识的传播速度和效率。

二是科学和技术的融合大幅提升了知识更新速度。中世纪时期的思想家和匠人是朝着两不相容的分裂路径封闭前行的。"匠人仅仅对制作罐子、建造房屋或小船感兴趣，并不为根本的化学原理或机械原理操心。他们对因果关系不探究。总之，匠人关心的是技术上的实际知识，而不是科学上的潜在原因。在中世纪及之前的古典时代普遍存在一种反对创造性的学习与体力劳动相结合的强烈偏见。中世纪的经院哲学家和思想家们在仅仅靠头脑完成的工作和改变了物质形态的工作之间划出了一条界线。"[①] 但是，由于城市手工业者的数量在黑死病中大量削减，普通劳动者特别是有技艺的劳动者变得极其稀缺，匠人

---

① ［美］斯塔夫里阿诺斯：《全球通史》（下），北京大学出版社 2007 年版，第 480—481 页。

们不再像古典和中世纪时期那样备受鄙视。劳动者识字能力的提升有助于他们将通过实验方法和实地考察的方法获得的技术和发现记录下来。科学家们也开始动手采用实验的方法证明自己的科学发现。最著名的例子是文艺复兴时期的威廉·哈维（1578—1657），他反对蔑视体力劳动，通过切开大小动物的动脉和静脉，详细记录了实验结果，获得了关于人体心脏运动和血液循环系统的伟大发现。

三是精英教育向大众教育的转变加速了人力资本积累。由于瘟疫过后读书识字的贵族和传教士数量大幅减少，更是因为控制瘟疫对人员流动进行了限制，大学无法再像从前那样在全国的范围内选拔精英。在维也纳、海德堡、布拉格等全欧洲的各个地方纷纷创立新的高等学校，并且使用地方语言开设平民化大众化的课程。为了吸引更多的学生，包括贫困的教士和读书人，像英国的剑桥大学这样传统的精英教育名校也不得不积极吸纳财团的捐款和投资，通过设立丰厚的资助基金，并且在不同地区建设分校和改革课程内容来扩大招收学生的规模。这些变革使学生在当地即可接受高等教育而不必非要迁移到大城市才能读书，引发了高等教育由精英选拔式教育开始向平民化和大众化教育过渡，从而加速了人力资本积累。

上述三个转变最终结束了中世纪的漫长黑暗，开启了文艺复兴之旅，并为后来的工业革命提供了必要的人力资本储备和技术供给。

二 人力资本供给增加提升了技术扩散激励

技术供给并不等同于技术革命，与技术革命是两个截然不同的概念。一切科学发现、技术发明、组织创新均属于技术供给范畴。而技术革命是由一类或一组技术进步集合所引发的整体生产方式的系统性变革。技术进步是技术革命的必要但非充分条件，没有技术进步不可能有技术革命，同时也并不是每一种或每一类技术进步都会引发技术革命。

事实上，很多技术早已存在，但其中的大多数要么未能广为人知，要么未被广泛采用，甚至有些技术还因未被充分利用，不仅未得到进一步发展，反被遗忘并逐渐退化乃至消亡。例如，公元 3 世纪时出现在中国的马镫直到中世纪才传入欧洲。之前的欧洲马具一直是绑在马肚子上和马脖子上，因为会压迫到马的气管和颈静脉，大约会损失掉马匹80%的牵引力。另外，公元1年到1400年，中国就已经有了像纺车、造纸术、瓷器、雕版印刷术、可移动的印刷机、纸币这样的技术。欧洲虽然略晚，但是，也在12世纪末开始出现风车、衣服扣、机械钟表、眼镜、火器以及可移动的印刷机等技术。因未得到广泛利用而导致技术退化的例子历史上也有很多。中国在15世纪之前一直在技术发明的数量和复杂程度方面处于世界领先地位。1498年，葡萄牙人达伽马率领170人乘坐4只重达300吨的船抵达印度。但是早在约一个世纪前中国明朝的郑和就已经率领200多艘舰船、27000多人的船队多次抵达这一海域。郑和船队规模数量反映的是海军组织作战整体实力，是航海、武器、信息联络等技术的综合体现。一是包括帅船、补给作战船、护航战船、两栖作战船、粮船、水船等各种船型超大规模船队反映了明代先进精湛的造船技术。二是船队人员分为战斗部队、两栖部队和仪仗队三个序列；分为指挥、航海、外交贸易、后勤保障和军事护航部分，分工明确庞大但不冗杂，集中体现了当时优秀的海上军事指挥技术。三是配备了当时最先进的武器装备。包括火炮、喷筒和酷似水雷雏形的"赛星飞"。四是运用交通艇、音响信号、旗帜、灯笼等装备建立起高效的联络、指挥和调度系统。船队"昼行认旗帜，夜行认灯笼，务在前后相继，左右相挽，不致疏虞"。《中国科学技术史》的作者李约瑟在全面分析了这一时期的世界历史之后，这样评价明代海军："在历史上可能比任何亚洲国家都出色，甚至同时代的任何欧洲国家，以致所有欧洲国家联合起来，可以说都无法与明代海军匹敌。"[①]（孔令仁、马光汝、仲跻荣，1988）但是，郑和领导的终究是和平船队，所进行的终归是"朝贡贸易"或"赏赐贸易"，赔多赚少。在军事上、经济上和财政上都只有巨额投入，获利不多，因此无法持续。西方航海背后是与殖民和掠夺紧密相连的巨大的利益驱动。正如梁启超所指出的："哥伦布以后，有无量数之哥伦布。而我则郑和以后，竟无第二之郑和。"明朝永乐年间的

---

① 孔令仁、马光汝、仲跻荣：《略论郑和的军事才能》，《思想战线》1988年第4期。

以郑和舰队为标志的航海军事技术成为巅峰之后的骤然转折。因为失去了国家在军事和经济上的需求，失去了财政支持，航海军事技术便随之被逐渐遗忘。16世纪初时，当葡萄牙人登陆中国时，发现中国人已经不会建造大型舰船了。

我们的问题是，什么样的技术进步才会演化成为技术革命呢？

经济学家们对于技术革命为什么会发生在18世纪的英国有众多解释，总体上可以归纳为外生增长理论、内生增长理论和多重均衡理论。其中，外生增长理论的研究方法和结论在经济学界争议最小，成果最多、发展最快。产品和要素的数量和价格、生产函数构成了经济体的内部系统中的内生变量。当经济系统外部的因素发生变化，那么就会通过影响经济体内部系统的一个或若干要素，进而影响整个经济系统的行为结果。最重要的系统外部因素包括制度变革和要素稀缺性的相对变化。例如，经济学者认为，18世纪末19世纪初的英国工业革命要归功于1689年的君主立宪制和对产权的保护力度的增加。尽管对于这一点，一些学者（克拉克，2009）有不同的观点[①]，认为事实上，18世纪之前的英国具备一切技术进步所需要的制度条件，甚至在税收、货币的稳定性、公共债务和土地自由流转方面表现得更好。

最新的研究虽然也是从要素相对稀缺性的变化入手来解释什么样的技术进步会最终演化为技术革命，但是，所使用的一般均衡分析方法极大地提高了这一理论的解释力。麻省理工学院经济学教授达龙·阿西莫格鲁在人力资本同质的假设前提下，运用一个基于一般均衡分析的数理经济模型对上述问题进行了极富洞见的理论解释。[②] 得出的结论是，要素稀缺性的变化会通过影响技术市场，改变技术获利的激励程度，从而决定和筛选技术类型。

斯塔夫里阿诺斯（2007）在他所著的《全球通史》中说："除了在强有力的需求的刺激下，发明者很少做出发明。"结合上文我们已

---

① ［美］格里高利·克拉克：《应该读点经济史》，中信出版社2009年版，第134页。
② 达龙·阿西莫格鲁教授38岁时，因其在发展经济学和劳动经济学领域所作的贡献，获得有小诺贝尔经济学奖之称"克拉克"奖。

经给出的反例，可以把这句话稍加改动，"只有在强有力的需求的刺激下，生产组织者才会选择使用哪种技术发明来组织生产"。技术供给与技术需求的关系类似伯乐与马的关系。好马很重要，但并不是每种马都适用于所有的使用条件，蒙古马适于作战，河曲马适于驾辕。伯乐相马就是要将所需要的马挑选出来。正如韩愈所感叹："千里马常有，而伯乐不常有。"天下并非无马，原因是不知马。公元 1 世纪希腊亚历山大港的希罗首次描述了运用蒸汽动力的微型蒸汽模型。但是当时并没有人认为还在襁褓中的蒸汽动力技术会是一匹千里马。直到 16 个世纪之后，才出现了蒸汽机的工作模型，后经过从纽科门蒸汽机到瓦特蒸汽机的数次改良发展，蒸汽动力才成为主导了第一次工业革命的核心技术。众多机械技术发明围绕蒸汽动力展开，使蒸汽动力广泛应用在汲水、冶炼、火车、轮船、纺织、机械制造的方方面面。所以，工业革命为什么在英国爆发这一问题，完全可以换一种更有效率和更直接的提问方式：为什么在浩如烟海的发明中，17 世纪末 18 世纪初的英国选择了蒸汽动力技术？

回答当然是因为这种技术最有利可图。经济学家和经济史学家已经从英国的税收和财产保护制度，以及海外市场扩张等方面分析了第一次技术革命的原因。但是，更直观的答案来自从要素稀缺性相对变化角度给出的解释：当一种要素相对丰富时，与这种要素互补的技术进步将会变得有利可图。根据阿西莫格鲁技术进步路径模型，当一种要素资源丰富时，生产厂商选择与其互补的技术类型组织生产将更加有利可图。换言之，要素的丰富程度决定了一种技术的市场规模。市场需求越多，采用该类技术的获利程度就越高，这种技术的传播速度就会越快。当煤矿被大量开采出来时，与煤矿能源互补的技术就会变得有利可图。当市场上存在大量普通劳动力时，与普通劳动力互补的技术就会带来更多的利润。当市场上人力资本积累非常丰厚时，技术进步就会逐渐朝着与人力资本互补的方向逐渐发展。

综上所述，人力资本的积累会通过为技术扩散提供市场激励引导技术革命的发展方向。

三 人力资本结构优化为技术革命提供了持续动力

将上述模型得出的结论比照经济现实不难发现，现实经济远非经济模型中设定的只有一种产品、一种人力资本，也并非仅仅包括技术研发和生产两个部门。新技术革命是由一组技术进步集合所引发的整体生产方式的系统性变革。现实经济由多种产品、多个研发生产部门组成，技术研发和生产部门内部有不同的专业分工。只有多个产品和多个生产部门按照一定的比例关系实现技术变革，才能最终演化成一场技术革命。人力资本结构的本质就是这种人力资本的比例关系。回顾世界经济史上的蒸汽动力革命，不难发现人力资本结构对于新技术革命发生和发展的重要性。公元1世纪时蒸汽动力已经被发明家发现，但是，如果没有富有野心的政治家资助，没有冒险家开辟太平洋和南印度洋的新航路，没有敢于铤而走险的远洋贸易商，没有追求利润最大化的农场主，没有脱离土地的大批产业工人，没有像纽科门和瓦特这样不断发明和不断改良蒸汽机技术的技师，就不可能将蒸汽动力技术发展成为蒸汽动力技术革命。因此，同质性人力资本数量增加在经济现实中仅仅是新技术革命发生的必要条件，而非充分条件。只有人力资本结构优化才能为技术革命提供持续动力。

接下来的问题是，什么是人力资本结构优化？在多个产品和多个生产部门存在的复杂现实经济条件下，什么样的比例关系才是最优的人力资本结构？人力资本结构优化的标准是什么？怎样才能实现这种比例关系达到人力资本结构优化的目标呢？

人力资本结构是指不同层次、类型和专业人力资本存量之间的比例关系。现实经济中的人力资本结构可以从宏观到微观的六个维度加以考察。一是人力资本层级结构，即受精英教育、大众高等教育、中等教育、初等教育劳动者之间的比例结构。二是人力资本类型结构，指研究型、应用型、技能型人力资本的比例结构。三是人力资本时间结构，重点考察终身教育体系中的学历教育、学历后教育和学历外教育的比例结构。四是空间结构，重点考察不同地区的各级各类学校在空间布局上的比例结构。五是人力资本学科结构，考察在文科、理科和工科接受培训的劳动者数量比例。六是教育内容结构，教育的课程设置是否具有更新机制，是否能使未来的社会劳动者做好了必要的知识技能结构储备。前三个维度属于宏观结构，第四个维度属于中观结构，第五、第六个维度属于微观结构。

人力资本结构优化是指不同人力资本的边际生产效率相等。换言之，如果在现实经济生活中哪种人力资本稀缺，那么这种人力资本的边际收益就会显著高于平均人力资本回报率。哪种人力资本相对充裕，那么这种人力资本的边际收益会显著低于平均人力资本回报率。只有不同人力资本按照一定的比例增加或减少，使相互间的人力资本边际收益相等，这种优化调整才会结束，人力资本总收益所代表的人力资本生产率才会达到最大化的效率顶点。

根据上述人力资本结构优化的定义，人力资本最优比例关系的确定标准就应该是各类人力资本的产出收益率基本持平。如果一类人力资本的产出收益率很高，证明这类人力资本稀缺；反之则表明人力资本过剩。在现实经济中，反映出来的人力资本结构优化结果则是在各行各业中，有相似教育年限的劳动者，无论从事何种专业，其收入水平应该基本持平。

人力资本结构优化有两条实现途径：一条途径是人力资本需求结构的变化通过市场价格机制的激励引领人力资本结构优化；另一条途径是通过人力资本供给创造人力资本需求。最终的目标是充分发挥市场价格机制实现各类人力资本收益率趋同。

人力资本需求结构并非一组一成不变的静态变量，而是由产品需求和生产技术共同决定的。两者中的任何一项发生变化，都会改变人力资本需求结构。经济学中的需求特指有支付能力的需求，同时取决于收入和消费偏好两个变量。其中，收入最为关键，不仅影响需求的数量，还有可能通过改变人们的消费偏好而改变消费品的种类。作为最终产品需求的引致需求，某种人力资本的需求数量自然也与经济社会中人们的收入水平密切相关。因此，在不同的发展阶段，只要收入水平和消费者的消费偏好发生了变化，人力资本需求结构也会发生相应改变。此外，人力资本需求结构还与生产技术密切相关。由于技术进步和生产组织形式总是在利润的驱动下沿着充裕要素的路径演化发展，当未受过正规教育的普通劳动力充裕时，技术进步和生产方式必然以普通劳动力为主要生产要素。随着普通劳动力数量逐渐减少，工资成本上升，而接受更多教育的技能劳动力占比不断增加，人力资本的相对价格下降，生产方式将在利润的驱动下向依靠高技能劳动力的方向演进，将更加依靠人力资本来提供知识更新和技术研发，更加倾向于用智能机械化来替代普通劳动力。当经济发展阶段远离技术前沿时，模仿性技术进步需要更多的学习吸收型人力资本。当经济发展接近世界技术前沿时，技术进步需要依靠创新型人力资本。以纺织品加工为例，如果采用人工刺绣技术，那么对于掌握刺绣技艺的专业技术人力资本需求就会上升。如果使用电脑描图的机器刺绣技术，则对于电脑绘图设计以及机器维护的专业技术人力资本需求就会上升，对于掌握刺绣技艺的专业人力资本需求就会下降。

既然受收入水平和技术进步的影响，人力资本需求结构会不断变化，那么怎样捕捉和预测这种变化呢？观察人力资本需求结构变化最直观的指标是市场上的人力资本收益（价格）。如果各类人力资本之间的收益率之比发生了明显改变，那么证明一定是人力资本需求结构已经发生了变化。收益率增加的人力资本稀缺，收益率下降的人力资本富余。因此，人力资本需求结构是硬约束，可以通过市场价格机制直接决定人力资本收益，通过不同人力资本收益存在收益差提供人力资本结构调整激励，引导人力资本供给由人力资本富余的产品部门向人力资本稀缺的产品部门流动，最终实现人力资本结构优化。

人力资本供给由营养保健、正规和在职教育所决定。由于营养保健属于通用性人力资本范畴，与人力资本量的积累关系更为密切，对人力资本结构影响不大。对人力资本供给结构产生显著影响的是正规教育和职后培训。这里的职后培训既包括统一培训和师带徒等正规职后培训，也包括在实践中积累技能的"干中学"等非正规职后培训。人力资本供给有被动适应需求和供给创造需求两种功能。两种功能作用的时间期限略有不同。从短期来看，人力资本供给结构如果与人力资本需求结构不符，则人力资本的整体收益率必然下降。因此，人力资本的短期结构优化目标就是要使人力资本供给尽可能地满足不断变化的人力资本需求。从长期来看，人力资本供给结构与需求结构之间的关系更为复杂。前文引用的技能偏态性技术进步模型有一个隐含的结论，即人力资本供给可以创造自身需求。这与经济学古典流派最著名的理论之一——萨伊定律所表达的"供给创造需求"原理相近。人力资本是具有可再生产性质的资本，可以通过主动积累来控制资本存量。人力资本投资增加了人力资本的积累数量，让生产组织者使用与人力资本互补的生产技术进行生产更加有利可图。生产组织者一旦采用了技能偏态性的技术进步，对于人力资本的要素需求就会相对增加。从这个意义上说，人力资本供给可以通过改变技术进步路径创造自己的需求。既然如此，那么人力资本的绝对数量在多样化的基础上就宜多不宜少，宜超前不宜滞后。所谓"活到老学到老"的经济学含义应该就是如此吧。因此，从供给侧来看，个人的人力资本投资决策要根据资本市场的需求决定。国家的人力资本投资决策应在个人人力资本投资决策的基础上充分考虑技术进步的引领作用，应适度超前不宜滞后。

第三节　新技术革命以人力资本为主要动因

毫无疑问，技术革命的爆发是经济社会的各种复杂因素共同作用的结果。但 21 世纪的这次新技术革命却在国际政治和经济环境基本保持稳定的状态下发生。一方面，自 20 世纪末以来，与技术革命相关的要素中变化最显著的是人力资本储备；另一方面，新技术革命还表现出了与人力资本互补的显著特征，与新技术革命紧密相连的这两个特征性事实充分说明新技术革命以人力资本为主要动因。

一　全球人力资本储备普遍增长

首先，人口是人力资本的自然载体，人口的自然增长为人力资本的增长奠定了必要基础。20 世纪中叶开始，世界人口开始加速增长。1960 年，世界人口为 30 亿。到 2011 年 10 月 31 日，世界人口达到了

70 亿。根据联合国推算，世界人口从 1960 年每 30 年增加 10 亿，到 2011 年每增加 10 亿人口仅需要 11 年半。人口增加一方面带来了资源消耗，另一方面也奠定了人力资本的积累基础。

其次，全世界的健康保健水平大幅增加。一方面，人均健康投入水平迅速提高。从按照购买力平价计算的人均健康支出来看，1995 年全世界范围内的人均健康支出为 472 美元。2013 年世界范围内的人均健康支出水平达到 1187 美元。年均增长达 20.4%。另一方面，人均预期寿命也在显著增加。根据世界卫生组织的数据，1990 年全世界人口的人均预期寿命为 64 岁，2013 年，全球人口的预期寿命已经达到了 71 岁。另外，根据世界卫生组织测算，2010 年全球人均健康生命年限为 60 年，2013 年人均健康生命年限为 64 年。因此，从世界范围看，健康保健水平的大幅增加极大地提高了全球劳动者的人力资本积累水平。

再次，全球人均受教育年限也在稳步增加。人力资本最为显著的核算方式是劳动者的受教育年限。从全世界范围看，人均受教育年限在稳步增长。根据联合国教科文组织的数据测算，1985 年世界范围人均受教育年限仅为 4.2 年。其中，人力资本储备发达地区的平均受教育年限为 8.5 年，人力资本储备欠发达地区仅为 1.5 年。1990 年这一数据上升为 5.2 年，其中，人力资本储备发达地区的人均受教育年限为 9.5 年，欠发达地区也有所增长，增长至 2.3 年。到 2013 年，全球人均受教育年限已经达到 7.4 年。其中人力资本储备发达地区达到人均 11.7 年，即使是最欠发达地区人均受教育年限也提升至 4.2 年。

最后，人力资本已经成为推动人均经济增长的重要力量。各国已经充分认识到了人力资本迅速发展对于经济和人类自身发展的重要作用，并且为了弥补 GDP 和 GNP 片面强调物质资产的局限性和短期导向性，联合国于 1990 年首次发布了人类发展指数（HDI），将教育水准和预期寿命纳入人类发展指数。2012 年，联合国又发布了《包容性财富报告》，在世界范围内挑选了 20 个具有代表性的国家，尝试将国家财富资产分为自然资产、人力资产、健康资产①和制造资产，来衡量各国的实际财富水平，得出了许多有价值的结论（见表3－2）。

表3－2　　　　1990—2008年世界主要国家人力资本财富占比

国家	人均包容性财富指数增长率	人力资本财富占比（%）	人均受教育年限(2008)	国家	人均包容性财富指数增长率	人力资本财富占比（%）	人均受教育年限(2008)
澳大利亚	0.12	45	12.4	日本	0.91	73	11.3
巴西	0.91	56	6.9	肯尼亚	0.06	50	6.1
加拿大	0.37	49	12.3	尼日利亚	-1.87	20	5.1
智利	1.19	57	9.9	挪威	0.66	61	12.7
中国	2.07	47	7.3	俄罗斯	-0.31	19	11.7
哥伦比亚	-0.08	36	7	沙特阿拉伯	-1.12	27	8.3
厄瓜多尔	0.37	61	7.5	南非	-0.07	53	9.2
法国	1.44	75	10.8	英国	0.88	90	12.3
德国	1.83	67	12.9	美国	0.69	78	12.9
印度	0.91	46	4.2	委内瑞拉	-0.29	43	8.3

资料来源：联合国环境规划署：《包容性财富报告（2012）》。

根据《包容性财富报告》，各国人力资本在过去的20年间，在20%—36%的速度区间迅速增长。人均包容性财富增长率排在前五的国家分别是中国、印度、智利、法国和德国。其中，中国、印度和智利三个国家财富增长的主要支柱是制造资产的增长。而法国和德国的财富增长的支柱则主要是人力资本财富增长。排在后五位的国家是尼日利亚、沙特阿拉伯、哥伦比亚、俄罗斯和委内瑞拉，其包容性财富增长甚至为负，表明其经济增长的不可持续性。主要是由于上述五个国家自然生态资源的持续恶化以及制造业资本财富的萎缩。根据《包容性财富报告》的研究结果，在过去的20年间，各国普遍经历了自

① 根据《包容性财富报告》的指标说明，健康资产之所以没有加入人力资本，而是单独计算，仅仅是计算方便和指数化的需要，并没有概念和理论上的因素。

然生态财富的萎缩，制造业资产财富往往与自然资本财富呈现此消彼长的关系，但是，人力资本积累却恰恰是弥补和平衡这种自然生态财富萎缩的关键之所在。往往人力资本财富积累丰厚的国家，自然资本财富也保持得相当理想。

另外，几个有关人力资本积累的数据值得额外关注。《包容性财富报告（2012）》不仅核算了各国人力资本财富占比，也证实了人力资本财富的积累具有追赶效应。英国、美国、挪威和澳大利亚人力资本财富占比分别为90%、78%、61%和45%，但是，人力资本的增长速度却不高。相反，人力资本财富占比较低的国家，例如中国、印度和智利的人力资本增长速度却在20个国家中遥遥领先。这也充分说明人力资本积累同样具有后发优势，发展中国家，特别是像中国这样面临资源紧约束的国家，还有利用人力资本积累后发优势的充分空间。《包容性财富报告》除利用人均受教育年限来测算人力资本财富储备外，另外使用劳动者一生工资的现值作为人力资本的影子价格，间接测算人力资本财富。测算研究结果表明，受教育年限长短并不能完全反映人力资本储备的全部内容。以俄罗斯为例，人均受教育年限虽然很长，但以影子价格衡量的人力资本财富占比和增长水平却并不高。因此，正如上文在剖析人力资本本质内涵时提到的，劳动者的小时工资虽然不是人力资本的最直接却是最真实的估值和测算。

二　新技术革命增加了人力资本需求

新技术革命以能源技术、人工智能、通信网络、生物基因、3D打印为代表，在被用于生产过程中时呈现出替代普通劳动力和与人力资本互补的有别于传统技术革命的显著特征。换言之，新技术革命增加了对人力资本的需求，减少了对于普通劳动力的需求。

历史上并不是每一次技术进步都具备人力资本需求增加的特征。在第一次技术革命中，机器制造完全替代了技能劳动者，让绝大部分裁缝、皮匠、铁匠等传统的技能型手工业者失去了就业岗位。操作机器几乎不需要接受什么正规培训，甚至童工也能胜任。因此，第一次技术革命带来的蒸汽机和第二次技术革命带来的大规模流水线生产增加的是普通劳动力需求，而不是对技能劳动者的人力资本需求。

　　比较而言，从第三次技术革命开始至新技术革命的出现，技术革命与人力资本之间的关系却展现出与以往截然不同的显著特征：地铁中人人低着头以各种表情对着一台智能手机；远在麻省理工学院的埃里克教授（《第二次机器革命》的作者）派一个远程呈现机器人佩戴参会证出席 2014 年在中国天津举办的夏季达沃斯论坛；家庭主妇足不出户即可网购大到家具电器、小到纽扣针线的一切生活用品。未来的制造业生产，更强调的是个性化设计，从日用品到生产设备，每一个单位产品都可能实现个性化定制。这些都是智能终端广泛普及的例子。能源、通信和物联网三网联合，将有形资源和无形知识信息传输到生产生活的各个角落。在这样一个巨大的网络空间中，物理空间的局限正在被打破，完全需要肌肉承受力的劳动分工几乎可以全部由机器所取代，接受教育已经变成消费者享受物质精神生活和新技术带来的各种便利、劳动者参与以新技术为基础的形形色色生产活动的必要条件。随着即将到来的能源网络的建立和智能机器人的广泛应用，人类生产者面对的甚至不仅仅是人类本身的竞争，而是与智能机器人之间的竞争。更高的人力资本积累和快速的知识更新将是未来生产者在激烈的差异化竞争中脱颖而出的前提条件。

　　此外，一些研究证据也证实了新技术革命确实与人力资本互补并增加了人力资本需求。这方面最直观的经验证据来自 20 世纪 80 年代。在美国等发达国家出现的大学生劳动力工资与普通劳动力工资之间的差距在不断拉大。卡茨和克鲁格（Katz and Krueger，1998）开展的经验研究证明，由于新技术革命与人力资本和高技能劳动力互补，使人力资本需求的增长速度大于普通劳动力需求的增长速度，因此出现了技能劳动力工资增长速度大于普通劳动力的增长速度。更重要的是，这种工资差距与世界范围内劳动者的受教育水平提高同时发生。我国自 1999 年开始施行大学扩招，劳动力市场上的大学生劳动力迅速增加。如果没有发生技术进步，需求侧没有发生任何变化，且劳动力市场富有弹性，那么大学扩招势必会带来教育收益率的绝对下降。国内一些学者的研究却表明高等教育回报呈现出与大学生劳动力供给同步增加的趋势（许玲丽、李雪松、周亚红，2012）。我国学者姚先国、周礼、来君（2005）基于浙江省制造业数据研究的解释是中国企业在一定程度上呈现出技能偏态性特征，因而导致了对高技能劳动力需求的增加，进而导致高技能劳动力所占的就业比重以及收入比重增加。盛欣和胡鞍钢（2011）利用我国2003—2007年地区的面板数据进一步验证了我国资本技术互补的存在性。吴要武、赵泉（2010）的研究表明大学毕业生和高中毕业生之间存在显著的收入差距。[1] 宋冬林、王林辉、董直庆（2010）利用1978—2007年时间序列数据研究认为，正是因为我国不同类型技术进步都呈现出技能偏态特征带来了大学生劳动力和普通劳动力之间的工资差距，表明了新技术革命确实显著地增加了人力资本需求。

虽然新技术革命与自然环境约束日益紧密相关，但是，从理论上来看，自然环境的约束是人类实现自我发展永远需要面对的约束。农耕时代面临的是土地和水资源的约束，工业文明面临的是化石燃料的约束。自然资源始终是人类进步文明、经济社会发展变革的终极倒逼机制，并非新技术革命发生的独特动因。

综上，自20世纪下半叶开始，大规模人力资本投资扩张发端于英美国家，日本、韩国、澳大利亚和欧洲国家紧随其后。这与21世纪初发生的这场与人力资本互补的新技术革命绝非历史巧合。为什么同样是技术革命，发生在大规模人力资本扩张之后就与人力资本互补？人力资本扩张之前的技术革命却并没有出现这样的特征？基于此，我们有充足的理由相信，人力资本扩张是本次新技术革命爆发的主要动因。

三 人力资本扩张与新技术革命的因果逻辑

上述两个特征事实——人力资本供给持续增加、新技术革命与人力资本互补——为新技术革命的人力资本动因说提供了充分的现象学和经验证据。但是，最终确定二者之间的因果关系，还需要进一步的逻辑推演，还需要对一个关键问题给出理论解释：为什么人力资本扩张会导致新技术革命爆发？

---

① 袁晖光：《大学生就业难本质探源》，中国社会科学出版社2013年版，第7页。

　　世纪之交以信息技术为代表的新技术进步浪潮之所以会发生，源自于人力资本供给的增加。这是因为，人力资本扩张为21世纪的一系列新技术进步提供了广阔市场。在技术生产和产品生产的两部门模型中，人力资本劳动者数量的增加意味着与人力资本互补的技术进步潜在使用者增加。需求增加和市场的扩大，使这种技术进步变得有利可图。在追求利润最大化的逐利本能驱使下，与人力资本互补的技术迅速被生产组织者所采用和推广，从而使新技术革命以人力资本为先导，沿着与人力资本互补的方向发展，深刻地改变了原有的生产方式，让相同的产品由原来依靠低人力资本储备的劳动者进行生产向更多地依靠高人力资本储备的劳动者生产转变。

　　新技术革命为供给创造需求学说提供了重要佐证。人力资本供求的初始均衡被供给增加引发的新技术革命所打破，进而引发自身需求的增加。在这个因果逻辑中，人力资本供给增加是原因，新技术革命的发生是中间结果，需求增加是最终结果。如果不考虑供给，要素需求取决于成本约束和要素之间的替代率。如果没有新的技术进步和生产方式变革、没有重大的资源发现，成本约束和要素替代率不可能优先发生变动。这也是20世纪中叶之前，没有任何经济证据表明人力资本需求首先发生了显著变动。如上文所述，大量经济研究表明20世纪末人力资本需求的增加正是由于新技术革命的发生和普及。新技术革命的发生并不是历史巧合，而是源自于19世纪下半叶世界各国普遍增加的人力资本供给。

第四节　人力资本战略国别案例

　　国际经验表明，人力资本战略决定了主要经济体在新技术革命中的位次和分工。

一　英国

　　第一次工业革命后，英国并没能在之后的技术革命中继续引领工业潮流，关键原因就在于没能及时认识到人力资本积累的关键作用。

《资本论》在劳动的剥削程度一节中这样描述第一次工业革命后大工业生产时的生产状况：工厂主为了让机器保持 24 小时开工，会采取各种方式延长劳动时间。甚至突破了"工作日的纯粹身体能承受的极限。它侵占人体成长、发育和维持健康所必需的时间，掠夺工人呼吸新鲜空气和接触阳光所需要的时间。它还克扣吃饭时间，尽量把吃饭时间并入生产过程。个人受教育的时间，发展智力的时间，履行社会职能的时间，进行社交活动的时间，自由运用体力和智力的时间，以至于星期日的休息时间——哪怕是在信守安息日的国家里的星期天，资本家都不会关心。"[①] 这样做的结果是人力资本始终处于消耗状态，无法得到重新补充。"1861 年 11 月 5 日的英国《泰晤士报》评论说：尽管居民健康是国民资本的一个重要组成部分，但恐怕必须承认，资本家根本不想保持和珍惜这个财富"。[②] 这是典型的人力资本"公地悲剧"，单纯依靠市场配置资源，并不能促进人力资本的大规模积累。在工业大生产发展早期，人们尚未充分认识人力资本的重要作用，生产厂商仅从个体的有限理性出发，在利润最大化的欲望驱动下，一味地将劳动力和机器捆绑在一起，单纯通过延长劳动时间来增加产量降低成本。完全没有认识到劳动者通过花费劳动时间储备健康、知识和技能所形成的人力资本才是生产力不断增长的持续可再生源泉，最终导致社会整体人力资本积累不足。直到 20 世纪 60 年代，英国才将人力资本提升为国家战略，才逐渐开始重视教育和健康对人力资本积累的重要作用，最终用 10 年时间完成了高等教育大众化，但是已经比领先的美国落后了近 20 年。

二 美国

理论和经验研究均证明，美国在教育扩张中领先世界一步与其在新技术革命中的领军地位并非历史巧合。

第二次世界大战后，"美国为了解决几百万退伍军人的安置问题

---

① 马克思：《资本论》第一卷，中共中央马克思、恩格斯、列宁、斯大林著作编译局译，人民出版社 2004 年版。

② 于桂兰、秦晓利：《英国市场经济早期工人人力资本"公地悲剧"的产权经济学分析》，《学习与实践》2009 年第 8 期。

于 1944 年通过《军人权利法案》向数百万退役军人提供教育资助，帮助他们接受并完成高等教育。几百万退役军人涌入大学，在短时间内使美国高等教育规模急剧扩张。按照 15%—50% 的高等教育大众化的标准，法案实施两年后，美国在 1946 年使毛入学率一跃升至 17%，率先跨入了大众化阶段，又于 70 年代初，在不到 30 年的时间里进入了普及阶段。退役军人的涌入改变了美国高等教育，已经成为学术界一种不需论证的共识。许多美国学者称《1944 年军人权利法案》为'山姆大叔有可能做出的最好决策'"。[1] 1940—1970 年，美国大学毕业生年增长率为 2.73%，1970—1995 年，增长加快，达到了 3.66%。与此相反，在第一阶段，两者的工资差距每年下降 0.63%，而在大学毕业生数量快速增长的 1970—1995 年（袁晖光，2010）[2]，也就是计算机和网络技术迅速普及的 25 年中，大学生劳动力与非大学生劳动力的工资差距每年却增加 0.92%。

20 世纪 90 年代后期，美国联邦政府开始发起职业培训制度改革运动。与英国不同，美国之所以能够享受到教育扩张带来技术变革的巨大红利，与其迅速而深刻地认识到了人力资本市场配置所带来的外部性问题密切相关。一般而言，企业规模与人力资本投资规模正相关。原因是企业越小，员工的流动性就越大。一旦人才流失则人力资本投资收益为零。相比之下，企业越大，越有激励为所有员工提供职业培训机会，提升人力资本储备。这与英国在资本主义初期经历过的人力资本"公地悲剧"相似，其结果必然会导致人力资本投资不足。由于小企业吸纳大多数劳动人口就业，小企业所占比例越大，这种在职人力资本投资不足问题就越严重。20 世纪 60 年代末期，美国政府就已经意识到了这一问题，并对职业培训不足问题进行政策干预。先后颁布了《职业教育法》《青年就业与师范教育计划法》《就业培训合作法》等一系列有关职业教育的法律。其中，2000 年 7 月 1 日开始

---

① 转引自袁晖光《大学生就业难本质探源》，中国社会科学出版社 2013 年版。

② 袁晖光：《中国高校扩招背景下大学生就业和工资调整研究》，博士学位论文，辽宁大学，2010 年。

实施的《劳动力投资法》最为重要，对职业教育改革的推动作用最为显著。该法案最重要的成就是在全国的社区中建立一站式职业培训、咨询、信息和失业救济中心。中心和中心经理的业绩由州长直接管辖的地方劳动力投资委员会负责监管和考核。其全部业务均面向市场，根据劳动者的个人培训需求设计培训课程。参加培训者所支付的一部分培训费用由政府进行补贴。据一项统计①，美国 2002 年用于就业培训的经费高达 90 多亿美元，所提供的资助足以为 270 万—300 万人提供免费培训。1999 年 3 月 28 日的《纽约时报》曾这样评价这部法案：这是"克林顿时代两党合作的最成功最闪光的范例之一。这个法律整合了所有政府的职业培训项目，通过全新的制度设计能满足各类员工的就业和培训需求"。1998 年 8 月 5 日的《华盛顿邮报》评论说："《劳动力投资法》将重新构筑美国的职业培训制度，并能加强每个人在新的经济竞争中所必需的职业技能。"②

2008 年金融危机爆发后，美国于 2009 年、2011 年接连发布了两份创新战略报告，目的在于推动可持续增长和高质量就业。从教育在创新战略中的定位来看，将教育定位为实施创新战略的关键和基础，提出必须创建具有国际竞争力和创新能力的教育系统，培养适合日益增长的知识密集型经济的劳动力。从教育支撑国家创新战略的目标来看，提出要培养具有 21 世纪知识和技能的美国人，打造世界一流的劳动力。具体目标包括改进美国的科学、技术、工程和数学教育，推动初等与中等教育质量改革，提高学生的学习成绩，创造一流的早期教育系统，恢复美国大学教育程度全球第一的地位。从教育支撑战略的实施路径来看，美国侧重从基础教育入手，夯实创新基础，并以问题为导向提出了多项实施计划。每个实施计划都针对一个或几个问题，设定具体的实施目标，列出资金来源，并且明确参与主体的角色定位。明确了促进国家创新中政府主要职责是召集相关机构和组织，

---

① 刘正良、吴强、冷松：《20 世纪 90 年代美国职业培训制度的改革及启示》，《扬州职业大学学报》2007 年第 3 期。

② 王翔：《美国人力资本投资战略及其对我国的启示》，硕士学位论文，吉林大学，2004 年。

促进形成合作伙伴关系，实现共同目标。从教育支撑战略的内容来看，涵盖了从学前到高等教育各个层次。不仅包括完善小学到高三的 K-12 计划，创建一流的早期教育，推动小学、中学教育质量改革，提高大学生的入学率和毕业率，提升科学、技术、工程学和数学教育；而且还包括通过宽带、云计算、数字设备和软件的普及，发展教育技术等诸多内容。

20 世纪 60 年代至今，美国的教育投入占 GDP 比重一直在 7% 左右，其中公共教育投资约占 5%，从基数到比重都远超中国，高等教育大众化、职业教育普及在美国率先实现。20 世纪 70 年代 PC 机在美国问世，并伴随网络通信技术彻底改变了 21 世纪人们的生产和生活。这些都绝非历史巧合，它充分证明了在新技术革命的背景下，人力资本的决定性作用。只有科学有效地制定教育发展战略并迅速提升教育投入效率，才能在未来的全球分工格局中占据主导地位。

三　德国

德国是近现代史上最具教育传统的国家。19 世纪的德国无论在教育理论上还是在教育实践中都令欧美各国瞩目。在此阶段，德国出现了洪堡、费希特、黑格尔、赫尔巴特、第斯多惠、福禄贝尔等一大批对世界产生重要影响的教育家。1840 年，福禄贝尔将自己在 1837 年设立的学前教育机构正式命名为幼儿园，标志着世界上第一所幼儿园的诞生。这个时期，德国尽管尚未统一，但初等教育已经走到了欧美其他国家的前列。19 世纪 60 年代，初等学校入学率达 95% 以上。1885 年，普鲁士施行免费初等教育，到 19 世纪末，德国初等教育的入学率达 100%，文盲率不到 1%。

第二次世界大战后，德国经济奇迹般地迅速复苏主要得益于德国高度熟练的技术力量"库存"，加上东欧国家技术人才的流入，使联邦德国战后重建并没有发生技术匮乏。到了 20 世纪 50 年代后期，联邦德国经济增长率开始下降，教育跟不上工农业生产高速发展的矛盾尖锐起来。第二次世界大战后的美苏军备竞赛客观上促进了美苏两国科学技术的飞跃发展。联邦德国通过学习别国、回顾自己的教育传统，并深刻反思，逐渐认识到必须充分发挥本国在教育方面的优势，继续优先发展教育，才能追赶上世界发展的步伐。一篇题为《德国的教育灾难》的专栏文章代表了当时的主流思潮。文章指出"教育困境"，就是"经济困境"。"支撑每个现代国家的基础之一便是它的教育事业。19世纪，德国在强大的文化国家中得以崛起，就靠了大学和中小学的扩建。直到第一次世界大战为止，德国的政治地位、经济繁荣以及工业发展，都建立在它当时现代化的学校体系和具有世界声誉的科学成就的基础上。可是，现在这一笔老本消耗殆尽了。从学校比较数字看，联邦德国在欧洲众多国家中，除了南斯拉夫、爱尔兰和葡萄牙之外，它就名属末位了。如果缺乏有质量的教育后继力量，那么，迄今为止的经济高涨就会迅速完蛋，技术时代如果没有我们，生产体系则将一事无成。"[1] 在这一主流思潮的引领下，联邦德国从60年代末期系统引进了美国著名经济学家舒尔茨和丹尼森的人力资本理论，开始了基于教育需求预测的超前教育改革和发展。这一阶段的教育积累让德国在20世纪最后20年和21世纪最初10年取得了突飞猛进的发展。在对德国教育科技引领创新和制造业发展的理论总结中，历史上甚至还造就了两位伟大的经济学家李斯特和熊彼特。

四　日本

从明治维新开始，日本就对教育在国家发展方方面面起到的巨大促进作用保持清醒的认识，一个多世纪以来一直将教育发展作为国家最重要的战略之一。日本在整个明治维新期间教育支出在政府支出中的比重约为10%。这一时期的教育积累为日本战后的经济复苏提供了重要的人力储备，使日本从第二次世界大战后到20世纪60年代，在物质资本遭到严重破坏的情况下依旧成功实现了经济迅速增长。第二次世界大战后，日本为应付战后赔款，迅速恢复生产发展经济，急需各行各业的包括科技人才和熟练工人在内的技术工人。为了弥补战争带来的技术人才缺口，适应经济建设发展对于人才的紧迫需求，一是通过两种人才培养模式鼓励建立理工类私立专科学校，包括两年制和五年一贯制高等专科学校。要求这些专科学校与企业必须保持紧密合

---

① 李其龙：《德国高中规模发展的理论与实践》，《全球教育展望》2006年第2期。

作，开展多种多样的"产学合作"项目来为经济建设提供所需人才。二是大力发展高等教育。第二次世界大战后，日本高等教育迅速发展，并在 20 世纪 70 年代进入高等教育大众化阶段。这期间，高等专科学校学生数增长了 213%，短期大学学生数增长了 215%，全部接受高等教育的学生数增长了 141%。① 与中国的经济发展模式相似，日本也是在发展外向型经济过程中首先进行技术模仿，在技术模仿中逐渐发展自主创新经济。日本的初中毕业生升学率、高中毕业生升学率、大学在校人数占总人口比重、研发人员占总人口比重迅速上升，人力资本积累大幅增加。正是由于教育优先发展战略带来的教育迅速发展和人力资本迅速积累，日本不仅迅速完成了战后重建任务，而且经济实现了跨越式发展。其 GDP 总量在 1968 年超过联邦德国，跃居世界第二。到 20 世纪 80 年代末，日本的整个经济发展已经基本实现了自主创新转型。

五　韩国

第二次世界大战后，韩国的国民教育水平普遍不高，文盲人数高达 78%。由于教育基础极其薄弱，战后十年韩国经济发展一直十分缓慢。20 世纪 60 年代，政府一方面开始加大基础教育和中等职业教育投入，另一方面通过实行高等教育统一入学考试、控制高等学校招生数量等政策对教育进行结构性调整，纠正私人过度投资高等教育倾向。1975 年，韩国教育投入占 GDP 比重已经达到 4%。以教育发展为引领，1970—1980 年，韩国实现了经济高速发展，经济增长了 1.5 倍。80 年代开始，为适应技术和人力资本密集型的工业发展路径，开始不断扩大高等教育招生规模。1962—1980 年，韩国的年均教育支出占政府预算比重约为 17%。1980 年，随着高等教育毛入学率达到 14.7%，进入高等教育大众化阶段，韩国开始确立"科技立国"战略，在重视高等教育与国际接轨的同时，不断强化并积极鼓励自主创新。经过 40 多年的发展，到 1990 年，韩国教育投入跃居世界第 9

---

① 张洪亚：《美、英、日三国高等教育大众化扩张重点之比较和借鉴》，《现代大学教育》2002 年第 6 期。

位，国家的创新能力迅速提升，基本建立起以企业为核心的现代技术创新体系，经济增长已经初步实现以企业自主研发为主的创新驱动，国家竞争力整体上升，与发达国家的差距在不断缩小，在某些指标上甚至已经超过日本、美国等发达国家。根据 2015 年世界经济论坛发布的《2014—2015 全球竞争力报告》，韩国领先中国两名，排在第 26 位。

第五节　国别经验总结与启示

如果说人类近百年经济发展史就是技术革命史，那么各国的经济发展竞争史，说到底就是人力资本竞争史。为了应对新技术革命背景下的国家竞争，英国、美国、德国、日本、韩国等国家均从自身的战略定位出发制定了相应的人力资本战略，力图在新技术革命中引领国际分工，并努力为之提供坚实的人力资本支撑。下面主要从人力资本战略的目标定位、主要内容、政策倾斜和经费保障四个方面对上述国家的人力资本战略加以归纳和总结。

一　以创新为核心制定教育发展战略

20 世纪末，主要发达国家充分认识到了经济社会发展的终极目标就是人本身的发展，国家竞争归根结底是人的竞争，面对新技术革命带来的挑战和机遇，英国、美国、德国、日本和韩国五国均将人力资本战略视为实现国家战略目标的必要途径，并根据本国的发展战略制定和实施人力资本战略。

英国为应对新技术革命背景下的国际竞争，在 21 世纪初确立了"创新国家"战略，明确提出要"为每个人发展学习创造良机，释放人的潜力，以发挥其最大作用，在教育标准和技能水平上达成卓越的人力资本战略总体目标"。[①] 希望除保持基础科学研究的领先优势以外，能够进一步提高科技进步对本国经济和社会发展的贡献率，并通

---

① 段莉：《美国、日本、德国、英国人才战略实践集锦》，《现代人才》2007 年第 6 期。

过领先的基础科研和更加富有活力的技术创新在新一轮市场竞争中占领制高点。

美国在金融危机之后国家发展战略发生重大调整，开始强力推动"制造业回归"战略，推行旨在提升科学、技术、工程和数学素质的人力资本战略，简称"STEM"（科学、技术、工程和数学的英文首字母缩写）。正在努力通过提升学生的 STEM（科学、技术、工程和数学）素质，提升学生的学业成就和国际竞争力，以保持其全球领导地位。奥巴马政府将这一战略细化为两个明确目标，到 2020 年，将获得 2 年或者 4 年高等教育人口占比由现在的 39% 提升至 60%。消除来自不同种族、收入群体和社区的准备入职或继续接受高等教育的中学生的毕业学业水平差距。

进入 21 世纪，德国也深刻认识到德国的发展只能依靠以研究和创新为中心的"高科技战略"，必须依靠教育、科技和创新为德国的增长就业提供强劲动力，别无其他选择。[①] 德国的教育、科学和工业界必须要为新技术革命的挑战提供解决方案，要更加以人为本，更加强调人类在未来的发展中所具有的决定性作用，强调技术变革要为人类利益服务。

20 世纪末，日本开始在"人力资本先行"的基础上推行"科技立国"战略。为推动经济高速发展，迅速缩短和世界先进科技水平差距，日本首先大规模吸收和引进外国先进的科技成果，但是在模仿性技术进步的过程中始终重视基础研究和工程技术研究领域的本土化创新，在消化和吸收的基础上进行科学技术本土化转换。因此，仅仅用了不到 40 年的时间已经跻身创新国家行列。进入 21 世纪，日本已将国家科技驱动生产力发展的目标由追赶世界领先水平提升到站在世界科学技术前沿，并在这一战略框架下制定相应的人力资本支撑战略。主要目标包括：在义务教育阶段对所有孩子进行以社会生存为基础的教育；在支持社会、提升社会发展中培养领导国际社会的人才；重点培养能够进行知识创造、知识继承和知识发展的人才。

---

① 参见 2007 年 11 月德国联邦教研部发布的《德国高技术战略进展报告》。

面对 21 世纪新技术革命引领的全球化竞争，全力推动经济增长方式由要素驱动型增长向创新推动型增长方式转变，韩国制定了以"教育福利国家"理念为指导的 21 世纪国家教育发展战略。通过建立终身学习体系，将人才培养和知识创新作为这一发展战略的核心。设立的具体战略目标包括：培养核心技术人才推动知识密集产业的发展；培养高素质专业化的劳动力以适应知识型服务业的发展；创新教育体系，关注不同群体的教育需求，改善弱势群体的教育福利，以促进经济发展和社会整合；创造工作岗位，加快开发女性劳动力，解决劳动力供求不平衡的问题。[①]

上述国家制定的教育发展战略目标充分表明，随着新技术革命逐渐拉开帷幕，各国均不约而同地将创新发展放在了首要的战略位置，并以此为导向确立未来教育发展目标，力图从本国教育发展领域中不符合创新战略要求的最突出问题入手，精准设定目标，突出针对性和问题导向性。

"十三五"时期是贯彻《国家中长期教育改革和发展规划纲要（2010—2020 年）》的最后五年，也是完成《国家中长期教育改革和发展规划纲要（2010—2020 年）》提出的教育现代化目标最关键的五年。根据《国家中长期教育改革和发展规划纲要（2010—2020 年）》，到 2020 年教育改革和发展的最终目标是要"基本实现教育现代化，基本形成学习型社会，进入人力资源强国行列"。教育现代化具体体现在教育观念现代化、教育体制现代化、教育内容现代化、教育手段现代化和教育评价现代化五个维度。其中，教育体制包括教育组织机构和教育制度。从纵向看要实现终身教育体系的现代化，包括学前教育、基础教育、高等教育和学历外继续教育五个阶段。其中，高等教育包括职业高等教育和学术型高等教育两个类型，学历外教育包括职业培训和社区教育，前者的典型代表是职业资格证书培训，后者的典型代表是少年宫学习活动、老年大学和父母课堂，等等。横向和纵向

---

① 宋京：《"教育先行"到"国家人力资源发展"——韩国发展战略的研究及启示》，《复旦教育论坛》2009 年第 11 期。

两个维度下的教育现代化本质，均要求教育主动适应新技术革命的动态发展过程，而不是仅仅将教育现代化作为一个结果进行静态评估和衡量。教育现代化的动态目标是通过教育先行、结构优化和效率提升，实现人力资本驱动下的技术创新和结构升级，在新技术革命背景下占据有利的世界分工位次，大幅提升国家竞争力和公民生存发展水平。

二　充分认识和积极发挥教育引领作用

目前世界各国已经充分认识到了新技术革命背景下人力资本本身就是社会财富的一部分，通过直接积累和间接推动两种作用，成为推动财富增长的主要力量。2012 年在里约峰会上，联合国环境规划署发表全球第一份《包容性财富报告（2012）》，首次使用了包容性财富这一衡量指标取代 GDP 对地区财富进行衡量。包容性财富简称"IW"（Inclusive Wealth），最初由诺贝尔经济学奖得主，著名的经济学家肯尼斯·阿罗提出，并与多位生态学家和著名经济学家合作进行研究得出研究成果，目的是弥补 GDP 作为传统经济发展水平指标在度量经济可持续发展方面存在的不足和缺陷。包容性财富衡量的是一个国家或地区可持续增长的财富，包括两类财富：一类是资本财富，另一类是制度财富。资本财富包括人力资本、自然资本和生产资本；制度财富包括历史文化、法律法规、社会建制、社会网络等能创造有形财富的无形财富。这里的人力资本是指人的健康、技能和受教育程度等。根据《报告》，1990—2008 年，美国人力资本增加了 8%，日本和英国分别增加了 12% 和 14%，德国增长了 50% 以上，三国主要依靠人力资本推动了财富增长。

在充分认识人力资本对于国家财富积累的决定意义的基础上，各国对新技术革命所引发的教育方式变革反应迅速。国际新媒体联盟发布的《国际教育信息 2013 地平线报告》显示，"未来五年内可能推动高等教育模式变革的六大技术为大规模开放网络课程（MOOC）、平板电脑、游戏和游戏化、学习分析技术、3D 打印技术、可穿戴技术"。① 新型信息、知识和教育资源每秒钟都在以几何级数增长，均以开放性的大数据形式呈现。这些变化可以充分实现个性化的学习。新技术革命带来的教学方式上的变化将深刻改变师生角色，非正式学习将在各类学习环境中变得越来越重要。从各国发布的有关人力资本战略的法律和政策文本来看，面对以 MOOC 为代表的教育大变革，各国政府均保持着清醒认识，对新技术革命所引发的人力资本积累方式深刻变革反应迅速。发端于美国、英国的 MOOC 和翻转课堂不仅拆除了大学的围墙，甚至拆除了大学的课堂，如果不是为了做实验，学生根本不必去学校上课。韩国自 2007 年就已经开始在全国推广数字化教材。现已完成了小学至高中电子教材的二次更新，实现了数字化教材全面普及。目前正在全国增设数字化教材实验校，开发与数字化教材相匹配的教学模式。结合网上学习等新型学习媒介，针对数字化教材试用中出现的问题，结合实验校试用数字化教材和教学模式的情况，广泛研发智能教育教学方案。美国紧随其后也于 2013 年开始大规模普及和扩展所有公共教育机构的网络带宽，让全美国的学生都成为新技术的使用者和创造者，并逐步建立和完善基于个人数据的教育大数据库，为提供精准的教育服务做准备。日本也于 2001 年实施《E - Japan 战略》，致力于通过全面提升学生信息技术应用能力激发学生的学习兴趣和学习能力。

人力资本所具有的公共产品特性决定了单纯依靠私人投资必然会陷入人力资本"公地悲剧"，导致经济社会整体人力资本投资不足。英国在第一次工业革命后没能再续辉煌的一个重要原因就在于，生产厂商从个体的有限理性出发，在利润最大化的激励下，对劳动力过度使用而忽视人力资本积累，人力资本"公地悲剧"没有得到政府有效的纠正。20 世纪六七十年代，美国经济平均增长率为 32%，而同期的教育投入却增长了 41%。日本在 20 世纪的前 60 年中，国民收入增长 979 倍，而同期教育经费却增长了 2286 倍。美国赶超英国、德国

① 徐辉:《21 世纪世界高等教育改革的若干趋向及启示》，《比较教育研究》2015 年第 1 期。

和日本战后迅速崛起的历史都有一个显著的共性特征，即人力资本战略先行。2008 年金融危机爆发后，美国把加大人力资本投资放在首位，在 7870 亿美元经济恢复计划中，投向教育的经费高达 920 亿美元，为推进制造业和实体经济复兴，推动以页岩气开发为标志的新能源革命提供了重要的人力资本基础，又一次将经济危机成功转化为新一轮发展机遇。这些国别经验具有深刻的启示意义。加大教育投入，充分发挥教育的引领作用，不仅使美国总是能够用最短的时间成功走出危机，而且在每次经济危机过后总可以站在技术革命前沿，进一步主导国际分工格局。

进入 21 世纪后，世界各国已经普遍认识到教育优先发展的重要战略地位。"2002 年欧盟教育委员会发表的《教育和培训 2010》和 2009 年发表的《教育与培训 2020》战略报告都明确提出：教育对欧洲成为世界上最具竞争力和活力的知识经济体和保证可持续经济增长具有极其重要的作用，并要求加大对教育和培训的投资。"① 理论、实证和国别经济发展历史均证明，教育在创新发展和技术进步过程中不仅仅是被动适应的角色，更需要站在国家经济战略的前沿优先发展。

上述国别经验充分表明，我国要在 21 世纪的国际分工格局中占据产业链的优势地位，必须高度重视教育在人力资本数量、质量、结构，在科学发展、技术创新中的引领作用。在前三次工业革命中，我国由于历史原因没能充分发挥教育的引领作用。然而，随着 20 世纪末期我国高等教育规模空前扩张，特别在金融危机后，我国开始重新定位和深刻认识"职业教育的公益性质"，以职业教育为导向和重心的教育改革全面铺开，为迎接世纪之交的新技术革命积累了丰厚的人力资本基础。美国的教育是为了培养具有 21 世纪知识和技能的美国人，打造世界一流的劳动力。德国的教育是为未来培养为明天工作的人。中国欲在新技术革命背景下提升国际分工位次，在国际分工格局

---

①　徐辉：《21 世纪世界高等教育改革的若干趋向及启示》，《比较教育研究》2015 年第 1 期。

中制定规则、获得主动话语权，必须重新审视未来教育发展战略，必须要有适度超前的战略视野和历史担当。

三 积极应对人力资本需求结构变化

新技术革命不仅由人力资本催生，而且引发了对人力资本需求的深刻变化。美国对新技术革命引发的人力资本需求结构变化反应非常迅速，希望聚集国际一流人才、创意与设备，依托在新技术革命中的领先优势，打造最具竞争优势的高端制造业、智能制造业和先进制造业。但是，与这一"重返制造业巅峰"国家战略不相称的是其"科、技、工、数"人力资本储备在国际排名上有所退步。为此，美国越来越重视科学技术教育、职业技术和成人教育。联邦政府自上而下全力发起"STEM"计划，内容包括培养和引进 10 万个 K–12 级 STEM 教师；加快相关教学学习的基础设施建设；在未来十年增加一百万个"科、技、工、数"本科学位以满足市场需求；让美国的少数种族占"科、技、工、数"从业者人数的比重从目前的 28% 提升至占大多数等。为了培养具备世界一流素质、掌握 21 世纪所需技能的下一代劳动力，创造和扩大就业机会，使所有的美国人可以找到好工作，并推动未来数十年的技术创新经济，《美国联邦教育部战略规划（2014—2018 年）》计划增加高需求和高技能需求岗位的学位和招生人数，并通过税收减免、学生贷款改革等方式帮助更多学生担负得起学费，带着一技之长从大学毕业，为创新和竞争扫除障碍。

英国在科学研究领域位于世界前列，特别是在教育、金融、生物、信息、医学等研究领域人才辈出，在人文科学和基础科学中研究中实力依然强劲。截至 2013 年，英国已有 121 名诺贝尔奖获得者，仅剑桥大学一所高校就拥有 78 位，甚至比其他欧盟国家一个国家的获奖人数还多，仅次于诺贝尔奖得主的第一大国、拥有 344 名诺贝尔奖得主的美国。然而与此相比，英国的技术创新能力相对较弱，工程技术领域人才缺乏、流失严重。长期以来素有"科研在英国，开发在美国"的说法，就是这种人力资本结构失衡的真实写照。为此，英国政府首先重新定义人才概念，将教育、金融、信息、科技、医学、法律等多领域多学科和受各学历层次教育的劳动者均定义为人才，而不再局限于获得硕士学位以上的人。其次，开始采取"多民族共存"和"多元文化"的人口策略，向企业下放使用外来人才的权力，放宽对外国技术移民的法律限制，调整外来移民工作许可证制度，力图以此来吸引世界范围内优秀的技术工程人才留英就业。最后，从大幅提高顶尖人才待遇和保护科研环境学术氛围两方面入手重新吸引流失人才回国效力。

韩国为增强国家科技竞争力，引入缘起于美国的 STEAM 教育计划，通过着力培养中小学生的整合应用与科技创新能力，提高学生技术素养、增强国家科技竞争力，进而为提升国家竞争力奠定青少年人才基础。

国际经验反复证明，人力资本结构优化是人力资本战略中不可或缺的部分。美国在 19 世纪末人均受教育年限仅为英国的 88%，但是，在接下来的 50 年中人力资本积累迅速增加，结构不断优化，为其超越英国在第二次工业革命中占据世界领先地位奠定了关键基础。21 世纪末，美国人力资本投资战略重心开始向职业教育转移，通过调整人力资本类型结构，加强职业培训，保持全球经济霸主地位和持续增长的发展势头，对美国整体劳动力素质的提高和国家竞争力的增强产生了深远影响。韩国政府提出科技人才、工程人才和技术技能人才的最佳配比为 5∶10∶85，并以此为基础对高等教育进行合理布局，成功建立了现代技术创新体系，为国家产业结构合理布局和经济飞速发展奠定了坚实基础。

当前，我国人力资本结构还存在很大改善空间。例如提高受教育年限的高等教育大众化进程与同等发展水平国家还有差距，高技能人力资本占比还应进一步增加。专业人力资本中新能源、节能环保、新材料、新医药、信息产业等经济社会发展的重点领域人才匮乏，人力资本产业间配置不均衡，利用效率不高。为优化人力资本结构，进一步为新技术革命提供充分条件，我国"十三五"时期需重点回答和解决 10 个问题：一是如何实现中高职和应用型大学的有效衔接？二是如何实现学术型教育、应用型教育和职业技能型教育的合理布局和互相衔接？三者的最优比例大约应该是多少？三是继续教育（包括网络远程教育、自考教育、电大教育）在构建终身教育体系中的作用是什么。目前，由于监管和质量保证方面存在突出问题导致其基本丧失了教育的信号筛选和人力资本储备的功能。原因何在？怎样治理？怎样实现优胜劣汰？四是学历后教育和学历外教育与学历教育是否有必要试行学分、证书互认？五是学科专业结构的动态调整机制有无可借鉴的案例？六是学校是否有激励进行内部的专业和课程结构调整以符合学科的知识体系要求，最终满足受教育者和经济社会发展需求？七是从小学到大学的学科体系是否存在培养目标不明确、体系脱节、知识背景缺失、与社会转型发展不相适应的问题？例如，幼儿教育是否应以诚实守信等基本德育、价值观和习惯培养为主；小学以巩固习惯、进行人文素养培育、拓展并发现兴趣为主；中学再开始强调基础知识学习、高中再进行筛选分流，等等。初中和高中是否要求学生进行社会实践课，比如打零工赚零花钱。是否应该加开经济学原理和基本的法律课程，培养学生在法制的框架内以自由意志为基础，公平地参与竞争、缔结契约并自负其责的公民素养。八是是否应该要求小学、中学、初中、高中组织各种社团活动，依法开展拓展兴趣、服务自我、服务社会的社会实践活动，并将社团的名目种类和学生的社会实践参与度作为学校质量评价和排名的重要指标？九是从微观课程内容上来看，在各级各类教育中，是否存在劳动者的人文素养教育缺失问题。人文素养教育匮乏导致人们普遍对美缺乏感受能力，缺乏社会主义核心价值观从三个层面所规定的基本价值素养，缺乏职业道德培养、缺乏通过服务他人实现自我价值的社会使命感？十是如何通过教育先行引导产业脱离传统梯次转移的旧模式，探索产业转移升级的新路径？

优化人力资本结构的过程就是调节过剩、增加"短板"的过程。为了了解人力资本的现实供求状况，课题组有针对性地访谈了一些企业家和投资者，他们代表了人力资本的需求方。从访谈了解的情况看，受访者普遍反映人力资本供求不匹配问题特别突出。用一位投资集团公司老总的话说：技术变革已经带来了生产方式的巨大变革，但是，我们的教育模式却并未发生任何改变。特别是有两对矛盾没有解决好：一是怎样教会下一代正确理解人与自然的关系；二是教育要怎样处理好继承性与开创性的关系。在所有的要素中，现金资本是最具流动性的，是利润的"晴雨表"。因此迫切要求教育要走出自己的"象牙塔"，"就教育论教育"的老路已经走不通了，教育必须要加快适应产业链、创新链和人才培养链的"三链"融合，真正成为优化人力资本结构的有效途径，为迎接新技术革命挑战提供充分条件。为迎接新技术革命带来新机遇和新挑战，人力资本投资结构调整必须以经济社会发展需求为导向，深化产教融合、科教融合，加快人才培养结构战略性调整，实现物质资本和人力资本协同发展，促进各种要素资源优化配置，发挥最大效益。

根据经济发展的一般规律，产业结构和生产组织形式总是在利润的驱动下沿着充裕要素的路径演化发展。当未受过正规教育的初级劳动力充裕时，经济必然以第一产业为主要支柱，采用粗放式产业组织形式。随着初级劳动力数量逐渐减少，接受更多教育的技能劳动力占比不断增加，依靠高技能劳动力不断提供知识更新、依靠技能劳动力进行技术研发并发展工业制造业，用农业机械化来替代初级劳动力，便成为产业结构调整的客观要求。当经济远离技术前沿时，普通人力资本存量的边际增长更能促进生产力增长。当经济发展接近世界技术前沿时，只有高技能人力资本存量的边际增长才会更加促进生产力增长。首先，要迅速而充分地认清新技术革命为教育需求结构带来的深刻变革，对教育管理、教育模式、教育主体、教育对象和教育结果评价和教育的经济政治社会功能提出新要求。其次，要加速将认识转化为政策实践，在优化教育供给结构、教育信息化和教育绩效评价等方面加速改革进程。新技术革命之所以称为革命，就在于其与模仿性技术创新不同，没有任何可供借鉴的模式和规律，因此必须加强实践探索，在探索中加深认识、厘清认识，更要允许"试错"，并通过建立纠错机制，不断在错误中找到正确方向。

四　教育优先发展战略的政策保障

21 世纪初，英国相继发布了《卓越与机遇——面向 21 世纪的科学与创新政策》《成效：到 2006 年的战略》《崇高志向——知识经济中大学的未来》《创建 21 世纪学校体制》《教学的重要性》《放飞希望》等一系列重大教育发展战略报告，以保持其在基础科研方面的世界领先地位，并且意图为企业技术创新提供强有力的人力资本保障。

美国对人力资本在技术进步中的引领作用重视最早，反应最快。自 20 世纪中期开始便以一系列政策法案确保战略性人力资本储备。《1944 年退役军人权利法案》《美国教育部 1998—2002 年战略规划》《美国教育部 2001—2005 年战略规划》《美国教育部 2002—2007 年战略规划》《为 21 世纪而教育美国人》和《美国为 21 世纪而准备教师》[①] 等政策法案的颁布实施，旨在充分保障人力资本能够对国家的科技进步充分发挥引领作用。金融危机爆发后，美国迅速而又深刻地认识到领先的科学技术必须与制造业等实体经济紧密结合才能保持持久强劲的增长动力。为此，《美国竞争法——为有意义地促进卓越技术、教育与科学创造机会法案》于 2007 年出台，其中第六部分专门以"教育"为标题，从教师教育、STEM 教育、外语教育和本科生研究生奖学金 4 个方面强调了教育应在"科、技、工、数"人力资本储备方面发挥更加积极的重要作用。2010 年发布的《变革美国教育：技术推动的学习》提出应以技术驱动 21 世纪教学、学习和评估模式的变革。2011 年，奥巴马开启了新版《美国创新战略》，明确指出美国未来的经济增长和国际竞争力取决于其创新能力。要求通过公共和私营部门联合全力加强科学、技术、工程和数学素质教育，以有效应对新技术革命背景下的全球竞争。

德国为全力备战新技术革命带来的工业变革，率先提出"工业4.0"的概念，并为此做足了准备。2006 年 8 月，德国发布《德国高技术战略》。四年后，德国内阁又通过了由德国联邦教研部主持制定的《高科技战略 2020》。这部跨部门的国家整体创新战略汇集了德国联邦政府各部门的研究创新政策举措，目的就是要把新知识和新思想尽快转化为科学进步和技术创新。《高科技战略 2020》在每一个领域都确定了一些"未来项目"，制定要达到的目标，并在未来 10—15 年跟踪这些目标。这些未来项目包括"智能能源转换；个性化的疾病治

---

① 段莉：《美国、日本、德国、英国人才战略实践集锦》，《现代人才》2007 年第 6 期。

疗药物；二氧化碳中性、高能源效率和适应气候变化的城市；作为石油替代的可再生资源；通过有针对性的营养保健获得健康；互联网的节能；在晚年过独立生活；通信网有效保护；2020 年拥有 100 万辆电动车；未来的工作环境和组织；全球知识数字化及普及，等等"①，为人力资本储备和未来教育发展所需培养的人才确立了明确方向。

　　进入 21 世纪的日本和韩国，紧随美国、英国、德国的脚步，均将提升人力资本水平作为重要的创新发展驱动战略。日本为实现领先世界科学技术的国家竞争力战略目标，对教育进行了民主化改革。通过制定《教育基本法》《新教育方针》，为确立民主教育制度提供了法律保证。21 世纪初，日本政府为建设高等教育强国启动了"21 世纪卓越科研基地计划"。韩国教育部则连续颁布实施了两个《人力资源开发》五年计划，2007 年发布了《数字化教材普及化方案》，2012年推出《智慧教育战略》。这一系列政策文本均为引领教育充分利用新技术革命提供的云计算和信息网络技术提高人力资本积累效率提供了坚实的政策保障。

　　各国先后颁布和实施相关法规、政策和行动计划，目的均是希望通过正规的政策文本强有力地保障人力资本战略能够在新技术革命背景下充分发挥提升国家竞争力的重要作用，营造教育优先发展的社会氛围，强化国民对人力资本重要性的认识。

五　教育优先发展战略的经费保障

　　教育经费投入是教育政策最基本也是最直观的体现方式。在面向新技术革命的教育优先战略框架下，英国、美国、德国、日本、韩国教育经费投入呈现出三个显著特征。

（一）经费总量不断增长

　　近十年来，各国教育经费占 GDP 的比重普遍增长，教育投入普遍增加（见表 3－3）。2009 年 3 月，奥巴马政府为积极应对经济危机，促进经济复苏，不仅在政府预算中追加国家教育经费，更在"一揽

---

① 杨朝峰、赵志耘：《金融危机后主要国家科技战略与政策的调整及启示》，《科技与法律》2011 年第 12 期。

子""经济刺激计划"中额外预留数百亿美元用于教育改革。此举使美国的公共教育经费占 GDP 比重，即使在金融危机期间，仍始终保持在 5%以上，公共教育经费占公共财政支出始终保持在 13%左右，全社会教育支出由 2000 年的 6.2%上升到 2010 年的 7.3%。英国的公共教育经费占 GDP 比重也由 2000 年的 4.5%上升到 2011 年的 6.03%，公共教育经费占公共财政支出由 2000 年的 12.4%上升为 13%。韩国则为教育信息化投资 20 亿美元，用于云网络建设、教师再培训以及电子教科书开发，大力推进信息技术框架下的教育模式变革。德国的公共教育经费占 GDP 比重也由 2006 年的 4.43%上升到 2011 年的 4.98%，公共教育经费占公共财政支出由 2006 年的 9.8%上升为 2011 年的 11%。日本的公共教育经费占 GDP 比重也由 2000 年的 3.62%上升到 2012 年的 3.85%，公共教育经费占公共财政支出近十几年来一直保持在 10%左右。[①]

表 3 - 3　　　　中国、英国、美国、德国、日本、韩国教育

支出占 GDP 的比重　　　　　单位:%

国别	中国	英国	美国	德国	日本	韩国
人均 GDP 6000 元左右时教育支出占 GDP 比重	4	6.2	—	—	4.9	3
2006 年教育支出占 GDP 比重	3.01	5.45	5.39	4.43	3.46	3.97
2007 年教育支出占 GDP 比重	3.22	5.37	5.25	4.49	3.46	3.95
2008 年教育支出占 GDP 比重	3.48	5.31	5.30	4.57	3.44	4.46
2009 年教育支出占 GDP 比重	3.59	5.52	5.25	5.06	—	4.67
2010 年教育支出占 GDP 比重	3.66	6.23	5.42	5.08	3.78	—
2011 年教育支出占 GDP 比重	3.83	6.03	5.23	4.98	3.78	4.86
2012 年教育支出占 GDP 比重	4	—	—	—	3.85	—
2011 年教育支出占 GDP 比重比 2006 年增长	27	11	-3	12	9	22

资料来源:联合国教科文组织教育数据库和世界银行世界各国历年人均 GDP 数据库。

我国的公共教育经费 GDP 占比虽然增长很快，并在 2012 年实现

---

① 经费数据摘自联合国教科文组织官方网站公布的各国教育统计数据。

了4%的目标，但是，公共教育投入还是远落后于其他发达国家。如果按照相同发展阶段来比较，英国和日本分别于1978年和1977年达到人均收入6000元水平，我国则于2012年达到人均6000元左右水平，英国和日本在人均6000元水平时的教育投入已经达到了6.2%和4.9%。因此，我国急需建立教育经费自然增长的机制，教育经费的增长率应该略高于GDP的增长速度，才有可能不被发达国家甩得越来越远。

（二）聚焦教育新技术应用

各国均将新增教育经费向为新技术革命进行人才储备和教育手段变革倾斜。韩国为在信息技术框架下变革教育模式，投资20亿美元用于电子教科书开发、教师再培训以及云网络建设。美国自2011年开始创新性地提出一项5亿美元的国家级竞争性拨款，实施《力争上游——早期学习挑战》（2011）计划，由联邦提出改革和竞争方向。哪些州率先达到最优，哪些州就可以优先申请高额度拨款。这一创新性的拨款机制一经确立，立即有效地引导各州的教育纷纷向联邦政府预设的教育发展方向迈进。2013年，奥巴马发起一项"连接教育"计划，先期投入20亿美元作为"首付款"，预计用五年时间将全美学校的教室和图书馆的网络升级到网速不低于100M的新一代高速宽带网络及无线网络，让99%的学生能够使用高速网络。增加对教师相关培训的投入，支持教师在教学中利用数字技术，鼓励企业面向为教师和学生进行研发，设计出适应数字时代需求的教学设备及软件，使其与大学及职业技能需求接轨。2015年的美国教育预算案更是支出25.55亿美元来帮助教育者们充分利用信息技术和数据资源来为学生提供高质量的"为升入大学和进入职场做准备"的教学。

（三）更加重视直接面向人的经费投入

人是一切创造创新活动的核心和主体。新技术革命背景下，各国劳动者对新知识新技术的获取能力、对于新知识的发现能力和对新技术的创造能力构成未来生产者在激烈的差异化竞争中脱颖而出的前提条件，是国家与国家之间在全球产业分工和产业链位次分配的决定性因素。因此，各国在教育经费分配中纷纷加大了奖助学金和教科人员工资补助等直接面向人的经费投入。

　　从 2014 年开始，英国改革了高等教育经费划拨办法，强调学生作为高等教育的受益者，应该为其所接受的高等教育埋单。一方面减少直接划拨给高等教育机构的教学科研补助并大幅提高高校学生收费标准；另一方面大幅增加学生学费贷款、生活费贷款、学生生活费和奖助学金的数额，逐步建立起以学生为中心的拨款方式，让学生作为选择主体，各级各类教育机构在提高教学质量和面向市场人才需求设置培养计划方面展开竞争。美国与教育相关的法令都会明确规定所需投入的资金，目的就是要用法律的形式将教育经费投入固定下来并落到实处。20 世纪 90 年代以来至今，美国联邦政府以新技术为导向围绕 STEM 教育战略，实施了 250 多项教育经费项目。其中，直接用于学生奖助学金和教师培训的项目就占了所有项目投入经费总额的15%。[①] 此外，包括研究项目在内所有的项目资助都明确要求列出对于人员工资的预算，并且预算没有上限，完全由项目申请机构根据项目所需人员的时间和劳动强度规定。对于从事科学研究的公共事业单位雇员来说，其常规工作的工资虽然不能从项目支付，但为项目开展所付出的 8 小时工作时间以外或节假日等额外劳动时间也需要列入预算。这种经费分配结构充分凸显了新技术革命中人的核心价值。

　　以此为借鉴，我国下一步应该通过保存量、调增量的方式，逐渐追加学前、义务教育和高中阶段（包括中职）教育的经费投入。大幅度提高公立学校的网络信息化水平和师生运用信息化技术获取知识创造新知识的能力。积极探索改革经费划拨机制。逐步试验按照所招收学生人数来划拨经费，大幅提高学生贷款的覆盖面和额度，让学生有能力去选择优质的学校就读，激励学校自主根据产业变化对人才的需求及时调整课程安排、课程设计和教师岗位设置。探索建立导向性强、目标明确的学校创新教育效率评估体系，并以此为衡量基础，划拨竞争性教育经费。应大规模增加对人的教育经费投入，大幅增加对于教育主体和教育对象的学习、教学和科学研究活动的奖励性和成本弥补性投入，以凸显技术进步和科技创新中以人为本的核心思想。

---

① 参见附录《美国教育部 STEM 战略支撑项目名称及经费列表》。

第四章 新技术革命背景下的人才标准和人才培养模式

第一节 新技术革命背景下的中国经济发展新"瓶颈"

20 世纪中叶，源于美国、波及西欧、日本、大洋洲及世界其他地区的第三次科学技术革命拉开序幕。与前两次不同，第三次科技革命是在 20 世纪自然科学理论最新突破的基础上产生的，它以电子计算机、原子能、航天空间技术为重要标志，涉及科学技术的各个重要领域和国民经济的所有重要部门。大约 70 年代之后，以微电子技术、生物工程技术、新型材料技术为标志的新技术革命开始出现。此后数十年间，新技术革命席卷全球，对世界各国的政治、经济、军事、文化等领域都产生了极为重要的影响。

历经 30 多年改革发展，中国经济已经取得翻天覆地的变化。2014 年，我国国内生产总值首次突破 60 万亿元大关，成为继美国之后的第二个"10 万亿美元俱乐部"成员，GDP 总量稳居世界第二。但中国在取得举世瞩目成就的同时，经济发展的诸多弊端如投资消费关系不协调、产业结构不合理、能源消耗过大、城乡和区域发展不平衡等问题逐渐凸显，较严重地影响了中国未来经济的发展。2014 年下半年以来，全国经济下行压力不断加大。国家统计局 2015 年 4 月出台的数据结果表明，第一季度中国 GDP 增长创六年来新低，多项经济指标大幅下滑。除个别省份的经济增速同比有所增长外，整体经济形势趋于严峻，传统的能源型或资源型大省的经济发展速度下滑尤为明显，部分常年依赖土地财政的省份的经济发展如履薄冰。在全球经济不景气和国内经济下行压力的双重影响下，我国的经济状况在2015年下半年仍没得到很好的改善。2016年1月，国家统计局发布的最新数据显示，2015年中国国内生产总值（GDP）676708亿元，增速为6.9%，创25年来新低。虽然经济总体平稳发展的局面没有被打破，产业结构、需求结构都得到了进一步的优化和改善，但是这仍改变不了投资、出口两个经济支柱持续下滑，拖累经济的现实。

在当今新技术革命浪潮的影响下，中国无法活在真空之中。作为对世界发展具有重要影响力的国家，中国如何确定未来经济发展新模式不仅关系到这艘"超级航母"的强国梦能否实现，还必将对世界经济格局和政治格局的走向产生举足轻重的影响。

2014年5月，习近平总书记首次提出"新常态"概念，并指出，中国经济已经全面进入"新常态"时期。在该状态下，我国经济增长速度下降，人口红利和资源红利快速消退，急需寻找新的发展动力；产业结构问题日渐突出，动力结构、区域结构及城乡结构急需调整；国家的前期刺激政策带来的积极影响逐渐减弱，政府的宏观调控政策亟待调整。新常态不仅意味着经济增速的减缓，还必将伴随着深刻的结构变化、发展方式变化和体制变化。上述变革的不断推进和显现，正是中国经济的新动力和新机遇所在。随后，李克强总理在2014年度中国科学技术奖励大会上进一步明晰了这一概念，即我国经济增长已进入从高速到中高速的"换挡期"。中国必须依靠科技创新，才能有力推动产业向价值链中高端跃进，提升经济的整体质量；才能更多培育面向全球的竞争新优势，使我国发展的空间更加广阔；才能有效克服资源环境制约，增强经济发展的可持续性。党的十八届五中全会进一步强调了科技创新的重要性。会议提出"十三五"时期我国发展的五大理念（创新、协调、绿色、开放、共享），强调要将创新摆在国家发展全局的核心位置，深入实施创新驱动发展战略，发挥科技创新在全面创新中的引领作用。[①]

中国已经迈入必须更多依靠科技创新引领与支撑经济发展和社会进步的新阶段，即只有通过科技创新，才能实现中华民族伟大复兴的中国梦。国务院颁发的《中国制造2025》行动纲领和"互联网＋"行动计划已经充分说明了我国未来经济发展的新思路。

近年来，国内外学者大致归纳梳理出新技术革命发展的若干趋势。其中，科学技术发展的综合化与高速化趋势和科学、技术、生产的三位一体化趋势不仅增加了科技创新的难度，也对社会劳动者的基本素质提出了新要求。我国欲达到高科技创新程度，必须着力解决高水平人力资本资源匮乏、自主创新能力低下等问题。

第二节　经济发展与教育优先

当今世界正处在大发展、大变革、大调整时期。世界多极化、经济全球化深入发展，科技进步日新月异，人才竞争日趋激烈。我国正处于改革发展的关键时期，经济建设、政治建设、文化建设、社会建设以及生态文明建设全面推进，工业化、信息化、城镇化、市场化、国际化深入发展，资源、环境压力日益加大，经济发展方式面临转变，这些都凸显出创新的重要性。近些年，在系列改革创新政策和调控手段的作用下，国内经济保持着平稳发展的趋势。2015年是"十三五"规划的开启之年，也是新一轮改革创新的实施之年。在2015年亚太经合组织工商领导人峰会（APEC）上，习近平总书记指出："'十三五'时期是中国全面建成小康社会的决胜阶段。我们将加快改革创新，加快转方式、调结构，着力解决发展进程中的难题，培育发展新动力，打造发展新优势，创造发展新机遇。"[②] 随后，习近平总

---

① 张朝华：《创新、协调、绿色、开放、共享，五大发展理念引领中国深刻变革》，新华网，http：//news. xinhuanet. com/finance/2015－10/30/c_128374409. htm。

② 白羽：《习近平在亚太经合组织工商领导人峰会上的演讲（全文）》，新华网，ht-tp：//news. xinhuanet. com/world/2015－11/18/c_1117186815. htm。

书记在会上又一次提到了"供给侧结构性改革",这一概念最早出现于中央财经领导小组会议,具体是指从提高供给质量出发,用改革创新的办法推进结构调整,矫正要素配置扭曲,扩大有效供给,提高供给结构对需求变化的适应性和灵活性,提高要素生产率,促进经济社会持续健康发展。习近平主席强调,推进供给侧结构性改革,是适应和引领经济发展新常态的重大创新,是适应国际金融危机发生后综合国力竞争新形势的主动选择,是适应我国经济发展新常态的必然要求。① 习近平主席的讲话凸显了创新对中国未来经济发展的作用,也说明了中国经济要进行创新驱动发展的决心。

分析经济强国的经济发展形势不难看出,他们大多拥有较大的经济规模、较高的人均收入和科技水平。而我国的经济总量虽然已占世界经济总量的12%以上,达到了经济强国6%的目标,甚至已迈入中等偏上收入经济体行列,但人民的生活水平却没有随之得到大幅度提高,与发达国家乃至处在相同发展阶段的国家相比尚存在较大差距。另外,虽然中国经济取得了不错的发展,但从长远看,这种缺乏创新驱动和新型经济发展方式支持的经济模式,会让中国经济发展随时面临滑入中等收入陷阱的危险。回顾以往成功跨越中等收入陷阱的国家,其中大部分是资源型国家,余下的则是依靠西方社会的支持。而中国经济在两种条件都不具备的情况下,要想成功跨越中等收入陷阱,就只能依靠自身的改革创新,寻找发展新动力,进行可持续发展。

2015 年上半年,世界知识产权组织(WIPO)发布了最新的《全球创新指数报告》,从报告中我们可以了解到,在参与测评的 141 个经济体中,中国的创新指数位居世界第 29 位(见图 4 - 1),领跑"金砖国家"(俄罗斯、中国、巴西和印度);在按区域划分的创新排名中,中国仅位于所在的东南亚和大洋洲地区的第 7 位,落后新加坡、中国香港、日本等国家和地区;在按收入划分的创新排名中,中

---

① 潘婧瑶、马葳、洪哲熙:《2015 年习近平的 20 个"新热词"》,人民网,http://politics. people. com. cn/n1/2015/1228/c1001 - 27984291. html。

国在所有中等收入国家中排名第一；在按收入划分的创新质量（科学
出版物质量、专利族、大学排名）排名中，中国领先巴西和印度排在
首位。综合以上排名，可以看出中国创新指数领先其他"金砖国家"，
在中等收入国家中排名第一，但是与发达国家和高收入国家的差距却
非常明显。

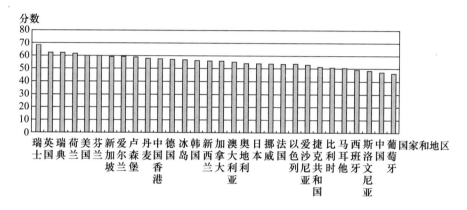

分数

图 4 - 1　2015 年全球创新指数排名（部分国家和地区）

　　上述差距在我国制造业的发展过程中得以深刻体现。经济强国通
常具有较高的科技水平，并且能够依靠自身的科技创新能力去开发核
心技术，改善产品品质，提升产品竞争力。而我国由于在科技水平和
创新能力上的不足，在产品制造上依靠国外核心技术，大部分产品缺
乏竞争力，最终导致我国只能停留在"制造大国"水平，无法向
"制造强国"水平转变。在这一状况下，我国制造业的发展只能依附
于西方，这便意味着我们需要付出大量的专利成本，能获得的仅是微
量的加工费用和人力费用，这种模式极大地限制了我国制造业的发
展，也从侧面凸显了科技基础、创新能力对于一个国家和民族经济发
展的重要性。

　　科技和创新能力的发展离不开人力资源的建设。在人力资本的数
个构成要素中，教育由于与人力资本形成过程中的知识积累和技能掌
握具有最直接的密切联系，因此必然是最重要的核心成分。正所谓百
年大计，教育为本。发展经济关键靠人才，而基础在教育。在中国经

济发展进入新常态背景下，欲提升国家科技创新能力，就必须加强人力资本资源建设，将发挥人的创造力作为推动科技创新的核心。中国欲从人力资源大国转变为人力资源强国，必须优先发展教育，通过教育的供给侧结构性改革，培养出更多的适应经济社会发展的人才。

第三节　新技术革命背景下的教育新使命

美国2016年共和党总统候选人，前惠普公司CEO卡莉·菲奥里娜在和一群政治博客写手聊天时提到，中国人很擅长考试，但是缺乏想象力、创业精神和创新意识。她进一步强调，教会学生创新、冒险和想象是美国人独有的财富，必须保持下去。我们姑且不论菲奥里娜言论中隐含的政治动机，但其话语中涉及的中国教育问题却不得不再次引发我们的深度思考。实际上，最近20多年来，中国教育一直饱受各方质疑，中国教育需要改革已经成为不争的事实，菲奥里娜的言论只不过是另一个新的事例而已。

关注经济发展的人不难看出，近几年来，以大数据、云计算、生物科技、机器人、3D打印等新兴技术为代表的世界科技发展突飞猛进。在崭新的科技时代背景下，如何重新理解与定位中国教育，或者说如何谋划有中国特色的教育新使命必须被提上日程。

"西学东渐"以来，西方自然科学、社会科学、人文科学等领域的知识大量传入中国，对中国的学术、思想、政治和社会经济均产生了重大影响。此后数百年，中国人在许多关乎国运的切身问题上发生的种种变革史，很大程度上表现为不断地被西方观念改写或替换，缺少基于中国国情的平台性思考，创新渐行渐远，模仿与复制愈演愈烈。新中国成立后，尤其是改革开放以来，中国坚持走特色化发展道路。在这一举措下，我国经济持续高速发展，国际地位和影响力不断提升，民族自信心不断增强。这些都给教育提供了很好的启示，即中国教育也必须走自己的道路，形成自己的特色。只有这样，教育才能更好地契合经济发展和人才培养，为中国经济保持中高速发展贡献力量。

当前，中国经济发展再次面临全新压力。该压力的内涵与实质不同于改革开放之初，必须依靠科技创新才能加以解决。创新意识的培养、创造能力的塑造，及新型知识架构和实践技能的累积都离不开教育。经济发展，教育优先已成为不争的事实。在教育经费的投入方面，1995 年颁布的《中华人民共和国教育法》中即以法律形式规定了教育投入的"两个比例、三个增长"。经过多年努力，我国已于2012 年实现了教育投入占 GDP 4% 的目标。截至 2016 年，我国教育经费总投入已达到 38866 亿元。

目前，我国教育在经费投入等方面已得到基本保障之际亟须内省与反思。中国教育在与西方教育相互借鉴的同时，必须要结合自身经济、政治、文化、社会以及生态文明的现实情况与发展特征，对教育本质、教育目标、人才培养的手段与途径、人才管理等问题进行深入思考与重新定位，方能顺应国家经济发展的现实情况，彰显中国特色。

在西方新技术革命席卷全球与中国当下经济发展进入"新常态"背景下，中国教育的功能不仅体现为传播知识和提高技能，还要继承和传递坚韧的中国精神，唤醒中国人的创新意识，塑造中国人优秀的道德品质。中国教育不但要贯穿于个体毕生发展的整个过程，还要创造条件促进个体与自然、社会的相互作用和相互融合，使其认知能力更加成熟与完善。因此，教育的总体目标并不仅仅在于增加知识总量，提升技能水平，还要使受教育者的认知结构得以发展，积极的个性品质得以塑造，道德感、理智感等社会性情感得到升华，内在的发展潜能由可能变为现实。教育的首要目的应该是培养受教育者能做新事、有创新能力和发明兴趣，而不只是训练和培养重复机械工作的劳动者。具体来说，教育需要解决的核心问题就是，培养什么样的人、通过什么样的方式培养人。教育的重点是要以个体的全面发展为基础，培养全体劳动者的创新及实践能力，最终提升其服务于人民、回馈于社会的责任感。教育不仅要着力培养出两院院士、长江学者、对国家有突出贡献的中青年专家等一大批国家急需的拔尖创新人才，也要努力造就数以千万计的专门人才和数以亿计的高素质劳动者。

欲培养适应经济发展特征的新型劳动者，就必须首先厘清新技术革命对人力资本的要求，并在此基础上清晰勾勒出新技术革命背景下的人才标准，以探索出新时期更为合理的人才培养模式。

第四节　新技术革命背景下的人才需求

新技术革命需要什么样的人才？针对该问题，学者们基于各自的研究视角提出不同的观点。课题组通过查阅资料，在以往研究基础上总结了新技术革命背景下需要的几种人才，具体如下：

一　创新型人才

随着全球经济形势的越发严峻，各国对于创新型人才的需要越来越强烈，关于创新型人才的争夺战也逐渐加剧。

首先，新技术革命使社会方方面面都发生了巨大变革，它加快了知识更新、开发、传播和应用的速度，促进了新兴产业的崛起。这一系列变革都将成为未来社会发展的基础，也为未来社会的发展提供了机遇。如何能在这些变革中把握机遇，加速发展？那就必须要依靠创新型人才。只有拥有了大批同时具有丰厚学识、过硬技术、创新精神、创新能力、实践能力等特质的人才，一个国家和民族才能在未来有所发展，并在新技术革命的激浪中迎难而上。

其次，从企业层面分析，创新是一个企业赖以生存的基础，企业只有不断地创新、更新产品才能在激烈的市场竞争中存活，并取得发展。随着新技术革命带来的新技术与互联网间的融合发展，传统的生产模式已经过时，不符合当今时代的发展，如今的产品生产正逐渐走向个性化，这也意味着当今社会对产品的设计和研发提出了更高要求。以往传统的批量设计已满足不了消费者的需求，这就需要创新型人才的加入，发挥他们的创新精神和创新能力为企业的个性化生产贡献力量。

最后，从个人层面看，创新能使个体得以实现自我，也是个体充分发掘和实现自身价值的主要形式。依靠创新，个体可以充分发挥自身的主观能动性，挖掘自身潜能、彰显自身的独特个性，在最大限度上发挥自己的能力，实现自己的人生价值。

二　技能型人才

技能型人才，是指拥有熟练操作技能，并能依靠这些技能在实践中完成产品的制作，将决策、产品设计、产品方案等变为现实，并转化为不同形态产品的人才。当前，世界经济全球化趋势显著，并且随着世界经济的持续低迷，人才已经成为各个国家经济竞争中的关键一环。反观国内，中国经济正处于转型期，整体经济增长速度放缓，产业结构不断优化，新兴产业不断兴起，这些都对技能型人才提出了数量和质量上的要求。上述形势均说明，在当今社会，技能型人才的作用已经无可替代。在技能型人才的培养方面，国家提出了总体要求。国务院出台的《国家中长期人才发展和规划纲要（2010—2020 年）》中提出，在未来十年中，要建设专业技能型人才队伍。到 2020 年，技术型人才的数量要达到 7500 万，其中高技能人才数量要达到 3900 万。为了保障这一专业型人才培养计划的有效实施，《纲要》中还提出了一系列的重要举措，主要有大力培养专业技术型人才，在培养技术型人才的同时要提高人才的创新能力；加强技术型人才的职业培训，为技术型人才的职业培训提供保障，通过完善职业教育发展体系，整合利用现有的培训资源，联合现有的大型企业、大型集团、高等职业院校、中等职业院校以及社会上的一些知名职业培训机构，共同建立具有示范性、统帅性的高层次技能型人才培养基地；对专业技术型人才进行分层次、分专业、分类别的继续教育，构建完善的职后继续教育体系，及时更新专业技术型人才的知识构建。

三　复合型人才

复合型人才是指在具有科学创新精神基础上，拥有复合型知识和能力的人才。新技术革命背景下的社会发展为什么强烈需要复合型人才？通过了解新技术革命的发展现状和特点，我们可以从以下三方面寻找方案。

首先，新技术革命为我们带来了新的通信技术，新通信技术促进了全球范围内的信息流通，同时也使信息的更新和整合变得更加便捷和迅速。另外，信息全球化也给不同学科、专业和产业带来了互相了解和产生碰撞的机会，最终形成许多交叉学科、边缘学科、综合学科和新兴产业，极大地增加了社会对复合型人才的需求。

其次，新技术革命缩小了世界的距离，促进了经济全球化，同时也加剧了世界经济竞争。在经济形势越发严峻的同时，威胁人类生存和发展的问题不断涌现，这些问题必须得以及时解决。然而，这些问题往往很复杂并且常常会涉及国际规则，这是一般性人才难以面对的，要想解决这些问题就必须依靠具有多方面知识、能够熟练运用国际规则和惯例的复合型人才。

最后，当今社会，个体了解职业信息的渠道丰富，可供选择的职位很多，各种职位的吸引力也很大，因此时常会出现职业调整的情况，这也会对个体的各方面能力（如自身能力、适应能力、团队合作能力、沟通交流能力、更新知识能力等）提出严峻挑战。只有复合型人才能够凭借自身的能力优势和知识优势从容面对各种竞争挑战和环境，更好地自我发展和提高。

四　多样化人才

新技术革命不仅给我们带来了新能源、新材料和新通信技术，还使我们的社会发生了巨大变化。近年来，以新技术革命为背景出现的3D打印机、能源互联网、大数据、云计算等新事物不仅为人类带来了生活上的便捷，还在世界范围内深刻地改变了经济产业结构，为新兴产业的产生和发展提供了可能性。具体而言，当3D打印机、能源互联网等新技术出现后，必须要有能够支持其发展的产业，这就给一些新兴产业的出现提供了机会，大量的新兴产业如雨后春笋般涌现，其中的一些优秀者更会把握住这千载难逢的机遇走向繁荣。与此同时，传统产业由于跟不上时代的发展，不得不面临一系列的产业分化、整合及重组的挑战。经过一系列的产业变革后，整个社会的生产方式、空间及组织也会发生巨变，最终促使人才评价标准的深刻变化。面对不同于以往的新技术革命，多样化人才的培养是其中的重要一环，把握住新技术革命带来机遇的关键就是能够培养适应社会发展的高水平人才，这其中就包括培养大量能够积极适应社会的多样化人才。需要强调的是，新技术革命背景下需要的多样化人才不同于传统的多样化人才，其需要具备更丰富的能力，如他们需要具备洞察全球的观察力、务实创新的精神、扎实的知识和技术基础以及获取信息的能力等。值得注意的是，多样化人才并不仅指代单一性的人才，其中包含的种类很多，如研究型人才（能够在新技术和工艺的开发进程中发挥主导作用）、技能型人才（灵活运用数字化、智能化设备的人员）、服务型人才（具有丰富的服务知识，并且能够热情、耐心地为需要帮助的人提供咨询和服务的人员）等。

五　个性化人才

新技术革命的特点之一就是解放人手，随之而来的便是劳动手段和劳动对象的扩大化，这也意味着整个社会的劳动效率都将得以提高，劳动者会从沉重的工作任务中解脱，获得更多自由、闲暇的时间。在这种情况下，首先我们必须要培养个性化人才，因为只有个性化人才，才能更好地利用新技术革命带来的难得机遇，充分利用好身边的平台和工作之余的闲暇时间，发挥自身能力和优势，进行更多个性化研究，为企业发展做出更大贡献。其次，新技术革命背景下的科学技术发展态势迅猛，为了应对上述现实，各国都在不断调整和提升自身的产业结构。然而，适应新技术革命带来变革的最好方法并不是单纯地去调整产业结构，其中最需要的是创新，只有以创新为基础的产业调整和提升才会拥有更加繁荣的发展前景。区别于传统人才的培养方式，创新人才的培养需要个性化的培养方式，要尊重人才的独立性和自主性。原因在于创新性和个性是互相联系的两种品质，创新能力的发展要以个性化的发展为依托，只有在人才的个性得以发挥的前提下，人才的创新能力才能得以提升。换句话说，想要培养创新型人才，首先需要培养的是他的个性化特征。最后，新技术革命改变了传统的生产方式，将产品生产从规模化、标准化、固定化转变为非标准化、分散化、小规模化，甚至有的直接以定制个性化产品为主要生产方式。① 这种新的生产方式，以互联网为依托，以数字化、自动化、

---

① 李孝更、平和光、陈琳：《第三次工业革命与我国高校人才培养的变革》，《重庆高教研究》2014年第3期。

智能化、个性化定制为主要生产方式进行生产。在这种生产模式下，传统的人才已经不能满足消费者的需求，只有依靠个性化人才，只有个性化人才才能依据自身才华设计出个性化的产品，满足不同消费者的不同需求。

六 国际化人才

国际化人才是指能够独立策划、组织及完成国家活动的高层次人才。一般来说，国际化人才需要具备以下素质：具备大量的国际知识、良好的国际意识、高水平的国际知名度、宽广的胸怀及广阔的视野。国际化人才能够熟练运用自身掌握的国际操作惯例和知识，利用自身的多元文化背景，在全球化的经济竞争中为中国经济发展判断正确的方向、把握经济发展机遇、抢占先机。新技术革命的到来拉近了世界的距离，同时也推动了经济全球化的发展。经济全球化对我国经济的发展有利也有弊。益处是，我国经济能够走向世界，以往只能在国内市场流动的商品、劳动力、资本等能够走出国门，在世界范围内进行流动，流动强度更大、流动方式和途径也更加多样。在企业生产的产品流通到世界各地的同时，企业的生产基地也会随之在世界各地生根发芽。产品走出国门后，生产过程也会随之变得现代化、先进化，进而生产的产品也将变得更加多样化、个性化，能够满足世界各地消费者的需求，这将成为一个良性循环的过程。但是，随着经济全球化的迅猛发展，世界经济的竞争也必将越发激烈，面临的挑战也将越发复杂。一个国家或民族要想加入到这个竞争激烈的国际化大舞台，就必须做好迎接比以往更加严峻挑战的准备。如何能在全球的竞争中化挑战为机遇、化挑战为发展？这就需要国际化人才的协助。国际化人才所具有的全球化思维和视野，能够帮助企业成功地在激烈的世界经济舞台上脱颖而出。因此，我们一定要意识到人力资源在企业国际化进程中的重要性，意识到国际化人才的重要作用，不能忽略国际化人才的活跃性。

七 终身学习型人才

新技术革命促进了网络的发展，带来了新能源、材料、通信技术与互联网间的结合，这种结合又将进一步提升科技发展的速度。科学技术的日新月异，使技术革命层出不穷，知识内容也呈现出爆炸式增长的趋势。并且随着信息技术的不断研发、整合、创新，信息技术应用必将在未来社会发展中占据主要位置，在此影响下，整个社会都将呈现出信息化、网络化、知识化、社会化以及学习和教育的终身化特征。因此，面对新技术革命带来的社会变革，我们需要解决许多新问题、学习许多新事物、挑战许多新任务，这也意味着人们不仅需要具有更新知识、整合知识的能力、终身学习知识的能力，还需要具备会学习、有动力学习、能够将学到的知识活学活用、举一反三进行创造性应用的能力。只有这样，才能满足新技术革命对人才的需求。就个体而言，成为终身学习型人才也是其在社会中生存与发展的基本条件。只有以从容心态面对一切新事物、新挑战、新机遇，并在实际工作中不断更新方法、学习经验、技术，提升自身的知识容量、提高自身的技术水平，才能在充满竞争的新技术革命背景下生存，并在社会这个大熔炉中站稳脚跟。

八　信息型人才

信息型人才是在长久的信息技术与产业发展过程中产生的一类人才群体。信息型人才主要指能够在社会生活中熟练应用现代信息技术，并对其进行优化、整合、开发、利用的人才。[①] 信息型人才的种类丰富，主要可分为技能型的信息技术人才、应用型的信息技术人才和研究型的信息技术人才三种。对于当前社会来说，上述三种信息型人才缺一不可，三者共同促进全球信息技术的发展。

随着新技术革命的到来，我们的社会生活发生了巨大变化，如生产方式自动化、生活方式快捷化等。在这场大的变革中，信息化扮演着重要角色。伴随着新技术革命的普及，信息技术变革速度飞快，已经渗透到全球范围，并与经济全球化结合形成新的经济发展形势，推动全球经济和产业的发展。在该背景下，由其主导产生的互联网应用技术发展迅猛。在最近落下帷幕的世界第二届互联网大会上，众多最

---

① 杨立军、刘陈：《第三次工业革命与我国高校人才培养的变革》，《中国电化教育》2010 年第 7 期。

新互联网技术纷纷亮相，其中许多都是以往只能在科幻电影中接触到的高科技技术，如无人驾驶、天眼系统、云端服务、平衡车等。这些新型互联网技术一经亮相，就吸引了各国媒体的目光，引起了强烈反响。从国家大数据战略、"互联网＋"行动计划，到 BAT 巨头们在产品、技术端的集中爆发，都体现了互联网技术的发展，其发展态势已然无法阻止，甚至从根本上改变了时代，这种改变不仅涉及人与人之间的关系，更多涉及的是人与物、物与物之间关系的重新构造。① 值得一提的是，在本次互联网大会上，习近平主席首次提出"网络空间命运共同体"的概念。习近平主席倡导在世界范围内建立"网络空间命运共同体"，以应对网络监听、网络攻击、网络恐怖活动等新问题、新挑战，建立以和平、安全、开放、合作为主题的网络空间，构建多边、民主、透明的全球互联网治理体系。②

应对上述问题，我们需要大量信息型人才的帮助。国家和民族只有在拥有充足的信息型人才储备的情况下，才能够发挥信息人才所具有的开发资源、利用资源的优势，才能够灵活地运用信息化技术、发展信息化技术、有效地保障国家信息安全、促进同其他国家间的信息交流，帮助国家把握信息化机遇、克服信息化挑战，在世界的信息化发展新格局中占领一席之地。

第五节　新技术革命背景下发达
国家的人才培养模式

新技术革命进行得如火如荼，给世界各国的方方面面都带来了重大机遇与挑战，教育也难以回避。各国教育如何应对新技术革命，又如何才能培养出能够应对"经济全球化"的人才呢？这正是各国教育

① 肖龙飞：《从世界互联网大会看未来 5 年改变时代的技术》，国搜互联网，http：// internet. chinaso. com/detail/20151222/1000200032865081450771727289704420_ 1. html。

② 习近平：《习近平在世界互联网大会主旨演讲全文》，搜狐网，http：//news. sohu. com/20151216/n431471195. shtml。

家需要思考的问题，也将直接关系到每个国家经济的发展。课题组在查阅了大量资料后，对美国、英国、日本等发达国家的人才培养模式进行了梳理和比较。

一　美国：实用至上的多层次人才培养模式

"实用"一直在美国的人才培养中占据着核心位置。区别于其他国家，美国人才培养的最大特点就是"实用至上，实用为先"。其实用性主要体现在美国教育对市场需求的精确理解。通过研究市场对人才的需求量可以发现，市场对各层次人才的需求量呈"金字塔形"，塔尖代表了市场对高端人才的需求量，往下依次是对从事生产、经营和服务的中端人才和低端人才的需求量，这也就代表着其实每个行业对高端人才的需求量都不是特别大，一般来说，不会超过20%。美国在人才培养中严格贯彻这一需求规律，坚持以市场需求为导向进行人才培养。因此，美国在人才培养的过程中不仅注重对高端人才的培养，还很重视对市场需求量较大的中、低端人才的培养和开发。为了保证各层次人才的培养质量，美国政府出台了一系列的政府报告和教育立法。在实际的人才培养过程中，美国也采用了独具一格的培养方式。

第一，美国非常重视国内高等教育的发展，并且很早就从国家政策的角度上为高等教育的发展提供了保障。从19世纪50年代开始，美国政府就已经将教育的发展同人才的培养及国家未来的发展联系在一起。一个多世纪以来，美国政府一直致力于教育尤其是高等教育的建设和发展。2010年，美国政府更是将教育发展提升到了一个新的高度，直接将教育看作是决定美国未来经济发展和保持国际领先地位的决定因素，并将其写入《国家安全战略》报告中，作为美国未来国家安全战略发展的重要环节。在这份安全战略报告中，美国政府详细制定了教育发展的系列政策：首先，政府为民众提供具有竞争力的教育体系。以往很多美国民众会因为学校的低教育水平而丧失在市场中同他人竞争的资格，此次美国政府通过改革教育方式，力争为美国民众提供完整的、有竞争力的教育。具体改革方法包括，提高早期教育的标准、对公立学校实施改革、高校扩招、加强职前职中职后培训、重点培养时代发展所需要的新技能，等等。其次，政府加大对重点学科（如工程、信息技术、数学、物理等）的教育投入，重点培养学生的实践和创新能力，与职业院校、企业等进行合作，共同培养学生的实践能力，同时为学生提供更多的就业机会。最后，政府主导促进教育国际化，加强美国高校同世界各地高校的交流联系，学习各个学校优秀的教学经验，帮助美国大学生提升自己，获得成功。在明确教育发展战略后，美国还颁布了系列法案以确保教育发展战略的顺利实施，这些法案涉及的人群从学生、教师到全体美国公民，力争全面推动美国教育的发展。除战略和法律方面的保障外，美国政府在高等教育的经费投入方面同样给予了很大的支持，为高等教育提供财政支持已经成为美国各州法律上的必备条目。除政府的资金资助外，校友和社会慈善机构也时常会给予高等教育巨额的资金资助。在政府和社会的双重资金保障下，美国高等教育得以在正常运作的同时进行大量科学研究，并建立高水平的师资队伍。具体来说，美国高校拥有最好的师资水平，其教师队伍拥有美国国内60%或以上的科学家和工程师，特别值得注意的是，90%的美国诺贝尔自然科学奖获得者都会选择在高等学校任教。

第二，美国政府非常重视职业教育的发展。美国于1917年颁布《史密斯—休斯法案》，这是美国历史上颁布的第一个支持职业教育的联邦法案，在该法案中美国政府承诺在未来国家的发展中要优先发展职业教育。随后，在1963年，美国颁布了正式的《职业教育法》，用以确保国家职业教育的发展。经过近30年探索，美国政府于1990年颁布了新的《职业教育法》，为美国职业教育的发展提供新方向。在这一新法案中，明确规定了政府需要负担的职业教育经费金额，并进一步完善了职业教育资格证书制度和资格鉴定制度。除了专门的职业教育经费，联邦政府和各州政府还会拨专款用于职业教育的基础建设和设备更新。总体来看，在美国政府一系列的推动政策下，美国的职业教育取得了飞速的发展，职业教育机构遍布美国各地。如今美国已经建立了世界领先的职业教育体系，其职业教育学校的数量远远超过世界其他国家。据统计，仅是美国国内拥有的高等职业教育机构——

社区学院的数量就早已超过 1200 所，其中注册学生已达到 1000 多万。社区学院已经成为美国高等职业教育的重要基地，在为美国社会培养大量专业技术人才的同时，也为美国经济社会发展做出了不可磨灭的贡献。

第三，继续教育的发展也是美国政府关注的重点。美国政府对继续教育的关注几乎等同于高等教育。世界处于知识大爆炸时代，知识更新速度加快，想要跟上时代的脚步就必须要不断更新自身知识，进行继续学习。美国很早就认识到这一点，因此美国政府极其重视继续教育的发展，并将其发展看作是衡量新时期国家科技发展的重要标准。与高等教育相同，美国政府首先通过立法干预和经济支持的方式扶持国内继续教育的发展。

在立法方面，1966 年美国正式从法律角度确立了成人教育的地位，颁布《成人教育法》；1997 年，美国教育部制定了《1998—2002 年教育发展战略计划》，计划中明确指出美国未来继续教育的发展方向。在继续教育的经费投入方面，美国政府每年的投入都要超过 1000 亿美元。除了政府自身的经费投入，美国企业也需要对继续教育进行资金投入，不过这一部分资金不是用于继续教育机构的建设，而是用于企业自身员工的培训。对于企业用于员工培训的资金额度，政府给予了明确规定，并规定这一资金额度每年都需要有所提升；对于没有按照规定进行培训、培训费用没有达到规定标准的企业，政府会对其进行罚款处罚，强制企业交出和培训费用相同的资金，作为国家科研开发基金。除了强制美国企业进行员工培训外，美国政府还出台了一系列鼓励企业进行员工培训的政策，比如，政府对于积极进行员工培训的企业会给予税收上的减免，允许企业将用于员工培训的费用列入企业成本中，政府会对这一部分费用采取免收税金的优惠。通过立法和资金的保障，美国继续教育取得了飞速的发展，美国也因此进入到高等教育普及化阶段，成为世界上第一个进入该阶段的国家。

二　英国：以市场为导向、学术与能力相结合的人才培养模式

随着经济的全球化发展，世界经济格局发生了巨大变化，大部分国家的经济都受此影响，英国也不例外。由于经济发展形势的改变，

英国社会对于人才的需求也随之产生了系列变化，传统的英式人才培养模式遭到质疑。英国原有的人才培养模式以治学严谨和学术独立为特征。但随着经济全球化趋势的发展，新兴产业不断兴起，英国国内对人才的需求也从传统的学术型人才逐渐转变为技能型和创新型人才，这一变化使得英国传统的人才培养模式受到了极大的冲击。为了使培养的人才符合时代需求，并进一步促进英国经济的发展，英国政府主动调整政策，更新国内的人才培养方式，最终建立了以市场需求为导向的人才培养模式。为了保证这一人才培养模式的顺利实施，英国政府颁布了系列政策及法规，如《每个孩子都重要：为孩子而改变》《创新国家》《创新人才战略》等。这些政策法规的颁发不仅明确了英国社会的人才培养方向，也转变了英国社会的人才培养理念。

高校作为英国人才培养的最大基地，一直备受英国政府的关注。英国政府一直认为高等学校同社会经济的发展有着重要联系，并且也一直鼓励高校，希望他们能够主动承担起英国经济发展的责任。进入21世纪，英国政府颁布了许多政策法案，从政府角度去保障英国高校的教学环境和英国人才培养的发展。比如，在2008年，英国政府在《创新国家》中明确提出，"关于创新的产生，有多种方式，其中可以没有政府的支持，但是缺乏政府支持的创新将会面临更多的困难。反之，如果政府能够为创新提供良好、稳定的环境，那么，'创新'产生的数量会更多"。换言之，创新型国家的建立离不开政府的支持，政府必须在保障创新环境方面做出更多努力。随后，在2011年，英国再一次颁布保障国内创新环境的报告。这份报告指出，政府要竭尽所能，通过与社会各界合作的方式为创新人才和创新发明的产生提供"温床"，并提出要在2020年前，完成英国创新发明在商业市场上的应用。① 以上政策的制定，不仅从根本上保障了英国的人才培养环境，也为英国高校指明了人才培养的方向。

经过多年的努力和发展，如今英国的创新型人才培养模式已经基本成型。该创新型人才培养模式主要基于市场导向，学术与能力培养

---

① 刘建、魏志英：《英国创新型人才培养模式》，《中国民族教育》2012年第11期。

相结合的培养理念。这种模式能够按照市场的需求进行人才培养，有效避免因为脱离市场需求而产生的教学资源和人力资源的浪费。值得一提的是，这种人才培养模式下的人才培养目标、课程设置、课程标准、教材、教学手段以及师生的角色、评价方式等都区别于其他人才培养模式，这种创新的人才培养模式使得培养创新型人才成为可能。

在英国高校中时常可以听到"三明治"课程，这是英国大学为了培养在校学生适应市场需求的能力，特别设置的一种课程。区别于传统的课程模式，"三明治"课程采取学习和工作交叉进行的模式，即学生可以在学习一段时间后去工厂工作，工作时间可以是完整的一年也可以是以一年为单位的多阶段工作，但是，该课程有一个特别要求，就是在课程的最后一学年，学生一定要留在学校完成学业。完成"三明治"课程的学生在毕业时不仅可以获得毕业证书，还将拥有所学专业的相关专业技能和工作经验，减少因刚毕业不熟悉相关技术而产生的人力资源浪费。"三明治"课程的设立为许多高校在校生提供了历练、实践的机会，为企业培养了专门人才，同时也加深了高校同相关企业间的联系。

英国高校为适应市场需求还开设了"独立研究课程"。顾名思义，这门课程就是让学生独立进行学习，从而锻炼学生的独立自主能力，这也就意味着独立研究课程没有配备专门的任课教师。独立研究课程采用导师制的方式，以小组为单位分配导师，学生在这门课程中可以选择自己喜欢和感兴趣的话题进行研究，学习方式、地点和时间都由学生自己定。在问题研究方面学生可以利用学校已有的资源（如网络、图书馆资源等），遇到不明白的问题可以同导师进行面对面或通过微信、QQ、电子邮件等方式进行讨论，但是导师只会给出一定的意见，却不会帮助学生进行他们的研究。在课程结束时，学生需要完成自己的研究并提交一篇 6000 字左右的论文。

三　法国：应用型精英人才培养模式

法国现行的高等教育主要包括综合性大学和大学校。其中，大学校起源于法国大革命期间，由拿破仑支持和建立，主要用于培养各种专业技术人才。在法国人眼中，大学校才是真正培养人才的地方。法国人的这种"大学校情结"主要来源于大学校人才的精英品质，近一两个世纪法国的国家首脑、政治家、企业家和教育家等都出自大学校。大学校人才的广泛分布主要取决于其学校种类的繁多，其中主要包括综合技术学校、国立行政学校、国立道路学校、国立桥梁学校、高等师范学校等。虽然大学校种类繁多，但其在规模上却大都以小著称，且一直保持着小而精的办学模式。总体来看，"大学校"体现了法国独特的人才培养模式，也代表了法国人才培养的整体水平。下面课题组以"大学校"为例，介绍法国的人才培养模式。

在人才类型方面，法国"大学校"非常注重应用型人才的培养，其主要目标就是为法国各行各业培养具有专业水平的应用型人才。当前，法国大学校培养的人才遍布各个行业，法国的政府官员、国有企业的理事、企业领导人、职员、高校中的教授等大部分人才都是出自于大学校。正因如此，大学校也被法国人亲切地称为"法国政治和经济精英的养鱼塘"。

在人才培养方式方面，法国大学校注重构建通专结合、文理渗透的人才培养模式，学校除开设专业必修课外，还为学生提供多样的选修课，选修课涉及的领域广泛，能够充分扩大学生的视野；大学校注重对学生进行文理科的交叉培养，让文科生能够对理科知识有所涉及，扩展知识面，开阔思维，发散思维，理科生能够接触外语，享受文学的熏陶。除文理科的交叉学习外，大学校还会根据学生的个性特征，因材施教，及时设立新兴学科，更新教学内容。

在人才培养规格方面，法国大学校非常注重市场需求。大学校虽然规模小，但并不是自我封闭式地培养精英，它能够适应市场需求，积极调动、整合国际高等教育、企业和国家资源，培养具有国际眼光，创新精神的高技能管理人才。[①] 一方面，法国大学校迎合市场对人才的需求，培养复合型、双技能型的高级人才。如高等经济商业学院商校和巴黎高等电信学校合作，设置了技术项目管理应用专业文

① 祝珣：《法国大学校精英人才培养模式及启示》，《中国人才》2011 年第 14 期。

凭，以便培养具有项目管理能力的工程师。[①] 另一方面，法国大学校的人才培养模式时时紧跟创新技术的发展。为了能够紧跟技术的发展，大学校采取同企业合作的模式，不断深化、创新合作方式，在合作过程中，推行"产学研"联合培养的双导师制，以促进学校学生同企业中高层人才间的沟通交流。"产学研"联合培养作为大学校人才培养的独特方式，备受法国政府的重视。法国政府成立专门机构以推广和引导这种人才培养模式，鼓励企业参与这种人才培养模式，对参与的企业给予资金补贴和减免税收的优惠政策。

四　德国：以能力为本位的创新型、应用型人才培养模式

德国经济的发展离不开其独特而有效的人才培养模式。德国的人才培养模式享誉世界，其人才培养模式也一直为世界各国所效仿。然而，在如今这个经济全球化的时代，在人才培养模式上仅靠"拿来主义"是行不通的，创新才是人才培养的根本动力。因此，下文我们以德国应用科技大学为例，从创新的角度审视德国的人才培养模式，了解德国人才培养模式的独到之处。

在教学设计方面，以能力本位为导向。在德国的应用科技大学中，所有学科的教学都是以培养学生的能力为最终目标。为了实现这一目标，德国大学在教学过程中非常注重理论和实践两方面的结合，并且着重突出实践教学。具体表现为：按照职业需求设定学习领域，教学组织形式也以小组教学为主，重点在培养学生的职业能力和同团队成员沟通、协作的能力。在学科教学内容方面，教师不应只关注于自己所教学科，还应将该学科同相关学科联系起来进行教学，以培养学生的创新能力。以实际课堂教学为例，教师从教学设计上就应以培养学生的实践能力为主，在课堂教学过程中更是应该处处凸显实践的重要性，在教学内容上也要以开发学生的实践能力为主。但是，大学对学生实践能力的开发并不会脱离现实，教师总是会将课堂同现实的

---

① 陈维嘉、罗维东、范海林、王戈、祁慧勇：《法国"大学校"办学模式及其启示——"教育部行业特色型大学发展考察团"考察报告》，《中国高等教育》2010 年第 10 期。

市场联系在一起，提前帮助大学生了解当前的经济环境，通过实例引发学生的探究欲望，使其能够根据现实调整学习方向，进行合理探索。

在人才培养方式上，主要以校企合作模式为主。德国应用科技大学非常重视学校同企业间的合作关系，甚至会让企业参与到学校日常的教学、科研和管理中。在这种培养方式下，德国应用科技大学培养出了大批高层次应用型人才，校企合作也随之成为德国培养应用型人才的关键举措。与此相应，应用科技大学开放学校管理权，让企业全面参与到学校的教学、科研和管理等各项工作中，其中，包括为学生提供实习岗位和毕业设计岗位，委托大学进行科研或与大学开展联合研究，作为培训企业担任大学双元制专业的培训伙伴，参与大学的师资建设（如在大学设立基金教席或者提供兼职教师），资助大学设立实验室、研究机构以及参与高校的管理与决策等。[①] 为了保证校企合作的顺利实行，学生、教师、学校和政府都将做出各自努力以促进两者间的合作。在这一系列努力的过程中，学生参与校企合作的方式主要是通过深入企业实习、完成校企合作教学项目；教师参与校企合作的方式则不同于学生，教师在校企合作中的优势便是教师自身的知识优势，教师可以利用自身所学知识为企业提供咨询服务，并在产品的实际研发过程中提供意见，协同企业研发新产品；学校在校企合作中的作用更加巨大，并且也是促使校企合作产生的根本条件，只有学校意识到校企合作的重要性，积极建立"跨学科的能力中心"，从上到下整合学校的科研和服务能力，校企合作才能顺利产生，并服务于个人、学校、企业及社会。良好的校企合作模式增进了学校、教师同企业间的联系与合作，这一友好关系又会反作用于学生，促使学生在企业中获得更多的实习机会、进行更多的校企合作教学项目；而从学生完成的实践项目和据此进行的毕业设计中又可能进一步衍生出校企合作项目，这样的一个良性循环也为德国的校企合作模式提供了源源不

---

① 孙进：《培养高层次应用型人才——德国应用科学大学独具特色的人才培养模式》，《世界教育信息》2012 年第 19 期。

断的生机。此外，德国学校中建立的跨学科能力中心，也使得德国应用技术大学脱离了单纯的教育机构本质，而将自己变为企业性质，服务于企业界和社会管理部门。为了获得同企业和经济界合作的机会，学校也学习企业对自己的产品进行宣传，然而这种产品并不是真的产品，而是学校的服务能力，甚至有不少德国大学为了加深同经济界的合作，专门设立了转化知识和科技的有限公司。德国政府也深知校企合作的益处，因此，非常重视校企合作的发展，为高校的校企合作提供了大量政策和资金方面的支持。总体来看，校企合作模式不仅帮助德国政府储备了大量的应用型创新人才，还为企业注入了新的活力，帮助高校毕业生获得更多就业机会。

五　新加坡：开放式的人才培养模式

人才培养是新加坡建国、立国的根本，也是新加坡人才培养发展战略中最核心的环节。新加坡是一个地域狭窄、资源紧缺的国家，想要发展就只能借助人力资源的力量，通过人力去弥补其自然资源的缺失，从而发展其经济和产业。

新加坡的人才培养观是新加坡经济发展的基础也是其最具前瞻性的思想。在人才培养方面，新加坡政府不遗余力。对于国内人才的培养，新加坡主要采用精英教育模式。在入大学前，政府通过层层筛选的方式选拔优秀人才进入高校。学生进入高校后，政府采用奖学金制度进一步筛选最优秀的人才，上述优秀人才最后大多都进入政府部门或者是企业工作。为了保证政府部门人才的充足，将政府职能部门的人才通道同其他部门（包括经济、医疗、教育等）的人才通道联系起来，确保政府人才的及时供应。除了培养高水平的学术型人才，新加坡对技术型人才的培养也非常重视。新加坡国内高中教育的普及、职业教育的完善都为国家培养了大批的技术型人才，这些人才能够在满足市场需求的同时，促进新加坡产业技术的发展。

新加坡政府在致力于国内人才培养的同时也不忘广揽海外人才。随着新加坡经济、社会的发展，吸引海外人才来新发展已经成为其人才战略的重要组成部分。为此，新加坡政府制定了一系列吸引人才的开放政策，为从世界各地来新发展的人才提供施展自身才华和能力的舞台，也为新加坡未来的发展提供更好的前景。

对于全球人才的培养和使用，新加坡政府也有自己的思考。新加坡政府构建了一个组织严密、制度公平、考核评估完善的人才战略体系。在该人才战略体系中，新加坡政府希望到2015年年底能吸引15万外国留学生到新加坡留学。为达到这一目标，新加坡为外国留学生提供了许多留学优惠政策，如放宽留学政策、提供奖学金、提供移民机会等。此外，在吸引人才来新加坡工作方面，新加坡政府也做出了非常多的努力。首先推出了多样化的人才吸引计划，比如国外人才居住计划、减少就业障碍计划、技术移民计划、外籍人士居留权计划、特殊移民计划等；其次推出了一系列吸引人才的措施，比如在海外设立了8个"新加坡联系"中心，负责海外宣传和招聘联系工作；政府直属的几所公立大学，每年都会组织人员去世界各地招收优秀学生；在新加坡留学的学生只要能在当地找到用人单位就有机会申请新加坡绿卡等。①

新加坡原本就拥有极高的教育水平、良好的社会风气和秩序，在这种环境背景下，本来去新加坡留学的外国学生就比较多。加上新加坡政府对于留学生的优待和出台的一系列吸引全球人才的政策，去新加坡留学的比例变得更大。在上述措施的刺激下，新加坡一跃成为全球第三大热门留学国家。调查显示，如今外国留学生的比例占新加坡本土大学生总人数的22%，在新加坡的常住人口中外籍人士更是占了25%，甚至有研究显示新加坡经济发展的1/3都是外籍人士的贡献。虽然外来人才给新加坡社会和经济的发展带来了非常好的前景，但新加坡当地民众对政府引进外来人才的举动还是存在疑虑和担忧，其主要担心过多的外来人才会抢占本属于他们的就业岗位和就业机遇。尽管如此，新加坡还是没有放弃对外来人才的引进和培养，这一人才战略也是新加坡作为一个资源和地区匮乏国家所必须要经历的。事实也证明，大量引进人才的做法为新加坡社会的进步做出了非常大的贡

---

① 陶杰：《新加坡：实施人才战略构建发展平台》，《经济日报》2010年8月28日第8版。

献，支撑了新加坡社会和经济的发展，也使新加坡一跃成为东南亚地区人才的重要聚集地以及世界性的人才流动舞台。

六　日本：国际化人才培养模式

为了培养国际化人才，日本于 2012 年发布了《全球化人才培养战略》报告。报告指出，日本将要在未来八年内大批量接受来日留学生，还要大批量选派日本学生到海外留学，并希望这两种留学生的数量都能够达到 30 万。在提高海外留学比例的同时，报告鼓励机关和企业大量雇用留学归来的年轻人，为他们提供更多的就业机会。[①]

在国际化人才的培养上，日本主要采用以下三种策略：

首先，推动日本高中生的留学体验。鼓励高中生出国留学，并希望在 18 岁以前有过海外留学经历或者生活经历的高中生人数达到 3 万人以上；在日本国内全面推广、宣传和开设国际文凭课程，到 2015 年年底国内国际文凭课程学校的数量要达到 200 所；增加海归人才子女在初高中就读的数量；增加在日本任教的外籍英语教师的数量；为本土英语教师安排培训等。

其次，完善大学教育。改进传统的大学入学考试，保障具有留学想法的初中生和高中生的利益，让他们能够按照内心愿望选择学习方式，不会因为留学错过日本教育便失去了进入大学的机会。为海外留学归来的学生提供单独进行选拔的机会，将托福、雅思成绩作为考察这些学生英语水平的标准。提高日本大学在全球大学中的竞争力，提高日本大学的国际排名。此外，日本国内还将推出大量能够吸引国外学子去日留学的政策，通过吸引外国优秀学子到日本留学，加强日本学生同国外学生间的交流，提升日本学子的全球化意识，提高日本学生的留学意识及留学积极性。

最后，改进和完善企业的用人机制。淡化企业关于"应届毕业生"的概念，鼓励企业将三年之内毕业的大学生都作为"应届生"，同时要求企业避免一次性招聘，实行全年招聘制度，以确保因海外留学或实习而错过毕业招聘期的大学生能够拥有应聘机会。政府还要积

---

① 李春生、白钢：《日本全球化人才培养战略及启示》，《中国高等教育》2013 年第 2 期。

极开展企业的思想工作，鼓励企业招录海归毕业生。国家也要出台相应政策或措施鼓励大学生到海外留学，如在国家公务员考试项目中增加"政治与国际"考试项目，明确表现出国家要培养全球化人才的决心；增加公务员队伍中海外留学归来人员的比例，并定期公布这一比例，让民众了解海外留学这一经历对于他们未来发展的益处；同时将外语水平作为公务员基本能力和素质考核中的一项，定期进行考察，提升公务员的整体素质，打造能够适应全球化发展的公务员队伍。企事业单位在人才评价过程中要将海外留学经历作为一个考察标准，为具有海外留学经历的归国人才提供优先升职的优待等。

七 韩国：以学生为中心、以社会需求为导向的人才培养模式

20 世纪 50 年代南北战争结束时，韩国只是个一穷二白的农业国，但是，在短短半个世纪的时间里，韩国就用经济高速增长成就了"汉江奇迹"，令世界瞩目。[①] 韩国经济的高速增长主要是因为韩国对于教育的重视，韩国很早就出台"教育立国"战略，通过完善教育体制，推出教育改革政策，提高韩国人才的国际竞争力，为韩国经济的发展提供大批急需人才。

韩国在人才培养模式上一直秉持着"以学生为中心、以社会需求为导向"的思想，放宽学生在学习上的选择性。

韩国高校首先确保学生能够轻松选课。学生在进入大学后既可以学习自己在填报志愿时选择的专业，也可以在经过一学年的学习后，在确定了自己的兴趣、爱好后再选择自己未来的专业，这样就保证了学生能够有足够的时间了解自己，自由地选择专业。在学生选定专业后，学生还可以选取喜欢的课程作为选修课。学校在学生选修课的选取上也采取宽松政策，让学生能够根据自己的想法选择本专业课程或者是跨专业课程，完成自己的大学学习。在选课方面，学校全部采取信息化方式，通过校园卡号登录校园网站自行进行课程选择，告别以往传统的选课方式。对于学生选择的课程，学生在选的时候可能不太

---

① 姜英敏、李昕：《韩国国家创新体系下的高等教育人才培养模式改革》，《郑州师范教育》2015 年第 5 期。

了解这门课程或者是选完之后才发现这门课程会与自己的其他课程发生冲突。针对这样的情况，学生可以选择试听一到两周，如果对于课程所学内容或者是老师讲解的方式、时间安排等都没问题，最后再确定选择这门课程，如果有问题还可以重新选择另外课程。在结束所选课程的学习后，教师会给出成绩，如果有学生对成绩不满，可以选择放弃该门课程或者是选择重修。学生在修满自己的专业课程后，如果选修了其他专业的课程并且选满七门并取得相应的学分，那么这名学生在毕业后不仅可以取得本专业的毕业证书，还可以获得另一专业的学习证明。上述做法保障了复合型人才的培养。除在本校进行选修课程外，韩国又进一步放宽政策，突破学校界限，采取崭新的交流方式。具体表现为，学生不仅可以在本校选择不同的专业进行选修学习，有意向去外校学习的学生也可以选择在大二或大三期间到别的大学进行学习。新学校承认该学生在旧学校的成绩和所修学分，并在该生于新学校修满学分后颁发学位证书。此外，韩国高等学校拥有灵活的就业机制。学生如果有需要，随时可以向学校提出休学申请。在校期间如果学生找到满意工作或者是有很好的实习机会，便可向学校提出休学甚至退学申请；在工作岗位上干了一段时间觉得自身的知识储备不够，还需要继续学习，学生也可以通过政策保障回到学校继续完成学业。这一举措的最大好处是学生可以有针对性地进行学习。从小学到大学，学生一直处在学术的"象牙塔"中，没有接触过社会，虽然对于社会充满了憧憬，但是对于社会的了解却十分有限。这种情况下的大学生在刚进入工作岗位的时候很可能会出现适应不良的状况，突然发现自己缺乏相关知识和技能，这个时候他们再回到学校，就可以为了自己未来的工作和发展认真、积极地学习。

另外，为了应对21世纪终身开放教育体系的冲击，韩国也采取了相应措施，即建立"学分银行"。让学生能够自由安排自己的学习进度。当学生想要学习时，无论何时都可以进入学校学习。学生可以自由选择学校，进入学校后可以根据自身需求和工作岗位的要求选所学专业，当学习者在所选择专业上获得了足够学分，满足了毕业要求，国家也会发给他相应专业的学位证书。这种学习模式同在校大学生的学习模式相同，甚至比在校大学生的学习模式更灵活，能够给每一位想学习的学习者提供深造、提升自己的机会。

在课程设置方面，韩国高校非常注重课程同就业技能方面的联系。产生这种联系的原因在于韩国经济增长战略驱动的转变。在这一转变时期，韩国政府转变做法，鼓励和支持高校根据社会需要培养人才，为人才的培养提供专门化和特殊化的课程，实行产学结合的教学模式。除了政府的努力，各高校也为韩国经济的发展做出自己的贡献，各高校纷纷提出丰富大学类型及高校教学模式的观点，营造专业的学科氛围，迎合时代的需求。为此，韩国高校积极摆脱以学问为导向的课程束缚，在开设专业时非常注重学科的应用性和实效性，积极引进实用性价值和职业性要求高的教学内容，统筹优化课程体系，打破课间壁垒，提高课程的综合性、系统化和现代化水平。① 在之后高校的课程设置上，韩国高校特别注重课程同就业市场的衔接，除一些必要的理论课程外，剩下的课程都以实用技术为主，力争为韩国社会发展培养高学历和高技术的人才。

第六节　我国人才标准的变革与发展

一　我国人才标准的变革

人才是经济社会中最为活跃的要素。人才即人中之才，古代泛指饱读诗书、博学多才之人。我国早在春秋战国时期就已经形成比较完备的人才观。儒家学派的重要代表人物孔子曾归纳出人才的几个标准，即依据品德判断人才、依据知识和能力判断人才、依据为人处世判断人才以及依据天资判断人才。② 纵观中国两千多年的封建社会发展史，各个时代对人才的挖掘和培养都极为重视，人才标准也以儒家

---

① 吴慧：《韩国高校人才培养模式的主要特征及其启示》，《教学研究》2008 年第 6 期。
② 赵恒平、刘卉：《读"子曰"，论人才——孔子人才标准的现代启示》，《华中农业大学学报》（社会科学版）2007 年第 1 期。

思想中的人才观为主要参照，既看重先天的遗传素质，又看重后天的德行、知识能力与实践经验。

新中国成立后，中国的人才标准经历了三个发展阶段。

第一阶段以毛泽东于 1957 年对人才标准的总结为重要标志。毛泽东指出，人才应该是"德育、智育、体育"几方面都得到发展，成为有社会主义觉悟的有文化的劳动者。① 尽管毛泽东晚年对知识分子的认识出现偏差，但其人才标准观对于新中国在社会主义建设的起步阶段起到非常重要的指导意义，使得"德才兼备"的人才观思想得以继承与发展。

第二阶段以改革开放为起点，遵循了邓小平提出的"尊重知识、尊重人才"的倡导。1982 年，国家确立了新的人才标准，即凡是具有中专（职高）学历及以上或具有初级职称及以上的人均可称为人才。应该说，上述标准的确立，从根本上扭转了此前较长时间践踏知识、鄙视教育的局面，为国家人才培养和各领域的发展奠定了很好的量化标准和理论基础。但该标准在实行过程中逐渐表现出对学历、职称的过度依赖，在一定程度上弱化了道德品质与社会贡献，甚至出现了人才唯学历论、唯职称论的社会异象。实际上，学历与职称只是人才标准的众多条件之一，主要作为度量知识与技能占有量的指标，其远不足以支撑起人才的内容总量。

第三阶段以党的十六大为起点。党的十六大提出"尊重劳动、尊重知识、尊重人才、尊重创造"的重大方针，第一次提出在坚持德才兼备的原则下，把品德、知识、能力和业绩作为衡量人才的主要标准，建立了判别人才不能仅看学历或职称的高低，而主要看实际能力和贡献大小的"新人才标准"。2003 年 12 月，中国召开了新中国历史上第一次人才工作会议。会后，国务院出台了《中共中央国务院关于进一步加强人才工作的决定》。决定进一步阐述了党的十六大的人才标准，并指出只要具有一定的知识或技能，能够进行创造性劳动，为推进社会主义物质文明、政治文明、精神文明建设，在建设中国特

---

① 《毛泽东文集》第五卷，人民出版社 1999 年版，第 385 页。

色社会主义伟大事业中做出积极贡献的人，都是党和国家需要的人才。① 2010 年 6 月，经充分酝酿与深刻论证，国务院出台了《国家中长期人才发展和规划纲要（2010—2020 年）》，并对新时期的人才做了明确界定，即人才是指具有一定的专业知识或专门技能，进行创造性劳动并对社会做出贡献的人，是人力资源中能力和素质较高的劳动者。纲要正式提出，人才是我国经济社会发展的第一资源，要将培养造就创新型科技人才作为人才培养的首要任务。

二 新技术革命背景下的人才标准

从上述的人才标准发展阶段不难看出，人才标准在继承传统基础上，还具有时代性特征，体现出强烈的时代精神。在新技术革命的大背景下，世界经济形成新格局，中国经济进入新的发展阶段，再次处于历史关键节点，人才标准也要适时调整。面对国际和国内经济发展的新形势、新变化，我国必须重新定位未来人才的评价标准问题，加强、加快新型人才的培养力度与速度，方能为我国经济提供新的人才资源。新的人才标准必须适应中国当下经济发展的新形势，必须有利于国家"稳增长、调结构、惠民生、促改革"过程的顺利完成，有利于中国在未来几年快速越过"中等收入陷阱"，跨入高收入国家行列目标的实现。然而，人才难有统一标准。行业不同，同行业内的分工不同，人才的评价标准亦有所不同。新经济形势背景下的人才标准必须具有新的时代精神，体现出新型劳动者应该具备的基本素质和基本能力。

通过对我国不同历史时期人才标准的梳理，结合对当下西方发达国家人才标准的分析，尤其重点研究了我国目前与未来一段时期经济发展的实际情况与战略需求，课题组建构出新技术革命背景下我国未来人才的五大标准。

（一）创新精神与创新能力是未来人才的首要标准

创新，按字义解，"创"就是开始，开始做的意思。创新意味着

---

① 《中共中央　国务院关于进一步加强人才工作的决定》，《国土资源高等职业教育研究》2004 年第 3 期。

更新、改变，即要以新思维、新发明、新描述为特征，想出新方法，建立新理论，做出新事情。

变则通，不变则亡。创新既是人类社会进步之因，也是人类社会进步之果。① 回顾历史，举世瞩目的四大发明表明，中国人是具备创新精神和创新能力的。元朝马可波罗到中国游历之时，惊叹于中国的繁华；明初郑和下西洋之际，中国的航海技术和装备还优于西方。此后，恰恰是由于观念守旧，不思变化和进取导致了中国近现代政治、经济的滑落。中国台湾历史学家黄仁宇在其《万历十五年》一书中曾有如下表述："维护落后的农业经济、不愿发展商业及金融的做法，正是中国在世界范围内由先进的汉唐演变为落后的明清的主要原因。"数百年之后的 1978 年，正是一系列前所未有的创新做法开启了我国经济社会发展的新篇章，中国仅用了 32 年时间便一跃成为世界第二大经济体。

目前，我国经济发展再次处于转折关键期。从国内环境看，体制变革和机制创新带来的改革红利已得到较大程度的释放，人口红利与资源红利消耗殆尽，"三期叠加"与"新常态"阶段全面到来；从国际环境来看，面对发达国家的技术封锁、新兴经济体的全面追赶比拼，我国发展劣势明显。在异常严峻的国内外形势下，创新再一次成为我国经济发展突围的关键，创新驱动则成为我国经济社会发展的关键动力。

放眼世界，西方经济强国大都在科技创新、产品创新、产业创新、商业模式创新等方面占据优势，他们具有较强的科技创新能力，掌握着大量的核心技术。相较而言，我国当前的原创性发明数量不多，关键核心技术对外依存度高。随着世界工业发展全面进入 4.0 时代，新一轮产业革命已经蓄势待发，创新之战必将愈演愈烈。党的十八届五中全会明确提出，在 2020 年全面建成小康社会目标的若干重大举措中，创新处于国家发展全局的核心位置。在习近平总书记的带

---

① 陈玉和：《创新的概念、创新的发生与创新教育模式》，《煤炭高等教育》2001 年第 2 期。

领下，我国将全面实施创新驱动发展战略，从推动大众创业、万众创新，到实施网络强国战略；从"中国制造2025"到供给侧结构性改革；从区域一体化到推进国际产能合作、实施"一带一路"战略；这些都为中国经济的发展注入了新活力，开辟了新天地。值得注意的是，在创新驱动发展的战略背景下，这一系列新措施、新战略的提出都离不开创新精神和创新能力的支持。因此，对我国而言，社会劳动者是否具有创新意识和创新精神，创新能力如何，必然成为新技术革命背景下我国人才划分的标准。

一般意义上讲，在人才的评定标准方面，人才构成中的每一个因素都是重要的，都是不可或缺的。但是在决定国家、民族命运的关键时刻，创新往往是人才标准中最为关键的第一要素。当然，创新并不意味着勾勒出崭新的蓝图，生产出全新的产品，其本身也有程度高低之分。正如人才有不同行业、不同层次、不同领域之分，创新也是如此。因此，对于创新精神、创新能力的培养必须要从小抓起，适应国家和时代的需要，促进社会经济的发展。

（二）完善的个性品质是未来人才标准的核心成分

个性具有十分丰富的内涵，是构成一个人思想、情感和行为的特有模式。大量研究表明，个性包含外倾性、宜人性、尽责性、情绪的稳定性和经验的开放性五大因素，每一因素下又包括数量不等的个性特质，如品德、内外向、认真性、坚持性、自信心、独立性、利他意识、同情心、合作意识等。其中，品德是个性的最核心成分。对社会个体而言，个性的完善与否，不仅直接影响其生活质量与社会满意度，还会影响其在社会生产活动中与他人的互动关系、对社会的贡献度大小等。

新技术革命背景下，未来的新兴产业必然表现为技术含量高，知识、技术密集，多学科和多领域高精尖技术的高度融合与继承。这就要求人力资源建设不仅要强化劳动者的竞争意识、独立思考意识和批判意识，更要强调不同工作群体间以及同一工作群体内部成员间合作、利他、互助等优秀品质的必要性。此外，我国正处于从工业文明向生态文明转型的特殊时期，新技术革命以尊重生态为前提，强调尊重和保护环境。因此，个体的生态意识和环保意识也应成为优秀个性品质的体现。从更高意义层面上讲，国家的行业精英往往掌握着某些领域的核心技术，部分核心技术甚至关系到国家的战略安全。在我国精英流失率高居世界首位的背景下，国家辛辛苦苦培养起来的行业精英除在个性品质中应该具有较强的奉献意识与契约精神外，更要具备较强的国家忠诚度与社会责任的担当精神。由此可见，未来经济社会的人才竞争绝不仅仅表现为业绩竞争，还是职业道德、品性修养甚至国家责任等优秀个性品质的竞争。

（三）高水平的能力、知识和技能是未来人才标准的主要内容

能力、知识和技能属于不同的范畴。知识是人类社会历史经验的总结和概括；技能是通过练习而获得和巩固下来的动作方式和动作系统；而能力则是在活动中展现出来的影响活动效率、使活动得以顺利完成的心理特征。

心理学研究表明，能力是掌握知识、技能的前提，它决定着掌握知识、技能的方向、速度、巩固程度和完成水平。[①] 这就意味着，人才首先需要具备一定的能力。个体能力的提高在很大程度上要通过教育来实现，即在掌握知识技能的过程中促进个体能力的发展。然而，能力的提升和知识、技能的发展并不是同步的，前者需要更多的时间，并且不是随着知识的增加而成正比的发展。正所谓高学历不等于高能力，一些拿到博士学位的人由于其社会阅历不足，或者参与社会活动的频率较低，也不一定具备较高水平的能力。所以，能力作为知识和技能发展的基础，在人才标准的上述三项内容中，相对更难满足，需要重点进行培养。

知识和技术是个体能否成为人才的主要内容。一方面，当今是"知识爆炸"的时代，知识时刻面临量变和质变，并且在新技术革命的影响下，不同学科开始产生碰撞、融合，交叉学科、新兴学科日益兴起，不断对人才提出新的挑战；另一方面，我国经济产业发展正处于转型升级的关键时期，无论是技术含量不断提高的传统产业，还是

---

① 彭聃龄：《普通心理学》修订版，北京师范大学出版社 2001 年版，第 440 页。

知识密集型、技术密集型的新兴产业，对人才知识技能的要求都有所提升。所以，知识和技能已经成为评判人才不可或缺的标准。

需要注意的是，未来对于人才的要求必然会越来越高，个体只有不断增值才能满足市场的需求。对此，国务院出台《国家中长期人才发展和规划纲要（2010—2020年）》，将专业技术人才知识更新和高技能人才的培养作为重大人才工程中的一项，以保障高层次技能型人才的培养。

（四）终身学习能力是未来人才标准的重要根基

终身学习是通过一个不断的支持过程来发挥人类的潜能，它激励并使人们有权力去获得他们终身所需要的全部知识、价值、技能与理解，并在任何任务、情况和环境中有信心、有创造性并愉快地应用它们。

终身学习问题很早便引起国际社会的高度关注。随后西方发达国家也纷纷将关注点转向终身学习，从法律方面给予终身学习以根本保障。美国首先于1976年制定了《终身学习法》；日本于1990年颁布了《终身学习振兴法》；韩国将终身教育写入宪法，并于1996年推行《终身学习法》；中国台湾也在2002年通过了"终身学习法"。终身学习正以前所未有之势，受到各国家、地区当局的高度重视。

我国在20世纪初便出现了成人教育，但其发展极为缓慢。1979年10月，随着联合国教科文组织1972年发布的《学会生存》报告在国内的翻译与出版，终身教育与终身学习理念方得到积极传播与发展。此后，终身教育问题越来越受到国家的关注。1993年，官方文件中正式出现"终身教育"的概念；1995年，终身教育写进教育法；进入21世纪以来，随着建设学习型社会概念的提出，终身学习作为其中的重要环节更是被屡次提出。例如，《国家中长期教育改革和发展规划纲要（2010—2020年）》中指出，要建立健全继续教育体制机制，构建灵活开放的终身教育体系。党的十八大报告将"完善终身教育体系，建设学习型社会"作为实现全面建成小康社会重大战略任务的根本保障；十八届五中全会更是高度重视终身教育与终身学习问题，强调畅通继续教育、终身学习通道，构建符合国情的学习型社会。

在新技术革命背景下，终身学习意识必不可少。首先，新技术革命使得科技迅猛发展，催化了信息和知识的爆炸式增长和迅速老化。据相关专家测算，人类知识的倍增周期已经从 19 世纪的 50 年左右缩短为如今的 3 年左右；知识的老化周期从 19 世纪的 30 年左右缩短为现在的 5 年左右。知识的高速更新和淘汰，直接导致科学技术、社会经济领域工作复杂程度、工作效力的大幅上升，从而对各领域工作者的知识更新提出了前所未有的高要求。其次，随着新能源、新材料、新通信技术、新制造技术和互联网的高度融合，技术革新必将层出不穷，知识的更新与整合也会爆炸性增长，信息资源的收集、整合、传输和信息技术的研发、创造、应用将会在未来社会发展中占据主导地位，整个社会将呈现出信息网络化、社会知识化、学习和教育的社会化与终身化特征。未来市场需要大量的能够应对新兴产业发展的专业人才，传统的劳动者所拥有的知识量已不足以应对未来市场的需求。这就要求未来人才要重视终身学习，只有在生产实践中不断学习新方法、吸收新经验、掌握新技术，才能从容迎接新挑战、把握新机遇，在新技术革命的潮流中站稳脚跟。

（五）跨文化交流能力与文化包容能力是未来人才标准的新拓展

跨文化交流，也叫跨文化交际，是指两种或者两种以上有差异的文化拥有者之间的文化交流。从信息论的角度说，跨文化交流的过程也可以看作人类信息的相互交换，不同的符号系统的相互送出和相互接受的过程。[1]

新技术革命的风暴不仅改变着人类社会，也从根本上动摇了工业社会分工的旧格局，更具相对化与开放性特征。社会劳动者只要具备深厚的基础科学功底、现代人的思想观念和现代新技术的运用能力，就能跨专业、跨学科、跨部门，甚至跨行业地从事社会劳动。社会劳动者的认识活动也需要达到更高水平的综合。上述变化预示着不同部

---

① 特木尔巴根、吴灵芝：《论"少数民族高层骨干人才"基础培训生跨文化交际能力的培养》，《内蒙古师范大学学报》（教育科学版）2009 年第 11 期。

门、行业间的人才交流将变得越来越频繁。

作为新兴经济体的楷模，我国的国际影响力日益增强，参与国际事务的程度和水平不断提升。在各类知识不断整合、加工、传播与应用，以及世界经济一体化的今天，我国未来人才国内与国际的跨文化交流能力与文化包容能力必将成为新技术革命背景下的人才新标准。上述能力不仅能让未来人才在国内、国际经济交流中妥善应对，维护企业利益和形象，还能不断扩宽所在企业的"朋友圈"，推动不同企业间的文化融合与务实合作。此外，未来的国际化高水平人才除了能熟练掌握和使用跨文化交流工具（如外语、网络技术）外，还要具备较强的国际意识和国际视野，具有兼容并包的"大文化"胸怀。

第七节　新技术革命背景下我国的人才培养模式

就人才培养模式而言，除人才标准、培养目标与培养内容外，还须具有科学合理的培养途径及管理体系。人才培养的最终结果是要契合经济发展对人力资本的要求。

新技术革命对经济发展产生了巨大影响，具体表现为以下三个方面：一是它引起生产力各要素的变革，使劳动生产率有了显著提升；二是新技术革命使整个经济结构发生重大变化，它不仅加强了产业结构非物质化和生产过程智能化的趋势，而且引起了各国经济布局和世界经济结构的变化；三是新技术革命以其丰富的内容使管理发展为一门真正的科学，并实现了现代化。上述变化必然会造成各国经济发展的深刻变革，同时对我国的人力资本建设和人才培养模式也提出了新要求。

"一年之计，莫如树谷；十年之计，莫如树木；终身之计，莫如树人。"对国家而言，获利最丰者莫过于培养人才，这是国家经济可持续发展的终身大计。人才培养既可以是长期的塑造，也可以是短期的培训；既可以表现为订单式的，也可以是个性化的，这就需要多种形式、多个层面、多种类别的教育相互配合、共同担当。新技术革命背景下的教育必须是分类教育、分层教育、终身教育及长短结合的教育。只有职前教育与职后教育高效搭桥、学历教育与短期培训（职业证书教育与微证书培训等）无缝融合，扬长避短、互为补充，才能在不同教育模式、不同教育类别间建立起立体、交叉的网络。只有这样，才能最终建立起应用型、创新型、复合型、国际型和技能型的多渠道人才培养新模式。

一　建立"以学生为中心"的教育理念

以新型材料技术、微电子技术、生物工程技术为代表的新技术革命对当前的人才培养提出了更高要求。当前我国大部分学校在教学组织形式和教学流程上仍沿用农业时代和旧工业时代提出的模式，进行标准化的知识输出和同质化的教育教学。然而，这一模式已经无法满足当今社会对于创新型人才、高素质技能型人才、国际化人才、复合型人才等不同类型人才的需求。所以，信息化时代呼唤"以学生为中心"的教育理念，因材施教，培养符合市场需求的个性化人才。此外，当今时代是知识爆炸的时代，有专家预测，从2012—2020年8年间，人类知识总量可能要增长3—4倍。在这样的形势下，中国教育长久以来以"知识传授"为中心的教育方式必然被打破。换言之，要想让学生在这样一个知识迅速倍增的时代，在有限时间内接受教师传授的所有知识，这是不现实的。因此，未来的教育理念必然要有所转变，从原本以知识为中心变为未来的以学生为中心，关心学生、爱护学生，尊重教育规律、学生身心发展规律，因材施教，培养、造就符合时代需求的高素质个性化人才。需要强调的是，"以学生为中心"教育理念的建立并不是一蹴而就的，其建立需要多方的努力和探索，尤其是学校和教师方面的探索与转变。

从学校方面看，学校需要转变传统的学校观。工业革命以来，学校一直被看作是"工厂"，学生则是这所工厂的产品。[1] 学生的职责

---

① 周洪宇、鲍成中：《第三次工业革命与人才培养模式变革》，《教育研究》2013年第10期。

就是在这所工厂里，按照教师的要求，学习进入社会所需要的知识和技术。然而，学校如今已经成为伴随学生成长的环境。在学校中，学生在教师的引导下掌握知识、提高能力，在教师和同学的陪伴下共同成长，学校早已脱离了最初的"工厂模式"，成为一个由各形各色学生组成的小型社会。因此，未来要摒弃传统的学校观，不能将学校仅作为学习知识和技能的地方，而是要适应时代要求，以学生为中心，将学校比作社会，学生不仅需要在其中学习知识、技能，还要从中学习做人以及各种生存的本领。

从教师方面看，需要加快教师观念的转变。新技术革命背景下急需创新型人才，这也就要求教育必须要因材施教，培养个性化人才。这一人才需求的转变同时也促使了教师教学模式的转变，即从以往的权威式教学，转变为当前需要的民主式教学。随着教学模式的变化，教师自身的角色也要发生相应的转变，即从原来学习过程中的绝对主导者变为未来学生学习的促进者、帮助者和启发者。另外，为了应对当今知识的迅速更新、老化，教师在课余时间还要尽量参与教育科研活动，开发、建设新课程，将自己在实际教学中总结的有利于学生学习和发展的经验用于未来课程，在最大限度上帮助学生成才。

最后，要加快学习观的转变。在新技术革命的影响下，教学手段和教学媒介都逐渐丰富，学习方式也随之丰富。具体来说，如今学生不仅可以从书本或课堂上获取知识，还可以通过更加便利的途径——网络获取知识。随着互联网技术的进一步发展和普及，网络课程、在线学习等同互联网相关的学习方式将成为未来学习的重要形式。因此，要应对未来社会学习方式的转变，加快学习观的转变必不可少。

二 形成与时俱进的教学内容

在这个知识大爆炸的时代，知识的更新速度日新月异，"一次性"学习已经被时代所淘汰。要想紧追时代步伐，在知识经济社会站稳脚跟，就必须不断更新自身的知识技能，了解最新的社会发展需要。面对社会对人才知识储备和更新方面的高要求，教学内容的变革已经成为必然趋势。因此，未来在教育改革和发展过程中要将教学内容的变革作为其中的重要组成部分，整合教学内容，创新教学内容，让教学内容能够与时俱进，适应时代需求。另外，在新技术革命背景下，对于微电子技术、生物工程技术、新型材料技术、信息技术的了解必不可少。未来教育改革有必要将这些最新技术的基本介绍、发展历史、对社会的影响力等内容加入到初高中或大学教材中，并且及时将国内最新的科技研究成果纳入教材中，让学生在学校就能接受最新的科学技术教育，了解科学技术的最新发展趋势。

除了对于教学内容和教材的更新，未来还应该加快对数字化的整合与开发。如今是信息化时代，信息的更新和变革速度极快。如何在打破"信息孤岛"的基础上，更快、更好地更新自身知识体系，学习、分享最新研究成果，将成为决定个体自身竞争力的关键。① 因此未来对于数字化的整合与开发尤为关键。最后，尤其需要强调的是，未来一定要将创新精神、创新能力、实践精神、实践能力作为人才培养的重点内容。在实际的人才培养过程中，充分发挥学生的主体作用，从学生的身心发展需要出发制订教学计划，以实际为出发点制定教学内容，使教学内容贴近生活，同现代科学技术紧密联系；引导学生独立思考，让学生能够在教师的引导下以独立或小组合作的方式搜寻信息、获取知识、最终解决问题。

三　新型劳动者须以高知识占有量为基础，分层式培养

目前，劳动生产率的提高有60%—80%靠科学技术的进步获得。在高技术工业部门，工人的劳动技能不是以体力为基础，而是以知识和智力为基础，劳动的内容也是在生产过程中去控制、监督、调节生产过程中的各种关系，发挥机器的作用。在未来劳动者的职业结构构成中，专业和技术人员必将占有主导地位，科学家、工程师将成为技术决策的"心脏"，大学、科研和智力机关将成为社会的中轴，工厂从劳动密集型转向知识密集型，整个社会知识生产将成为首要"工业"。上述经济发展趋势决定了我国的人力资本建设应该在社会劳动者对新型知识总量具有较高占有度的基础上进行分层建设，重点培养

---

① 周洪宇、鲍成中：《第三次工业革命与人才培养模式变革》，《教育研究》2013 年第10 期。

基础型人才、技能型人才和创新型人才。

　　基础型人才主要活跃在生产一线，以中高级技工和技师为代表，该群体是经济发展的强大基石。他们所从事的劳动不仅要求其具有极强的动手能力和实际操作技能，还要求他们具有很强的企业环境适应能力、职业应变能力和良好的职业品质和道德修养，以及一定程度的创新精神。技能型人才同时也应该是复合型人才，该群体是影响经济社会发展的中坚力量。当今社会的重大特征是学科交叉、知识融合、技术集成。技能型人才必须具有较高水平的创新能力，尤其要具有终身学习的愿望和能力。他们能熟练掌握互联网技术，具有较强的信息获取、整合和更新能力；他们要具有开阔的经济发展视野，能够预见和把握技术与产业的发展趋势；他们还要有极强的合作意识和成果分享意识，以及对企业的尽责意识和奉献精神。相对于前两种人才而言，创新型人才是更高水平的劳动者，是技能型人才的升级版，是实现发明创造、技术革新、产业升级、自主知识产权的关键一环。创新型人才首先要具有超强的创新能力，在工作方面表现出强烈的进取心和责任心；其次，创新型人才还应具有极强的信息化技术的开发和整合能力。此外，他们还要具有优秀的个性品质和极强的市场应变能力，经济嗅觉敏锐。

四　加强高等教育分类管理，快速发展民办高等教育

　　早在 2001 年，中国的高等教育规模就已超越美国，跃居世界第一。但迄今为止，我国的高等教育分类体系复杂多变，随意性大，不利于人才培养，需要加强科学化和规范化。目前，国内高校的类型划分主要表现为三种方式：一是按照高校地位、行政级别划分，如"985 工程"院校、"211 工程"院校等；二是按照学科门类划分，如农业院校、理工院校、师范院校等；三是按照隶属关系划分，主要分为中央和地方两个级别。随着经济形势的不断发展变化，上述分类体系产生了诸多弊端，如政府资源配置受学校层级影响越发明显、学校对整体实力发展关注度高于对优势学科发展的关注度、民办高等教育处于竞争劣势等。此外，尽管我国高等教育在分类上考虑到了学科门类，但多数专业类院校出于各种考虑，盲目扩张，追求大且全，所办

学科专业的门类范围和数量早已与学校名称大相径庭，部分高校甚至以办学门类全、专业多为荣。这种混乱的办学局面一方面造成国家资源的极大浪费，另一方面迷失了高校原有的办学优势和特色，也使高等教育的分类形同虚设，造成了高等教育对经济发展的敏感性越来越迟钝。

通过梳理与分析欧美发达国家高等教育的发展历史，我们发现欧美发达国家在高等教育分类方面要么注重公私并举，要么一视同仁，要么注重就业，且都与各自国家的政治、经济、文化传承以及社会发展的动态演进特征密切联系，表现出与时俱进的特征。当前，我国的高等教育正迅速地从精英化向大众化迈进。在以新能源技术为主导、以信息技术为枢纽和以数字化制造为形式的新技术革命背景下，高等教育经历成为绝大多数新型劳动者的底线和基本要求。因此，如何科学、合理地调整、规划和落实高等教育的类别对新型劳动者的受教育形式、过程、水平以及发展具有重要指导意义和现实意义。

政府应在充分分析和顺应我国经济阶段性发展规律的基础上，注重高等教育分类形式的简略化，追求内涵的明确化与可操作化，从政策、资源分配、招生规模等方面充分发挥指导作用，积极倡导各类学校明确定位、各司其职、平行发展，办出特色；引导专业建设与人才培养和社会经济需求间的无缝连接；创设公平竞争的环境，鼓励民办高等教育快速发展，充分发挥其对市场需求、经济发展反应灵敏的先天优势。

五　大力发展职业教育，建设现代职业教育体系

回顾改革开放的多年历程，我国的经济发展已经取得了翻天覆地的变化，国内生产总值有了飞跃式的突破，跃居世界第二。[①] 但是，回顾这一发展过程我们可以清楚地看到，随着经济全球化的不断深入，我国产业不断重组，结构不断调整，随之我国劳动力素质整体低下的问题逐渐凸显。具体表现为：在我国总体的人力资源总数中基础

---

① 黄尧：《认真贯彻落实〈教育规划纲要〉推进我国现代职业教育体系建设》，《中国职业技术教育》2012 年第 24 期。

技能人才占了非常大的比例，高技能人才寥寥无几，这也就造成我国就业市场上产生了高素质技能型人才供不应求的现象。另有数据显示，我国高素质技能型人才的比例要远远低于发达国家，甚至还要低于一些发展中国家。

在这个世界经济疲软、我国经济处于转型阶段的时期，高素质技能型人才已经成为改善我国未来经济不可缺少的人才类型。一个国家科技的进步、产业的优化发展都离不开技能型人才的支撑。因此，技能型人才队伍的素质、数量、技术门类等都将关系到中国能否成功度过经济"换挡期"，实现从经济大国向经济强国的转变。那么如何建立这样一支品质优良的技术型人才队伍呢？这就要求我们必须从源头抓起，大力发展职业教育，重视现代职业教育体系的建立。促进人力资源培养从低素质、低技术水平的廉价劳动力向高素质、高水平的、掌握最新技术的高素质技能型人才的转变，改变我国人力资源的素质水平，从根本上提升我国人力资源在市场上的竞争力。

在大力推进职业教育的过程中，国家应当继续探索并出台更多、更有效的政策，并将职业教育的发展摆在未来国家发展的突出战略位置，确保未来我国职业教育的繁荣发展；各个职业学校则可以通过创新办学模式、创新教育模式等方式积极推动自身学校的发展，为国家发展培养更多高素质的技能型人才。①

六 引导部分地方院校向应用型高校转变

应用型大学是一种与普通大学并行，以专业教育为主导，面向工作生活，培养本科甚至更高层次技术应用型人才、开展应用科学研究与技术创新、服务就业和区域发展及促进终身学习等多重使命于一身的教育类型。究其起源，第一次世界大战后，美国等发达国家便出现专门培养技术技能型人才的教育机构。到20世纪60年代，应用型高校成为一种办学趋势，涌现于欧洲各个国家。如今，应用型大学已经

---

① 孙扬：《为促进经济提质增效升级提供人才支撑——教育部副部长鲁昕谈加快构建现代职业教育体系》，新华网，http://news.xinhuanet.com/2014-03/26/c_119961295.htm。

成为西方高等教育体系中的重要组成部分。面对当前经济发展疲软、产业升级、科技革新对于高层次技能人才提出的进一步高要求，西方各发达国家更是率先通过优化、升级、新建等方式建立应用型大学。在荷兰，应用型高校在校生数量占总学生数量的65%，瑞士、芬兰、德国等发达国家这一比例也分别达到34%、46%和29%。[①]

应用型高校已经成为我国大学未来发展的新方向。一方面，随着我国经济、产业的转型升级，市场对高层次应用型人才的需求日渐增加，我国现有的高级技工数量和结构远远满足不了市场需求，高层次应用型人才的缺失问题日渐凸显（有资料显示，这一人才缺口已达到2200万）。另一方面，单一的学术教育模式使学生缺乏个性及能力，就业困难。上述问题皆体现出市场对应用型高校的积极诉求。

在我国现行的高等教育体系中，地方本科院校是其中的重要一员。截至2012年，新建地方本科院校的数量已经超过普通高校总数量的50%，成为我国人才培养的重要基地。但是，由于缺乏科学的办学定位以及受传统办学思想的影响，大部分地方院校致力于成为学科齐全的综合型院校。这就造成了地方本科院校在专业设置上缺乏特色，部分专业招生困难，毕业生缺乏就业优势等问题。因此，推动这类学校向应用技术型转型，不仅可以解决地方本科院校定位难、就业难的问题，还将推动我国高等教育体系的优化，使其走出传统的学术型人才培养模式，最大限度地服务社会。另外，从国家战略上看，引导部分地方高校向应用型转变也势在必行。2015年5月，国务院发布的"中国制造2025"中，将"引导一批普通本科高校向应用技术型高校转型"作为健全多层次人才培养体系的重要环节。前一段时间下发的《关于引导部分地方普通本科高校向应用型转变的指导意见》也为这一转型提供了专业意见。由此可见，引导一批地方普通本科高校向应用技术型高校转型，符合如今中国经济发展、产业升级、科技进

---

① 耿道来：《引导部分普通本科高校向应用型转变势在必行》，教育部网，http：//www. moe. edu. cn/jyb _ xwfb/moe _ 2082/zl _ 2015n/2015 _ zl58/201511/t20151115 _ 219016. html。

步的客观要求，并且亟须实施。

与发达国家相比，我国应用技术型高校转型起步晚，相关政策支持力度不够，利益相关者的权益、地位、作用缺乏法规保障，转型过程艰难。在面临上述困难时，我们可以借鉴西方已有的成功经验，但需要注意的是，在具体的实施过程中光靠借鉴是行不通的，政府相关部门必须探索出具有中国特色、能够促进区域经济发展的院校转型方案，落实责任主体，从教学模式、办学模式、治理模式、教师标准等多个方面推进地方高校的改革创新。

七　大力推进教育国际化，提升我国人才核心竞争力

教育国际化已经成为经济全球化背景下的必然趋势。大力推进教育国际化不仅有利于国际型人才的培养，还可以提升我国人才的竞争力，实现我国教育改革发展目标。[①] 教育国际化在我国经过多年发展，虽然取得了一些成绩，但仍存在许多问题。

首先，我们对于教育国际化的理解过于狭隘和片面。在实施教育国际化的进程中，我们会下意识地缩小国际化概念，取而代之以西方化、欧美化及英语化；热衷于推进中国同欧美等发达国家间的国际交流合作，培养学生的欧美视野，忽视中国同亚非拉等国家间的交流合作，甚至有些人认为同亚非拉国家间的教育交流合作不能够算作是教育国际化。

其次，我国在教育国际化过程中过度依赖西方准则。西方发达国家现有的学术发展水平一直为我们所追求，在教育国家化这个有利机会的推动下，中国教育可以实质性地接触西方教育文化，并进行深入学习。但是，在大部分情况下，我们对其学术方面的学习都流于形式，缺乏结合中国国情的深入思考，只是一味地抄袭，最终也只能沦为西方学术的附庸品，没有为我国的教育国际化甚至是教育改革提供任何有利建议。

最后，我国的教育国际化一直处于"单轨"模式，即以请进来为

---

① 　陈昌贵、翁丽霞：《高等教育国际化与创新人才培养》，《高等教育研究》2008 年第6 期。

主的方式进行国际化办学。国内在进行国际化办学过程中一味采用"引进来"模式，如引进外籍教师、国际课程，接受国外文化，却忘记了对于中华文化的传播。

总而言之，上述问题皆阻碍了中国教育国际化的推进，也使得我国教育国际化的发展一直流于形式。未来在教育国际化的推进过程中一定要扩宽视野，将眼光放到欧美之外的国家；探索具有中国特色、中国思想的国际化办学模式；在教育国际化方面要从单向交流走向双向交流。

未来在推进教育国际化，加强校际、国际交流与合作的进程中，首先要快速将我国教育融入全球化的教育体系中，而不仅局限于欧美教育体系。这一过程可以采取吸纳国际一流大学的教学理念、学习及借鉴一流大学的教学成果、共享教学资源的方式，科学有效地建构我国的教育体系，提升我国教育的综合实力。另外，"一带一路"建设的推动也为中国教育国际化的发展提供了新的机遇，增加了中国同非英语国家间的交流机会。其次，在推进教育国际化的进程中，要树立高度的民族自觉和自信，用客观的视角看待他国文化，秉持"以我为主、为我所用"的方针，做到既不排外也不盲从，深入思考他国文化，找出适合中国国情的教育理论、教育模式及教育经验，以此推动中国教育改革的有效性发展。[①] 最后，在教育国际化进程中最值得注意的就是学生的国际交流。学生是教育国际化中最活跃的元素，也是促进教育国际化的重要因素。加快学生的国际化交流，也就是要更多地吸引世界各地的学生来华自费留学，而不是靠政府的资助或是学校提供的全额奖学金。人员的国际交流除了学生之外还有教师，教师的国际交流也是教育国际化进程中的一个关键部分。具体表现为，教师可以采取到国外大学进修的方式，了解国外高校的教育方式，学习国际教育知识和经验，并将其带回国内，应用在实际教学中，推动教育国际化的发展。

---

① 冯海荣：《从中华优秀传统文化中汲取中国高校特色发展的力量》，中国教育新闻网，http://www.jyb.cn/high/gdjyxw/201505/t20150518_ 622711. html。

八 深化高等学校创新创业教育改革

当今世界正面临新的挑战，新一轮科技革命和产业革命即将到来。在这一背景下，世界各国都面临调整，都需要改变未来的发展战略，将未来国家的发展侧重点放在创新和教育两方面。将视线转到国内可以发现，国内经济已经全面进入新常态时期，只有依靠创新才能有所发展。这就促使我国在未来发展中一定要提升自身创新水平，以创新作为基础推动各产业的发展，激发新的经济发展潜力，提升我国各产业的核心竞争力，帮助我国经济更好地度过经济"换挡期"。在我国经济发展的特殊时期，党中央、国务院做出了以创新为驱动进行发展的战略决策。但创新驱动最终是要靠人来完成的，因此人才的培养才是创新驱动发展战略中最重要的环节。

为推动创新人才的培养，李克强总理率先提出了"大众创新，万众创业"的观点。① 高等教育作为人才培养的重要基地，理应迅速加入到这一创新创业的浪潮中，承担起培养创新型人才的责任，将中央决策切实落实到行动上，深化高校创新创业，办好中国"互联网＋"大学生创新创业大赛，为我国实现创新驱动发展提供源源不断的后备人才。

总体来看，深化高等学校创新创业教育改革的发展前景良好。然而，在过去高校创新创业教育的实践过程中还是存在许多问题。如没有意识到高校创新创业教育对于个人、学校乃至社会的重要性、缺乏对创新创业教育本质的认识、没有完善的创新创业教育体系等。以上问题在一定程度上阻碍了创新创业教育在高校的发展，然而，这也为未来高校创新创业教育改革的实施敲响了警钟，提出了未来深化高校创新创业教育改革的方向。在未来的高校创新创业教育改革过程中，首先，需要完善人才评价标准，弱化以成绩为主导的思想，要切实将创新能力作为人才评价的重要项目，注重对大学生创新能力的培养。其次，要给予高校创新创业教育改革一定的资金和政策保障，及时完

---

① 董宏达：《"大众创业、万众创新"心动不如行动》，人民网，http：//opinion. people. com. cn/n/2015/0312/c1003 – 26683063. html。

善这一资金体系和政策保障体系，确保有着创新能力和创新想法的同学或团队能够顺利开展他们的创新实践，无后顾之忧。再次，针对学业和创新创业理念间如何融合的困惑，要将创新创业教育纳入高校课程体系中，并将其同各类专业课程相结合，充分利用学校和各个专业课程中提供的资源，加强高校对大学生创新创业方面的教育。最后，在高校范围内，开设同创新创业教育相关的课程（如就业指导、创业指导等），并将其设置为必修课或选修课，规定学生必须修满一定的创业学分才能毕业，这样，就能够建立专门的创新教育课程，并连同其他课程一起进行科学管理。① 如此一来，就能将高校的创新创业教育同传统的课程学习有机结合，在保证了传统学术教育的基础上，进行符合时代需求的创新创业教育。

除了要保障高校在创新创业教育上的资金和课程设置，教师也是高校实施创新创业教育的关键因素。目前，高校关于教师创新创业教育实施成果的考核方式还停留在课题研究层面，很多创新创业教育理念难以实施。有些课题在结题之后，其研究结果也难以在现实中应用，或者是无法操作或者是被束之高阁。因此，针对高校传统教学方式和教师考核方式的改革势在必行。只有这样，才能激活高校的创新创业教育，形成"大众创业，万众创新"的良好局面。

九 大力推进教育信息化

随着新技术革命的来袭，信息化技术已经融入世界发展的各个方面，引领着世界的经济发展。教育信息化，是一种能够有效促进教育公平，并在此基础上，改善及提升教育质量的手段，教育信息化的出现往往意味着教育模式及理念产生了显著变化，这种变化会有效地帮助教育的发展，帮助国家实现建设学习型社会的目标，实现终身教育。② 教育信息化也是形成教育现代化的重要标志。因此，我国教育信息化的推进势在必行。

---

① 国务院办公室：《国办：2015 年起全面深化高校创新创业教育改革》，人民网，http：//politics.people.com.cn/n/2015/0513/c1001-26993805.html。

② 林超宁：《学校教育信息化建设的探索》，《小学教学参考》2015 年第 27 期。

在当今信息化发展迅速的时代背景下，教育信息化早就在世界范围内引起关注和响应，我国也不例外。"十二五"以来，我国一直在大力推进国内的教育信息化建设，并且已经取得了不错的成绩，国家出台的相关教育信息化政策得到了有效落实。具体来看，"十二五"期间，我国教育信息化建设主要在互联网接入、资源平台、管理平台建设三方面取得了优异成绩。

首先，互联网已经在全国范围内的中小学得以普及。全国超过80%的中小学都接入了互联网，并且随着互联网的接入，多媒体教室、教学白板等也在大部分中小学校中得以普及。如今，多媒体教室和教学白板已经成为中小学教师日常教学的有力帮手，其不仅能让学生以更加直观的方式去进行学习，还能帮助学生更好地领悟知识。这种信息化教学方式已成为现今我国中小学的主要教学方式，也意味着我国教育信息化体系的初步建成。

其次，我国教育信息化还体现在各种学习空间和资源分享平台的建立。教师可以在资源平台上寻找、探索新型教学模式，也可以在平台上同国内其他学校的教师进行沟通，改进自己原本教学模式，更好地教育学生。学生则可以通过资源平台搜索学习资源，扩充知识面。

最后，除了建立资源平台，教育信息化还发展、建设了管理平台。在全国范围内建立教师、学生等的基本信息数据库，摒弃了以往的纸质信息模式。此外，我国教育信息化进程中还包含提升中小学教师信息能力的工程。这项工程在全国范围内的中小学校展开，旨在加强中小学教师对于教育信息化的理解，了解当前信息技术的发展，帮助中小学教师灵活运用信息技术进行日常教学。

从"十二五"时期教育信息化的顺利实施中，我们可以看到推进教育信息化对于深化我国教育改革，全面实施素质教育起到的深刻推动作用。因此，"十三五"时期，我们必然还需把握这一有利基础，进一步深化教育信息化，在更高水平、更广阔的空间中发展、推进教育信息化，全面支持现代化人才的培养。未来在教育信息化的推广过程中，需要在推进城市教育信息化的同时，排除阻碍，大力推动农村教育信息化的发展。要让处于农村或者是偏远地区的学子同城市学子一样，享受到信息化的教学方式，进一步缩小城乡教学差距，促进教育公平。

十 积极完善终身教育，推动学习型社会的建立

新技术革命不仅给我们带来了生活的便捷，同时也带来了科技、产业革命，随之而来的便是知识革命。知识呈现迅速更新、老化的状态，这意味着个体自身的知识储备也需随之时时更新，从学校以及书本上学到的知识已经远远不能应付当前社会对于人力资源的要求，甚至还会阻碍个体未来的发展。在这一严峻的知识更新背景下，终身学习已经成为一种趋势，完善终身教育体系也成为社会发展的必然要求。

"活到老，学到老"，这是从中国古代就流传下来的终身学习思想。"终身学习"思想很早就已经成为当今国际最具影响力的思潮，终身教育也成为西方发达国家教育体系中的重要一员。反观国内，我国对于终身学习思想的接受时间较晚，在终身教育体系、办学以及推广上仍存在较多问题。比如，社会上建立的大多数成人教育学校、成人培训学校及老人学校都缺乏正规的管理和统一的教育体系；我国尚缺乏完善的终身教育体系；缺乏对于终身学习思想的宣传与推广，造成社会民众对于终身学习的迷茫或误解。针对这一现状，在未来我国终身教育的建立过程中一定要采取多方结合的方式，从政府、行业主管、法律、企业四方面去保障终身教育的顺利实施，繁荣发展。

从政府方面看，政府需要设立专门的终身教育管理部门，负责统筹规划各地区终身教育的发展，将终身教育发展实际纳入各地区的发展规划中，作为重点规划进行建设；从行业主管方面看，要认真理解并落实国家或地区出台的终身教育法规、政策，在国家和地区的基础上对终身教育的法规、政策进行细化，研究、制定具体的终身教育实施办法，加强对于终身教育实施的管理和监督，定期进行评估；从国家立法方面看，要从法律角度保障终身教育的实施，将其有效地同考核、升职标准相结合，确保大众对终身教育的正确理解，提升大众对于终身教育重要性的认知，鼓励个体在工作之余继续学习，增值自己；从企业方面看，要鼓励企业在员工中普及终身教育，为员工提供继续学习的机会及继续学习的资金。[①]

继续教育作为终身学习中的重要组成部分，对于终身学习具有极大的促进作用。对于继续教育的完善，政府可以采取以下措施：一是通过媒体宣传、社区宣传或教育的方式大力推广继续教育，让全体社会成员都能够了解到继续教育的价值，更新继续教育观念；二是加大对继续教育的资金投入，保障继续教育的顺利实施，并在此基础上，以提高人力资源建设水平为核心，大力发展继续教育（其中，包括非学历继续教育和学历继续教育）；三是重视老年继续教育，老年人是社会的宝贵资源，开设老年大学、社区老年培训班等不仅有利于老年继续教育的发展，也能够促进全民学习型社会的建立；四是倡导全民阅读，阅读是吸取知识的有效途径，定期开展阅读活动、倡导全民阅读等都有利于知识的学习，社会的进步；五是了解社区教育对推动继续教育发展的重要性，社区教育能够深入到社区里的每一个人，因此要广泛开展城乡社区教育，让继续教育普及到每一个家庭，加快我国学习型社会的形成。除此之外，还可以通过搭建终身学习"立交桥"的方式，促进我国继续教育的发展。

十一　建立科学的人才管理体系

新技术革命背景下的国家竞争关键是科学技术的竞争，实际上是人才的竞争。随着世界经济发展进入新阶段，我国经济对劳动者基本素质的要求越来越高。拥有了高素质的人才队伍，我国经济发展快速跨过"中等收入陷阱"就有了成功的基础。因此，建立科学的人才管理体系可以保证高素质劳动者最大限度地发挥潜能，做到"人尽其才，才尽其用"。

目前，我国的人力资源管理体系已经基本成型，但人才管理尚处于萌芽阶段，人才管理体系建设尚处于探索时期。国内各个行业要加快速度学习西方先进的人才管理手段，要结合自身特点创造性地加以

---

① 杨婷：《习近平：关于〈中共中央关于制定国民经济和社会发展第十三个五年规划的建议〉的说明》，新华网，http：//news. xinhuanet. com/ttgg/2015 - 11/03/c_ 1117029621. htm。

吸收和借鉴，在应用过程中尤其要充分考虑中国的历史发展与文化特色，在部分环节加强规范化和科学化，如加强用人标准、人才测评、人员选拔和绩效管理等各种业务流程的公开化和程序化；推进人才战略的动态管理；创造人才的合理流动；合理地使用激励因素等。

十二　建立完善的高等教育人才培养质量保障体系

在人才培养过程中，必须建立高水平的质量保障体系。其中，最核心要素是在产学研合作基础上，创建高校与相关行业联合的长效人才培养机制，形成高水平的人才培养队伍平台和实践平台。

在高校人才培养的指导队伍方面，积极建立大学双导师制度。对高校内部而言，一方面要遴选出科研能力强、实践能力好、有行业经验或背景的教师作为学生导师，另一方面要选派优秀教师赴海内外相关行业进修、学习、挂职锻炼或顶岗工作，积累实战经验，使其成为校内指导教师的后备力量。此外，高校还要积极邀请相关行业的专业技术人员、工作经验丰富的领导者或企业家到高校指导学生专业发展，满足高校不同层面、不同类别的需求。

在平台建设方面，高校和社会相关行业要充分合作，努力打造高水平的教学实践平台和校外人才培训基地。其中，校外人才培训基地应该是在高校传统实习基地基础上的一种更具广泛意义的人才培养合作平台，是高校与社会行业双方共赢的有效载体。在新的平台模式下，实习实践基地的功能被有效扩展。一方面，高校从单纯地输送学生到实习基地实习，变为社会实践单位或部门全方位培养人才；另一方面，与其合作的社会单位或部门也可以充分利用学校教育资源，为其量身定制所需人才，使高校成为行业人力资源输送的高效渠道。此外，实习基地还可以作为行业员工系统化再教育的有效场所。这种产学研的联合培养模式和机制，使高校与社会行业的教育资源共享与互补，满足了社会行业对人才的现实要求，实现了高校和社会行业的互惠互利。

第五章 新技术革命背景下终身化与个性化教育研究

第一节 新技术革命背景下终身化与个性化教育的认识论基础

一 新技术革命与新常态经济

目前，一场重大的变革迹象已经显现，以新能源、新材料、新技术与互联网的高度交互融合与创新的新技术扑面而来，形成了以信息技术为核心的移动互联网、云计算和大数据技术的"大数据革命"的新技术革命，西方发达国家都在采取措施积极应对这场新的技术革命。创新正成为发展的驱动力。由技术变革引发的传统行业的颠覆性变革具有"多米诺骨牌效应"，呈现出能源网络化、制造智能化、组织模块化、工厂家庭化、消费个性化、发展生态化、人际和谐化的新型技术革命。

新技术革命的核心是互联网，改变了之前的生活、生产方式。互联网是一种技术手段，它具备三个特征：一是跨越了时空，之前不同时空的信息传递需要时间和空间，现在不需要，瞬间完成。二是低成本、高效率，如过去信件的邮递，现在发邮件即可到达想送达的对象和地点。三是关联性强，生活方式、生产方式、社会进步都与互联网有密切关系。

习近平总书记提出了新常态，指出经济增长要从高速向中高速过渡。认识新常态，适应新常态，引领新常态，是当前和今后一个时期我国经济发展的"风向标"。我国经济面临的下行压力仍非常大，必须要寻找新的增长动力，否则就很有可能落入所谓的"中等收入陷阱"。大数据技术革命在经济增长潜力方面将发挥支撑性作用，核心是人才培养和新型人力资本的积累。

二　终身化教育与个性化教育

内在的"化"、外在的环境共同推动的机制，最终导致原来的"化"变为现在的"化"。如岩石到化石的变化就是内外因素共同作用导致的结果。终身化个性化中的"化"也是由来已久的，不是新概念，是教育哲学范畴的概念，是一种观念和思潮，是哲学上的高度总结，是对未来的预判。

终身化个性化是经过提炼后形成的，是客观存在的。终身化个性化教育过程由三个维度构成，其一是社会发展层面，是社会发展的工具属性要求的结果；其二是人本身成长和发展的需求，一个人内在的精神层面提高的需求；其三是全面的、系统的，一个人从出生到死亡的整个全过程，经历了起点到终点。

（一）终身化教育

终身化教育是源于 20 世纪最为重要的国际教育理念，全民终身化教育被誉为进入 21 世纪的钥匙。早在 20 世纪 60 年代中期，联合国教科文组织率先提出"终身教育"的概念，70 年代初期，发表《学会生存——教育世界的今天和明天》报告中，提出终身教育是学习化社会的基石。特别是随着知识经济时代的到来，终身教育发展为终身学习，"全民教育"转变为"全民学习"，构建终身教育体系，建设学习化社会已经成为许多国家的教育发展目标。2002 年，"形成全民学习、终身学习的学习型社会"作为全面建设小康社会的奋斗目标写入了党的十六大报告；2010 年，中共中央、国务院颁布的《国家中长期教育改革和发展规划纲要（2010—2020 年）》提出，"创新继续教育观念，加大投入力度，以加强人力资源能力为核心，大力发展非学历继续教育，稳步发展学历继续教育，倡导全民阅读，推动全民学习。到 2020 年，努力形成人人皆学，处处可学，时时能学的学习型社会"。把"形成学习型社会"作为 2020 年教育发展的战略目标之一，进而推动全民终身学习，从理念、政策层面向实践领域转变。[①]
法国教育家朗格朗认为："数百年来，把人生分为两半，前半生用于
受教育，后半生用于劳动，这是毫无根据的。教育应当是每个人一生
的过程，在每个人需要学习的时候，随时以最好的方式提供必要的知
识。"终身学习必将成为社会进步发展最重要的引擎。知识经济时代，
人类社会拥有的知识存量急速增长，知识发展和更迭的步伐大大加
快，生产力的发展主要依靠创新驱动，学习知识、驾驭知识、迁移创
新知识产生的效益将超越土地、资本等生产资源带来的利益，成为经
济社会发展主导动力。[②] 1965 年 12 月，保罗·朗格朗（Parl Len-
grand）在联合国教科文组织（UNESCO）第三届成人教育委员会召开
的成人教育促进国际会议中提出了终身教育（life long education）概
念，他认为，终身教育是贯穿于人的一生，促进人全面发展的一种理
念，包含了知识、技能、能力和素质以及各种学习活动，对传统学校
教育的局限有巨大的突破，使教育的形式和内容扩展到人类社会生活
的各个部分，促进了教育社会化。他在《何谓终身教育》中提到终身
教育的基本内涵，其一，终身教育应该是每个人持续一生进行的教
育，而不是任何一个学校（包括初等、中等、大学）毕业后就算结束
了。其二，现行的教育仍以学校为中心，而且各类教育之间彼此分
割，相互隔绝。这说明，未来的教育不再是由"任何一个学校毕业之
后就算终点了，必将是持续一生的教育"，要有效整合社会教育训练
机构，满足各自职业生涯的学习需求。从而使人们在"其职业的所有阶
段与部门，都能各取所需，便捷地获得不断学习的机会"。终身教育具
有终身性、全民性、主体性的特征。包括以学历教育为主的正规教育和
以培训为主的非正规教育等形式。终身教育是 21 世纪最有意义的教育
理念，主要表现在终身教育推动教育思想和观念的变革；终身教育保障
了弱势群体的学习和提升，实现教育的公平性；终身教育以人为本，提

---

① 谈松华：《全民学习践行教育终身化战略》，《中国教育报》2015 年 9 月 9 日第 7
版。

② 王振杰：《终身教育体制机制创新探析》，《福建论坛》（人文社会科学版）2011 年
第 11 期。

供了发展自我、完善自我、超越自我的机会；终身教育跨越了国际界限，对增强国家综合国力，提升国际竞争力具有历史性意义。

终身学习的内涵丰富，形式多样。所有的正规学习、非正规学习和不正规学习的集合成为终身学习的架构。正规学习通常是依据年龄、职业等指标分类进行的传统教育或培训机构的系统教育，往往提供相关的正规资历证书作为学习的依据。而非正规学习主要是为特殊需求服务的，往往是某些特定人群在某一阶段的需要进行传播知识的教育形式，如学术报告、参观考察、特色培训、个性课程、专题讲座等，通常不是传统教育机构所提供，学习完成后，也不予提供正规的学历资质证书。不正规学习在原欧洲共同体委员会的诠释中也得以解读，不正规学习是个人生活、工作中的需求，通常是零散的、自发的，没有特定目标，也不存在系统的支持，随机性较强。另有库姆斯（Coombs）给出了不正规学习的概念：通常学习的动机产生于个人兴趣及特定的需求。大多发生在每天的日常工作、生活中，例如，办公室、超市、电影院、旅游地、图书馆、网络、电视等任何一个地方，这些学习形式最明显的特点就是自发的、随机的学习。

终身教育是贯穿人一生、面向全体社会成员的教育体系。国民教育体系是终身教育体系的重要组成部分。从内容上看，国民教育体系的主要组成部分是学校教育系统，它主要是指学前教育、九年义务教育、高中教育和大学教育。而终身教育体系则对国民教育体系进行了空间和时间上的延伸，更大范围地囊括了诸如职业培训、社区教育、休闲教育等，以及贯穿人的幼儿期、青少年期、成人期和老年期的一种统合而协调的体系。终身教育体系从人的发展出发，强调人受教育的终身性、灵活性，超越了国民教育体系阶段性、制度化的教育形式，终身教育体系不仅包括由国家、其他社会组织以及个人依据国家的教育发展规划形成的制度化国民教育体系，而且还涵盖了自主的非制度化的教育形态，终身教育更具有包容性。[①]

随着研究的深入，有的专家认为，终身学习将逐渐替代终身教育

---

① 李红恩：《国民教育体系与终身教育体系的关系》，《辽宁教育》2012 年第 11 期。

的概念，因为两者体现的侧重点不同。终身教育关注更多的是教育客体，建立和架构一个使学习者能够受到教育的体系，包括各种教育机构、场所、平台及系统化的知识系统等；终身学习着力于主体学习者，关注强调个人在一生中动态地持续地学习，以实现满足个人在一生中的每个时期、各个阶段的各种需求。[①] 终身教育需求源自哪里，学习主体是谁，"终身教育"与"终身学习"两个概念必须澄清内涵，明确主体客体，终身教育着眼于政府与社会，终身学习着眼于学习者个人。同时，"终身教育"与"终身学习"并不矛盾，是一个问题从两个方面的不同描述。

（二）个性化教育

所谓"个性化教育"就是要承认学生的差异，认识到学生在智商、情商、生理、心理、性格、教育背景、社会背景等方面存在的差异性，发掘学生个性潜能的优势，即寻找每一个学生身上个性的最强点和闪光点，并根据社会要求适应其能力水平进行教育，使之得到发展，以人为本教育，非划一的教育。[②] 个性化教育从规模化走向生态化、分散化、网络化、生命化，追求人性回归。个性化教育培养学生的独立个性和完整人格，追求自由、开放的教育环境，尊重学生的兴趣和能力等方面的差异和现实发展水平，树立个性化的培养目标，进行个性化的教学设计，开展个性化教学的教育过程。

个性化教育凸显出独有的特征：针对性、主体性、民主性、多样性、全面性及社会性。针对性，是指吻合个体真实的个性化教育需求，包括形式和内容。主体性，即个性化教育要突出受教育者主体地位，提升受教育者的主体能力，呵护主体价值感诉求。民主性是个性化，教育一定是和谐、自由发展的，需要个性化教育过程中的一系列保障，包括他人的认可、支持和服务。多样性，是指个性化教育包含着多种的教育形式、教育内容、教育场所及教育评价等。全面性，是指个性化教育而非均衡发展，而要促进被教育者的全面发展。社会

---

① 邓永庆：《终身教育发展的现状与趋势》，《中国远程教育》2007 年第 10 期。

② 刘献君：《高等学校个性化教育探索》，《高等教育研究》2011 年第 3 期。

性，是指个性化教育的载体是社会，教育是为社会服务的，教育的最终目标是满足社会的需求。① 个性化教育目标的实质是素质教育。我们通常说的是辩证法意义上的个性，因为这种个性一直都存在；个性很难通过专门的教育来获得。实际上，个性化教育不是一般意义上的个性，个性化教育要培养符合一定文化底蕴的积极个性特征，具体来说，包括价值观适用性、复合性、创新性等。今天的全球经济一体化中的个性化教育还要包括国际化要素，所有这些必然要求与我们处于新常态经济的社会文化相适应。所以，个性化教育的目标完全可以用"素质"这个词来准确清晰地描述。

比较目前的个性化教育研究和实践，大多数研究者所提倡的个性化教育与素质教育、创新教育在本质上几乎是一样的，但对其局部的理解也存在一些分歧。目前，化解分歧，达成共识，统一认识，积极推进素质教育，作为研究个性化教育者应该结合素质教育深度思考个性化教育。真正的个性化教育不仅仅是重视个人心理特点，维护自己独特的性格，也要根据个体的性格进行因材施教。怎样才能让每一个精神个体都实实在在地从生活中展开他真实的个性才是个性教育的真正主题。一个人的成长主要和他的天赋及后期教育、所处社会环境有关。如一个人特殊的文艺、体育方面的天分，甚至是记忆、学习方法等主要取决于天赋，像一个人课堂学习，有的人是必须盯住老师和板书才能有好效果的视觉类型，有的人是不怎么看，主要是听老师讲为主的听觉类型，还有鉴于听和看之间的一类群体。在记忆偏好上，有的人对数字特别敏感，而有的人对符号或图片情有独钟。这种学习个性特征也充分检验了教育必须个性化。另外，在开展个性化教育的同时要注意促进受教育者养成积极进取、乐观向上的学习态度和生活态度。

巴西教育家弗莱雷指出，教育成为一部被压迫者的教育学，教育导致了人性光辉得不到彰显，人的个性得不到张扬，学生的差异性被泯灭。学校为流水线作业，标准化生产所培养出来的人才，是缺乏个

---

① 刘彦文、袁桂林：《个性化教育的内涵与特征浅析》，《教育评论》2000 年第 4 期。

性的。联合国教科文组织的报告《学会生存》一书指出："教育即解放"，"教育能够是，而且必须是一种解放"，教育的任务是"发现差异，尊重个性，培养个性，满足需求，帮助他们进入职业生涯"。国内研究者通常定义个性化教育时，体现一种教育理念，他们认为，个性化教育就是培养一个人良好个性素质的教育，这种教育思想主要是强调尊重人的个性，重视人的个性潜质的发掘，旨在培养具有良好个性素质、全面发展的对社会有用的人，强调教育要具有特色化；个性化教育也是一种常态教育活动，个性化教育是关注个性，培养正向个性、激励正能量，削减负向作用的素质教育的博弈过程，也是促使受教育者的天然个性转向理想个性的变化，是自我教育与自他人教育，个性化与社会化结合的统一体。①《国家中长期教育改革和发展规划纲要（2010—2020 年)》指出，重视学生的"个性发展与全面发展的统一"和"关注学生个性区别，发展每一个学生的优势潜能"，"关心每个学生，促进每个学生主动地、健康阳光地发展，尊重教育规律和学生身心发展规律，为每个学生提供适合的教育"。

人类社会发展史表明：全球性危机往往伴随着重大变革，而且与教育紧密相连。新技术革命带来教育变革，新常态经济催生人力资本价值的提升，中国教育必须从追求"高分数"回归到教育本质，真正凸显"人的价值"和"人的发展"的理念，重返自然，注重社会情绪力的培养，唤醒同理心，培养出具有鲜明个性、德行高尚、善于合作、创新力强、社会情绪力良好的高素质劳动者和创新型人才。终身化教育为个性化教育带来了充分的施展空间，真正终身化教育一定是自然而然的个性化教育，二者是相互依存的。

三 终身化教育与个性化教育理论

（一）钻石理论

创新驱动和资源驱动来自哈佛商学院教授迈克尔·波特的钻石理论，认为前者主要依赖于人力资本，后者主要依赖于便宜劳动力和自

---

① 刘文霞：《完整地理解个性教育》，《内蒙古师范大学学报》（哲学社会科学版）1997 年第 2 期。

然资源，因而是不可持续的。中国改革开放 30 多年，经济的发展主要依靠自然禀赋、资源和要素优势，但新常态经济的今天，由于人口红利削减、老龄化社会渐进、资源枯竭问题加剧等原因，资源规模驱动力减弱，经济增长将更多依靠人力资本质量和技术进步，必须让创新成为新常态经济的新的驱动力。

（二）人力资本理论

美国经济学家舒尔茨和贝克尔创立的人力资本理论，开辟了人类关于人的生产能力分析的新思路。人力资本产权不可转移、可激励、可再生、高增值。但高增值性受阻现象严重。在中国，高校、科研院所研究成果的转化率还不够高，人力资本价值的充分实现还存在着严重的"瓶颈"制约。

（三）天赐禀赋理论

天赐禀赋——个性化教育基础理论。柏拉图的《理想国》构建城邦的方式就好像在下一盘围棋，柏拉图认为："只要每个人在适当的时候干适合他性格的工作，放弃其他的事业，专搞一行，这样就会每种东西都生产得又多又好。"分工依据性格，也就是禀赋。学前教育是个性化教育的起步，职业教育是个性化教育的发展。柏拉图在西方教育史上第一个提出学前教育思想，认为儿童的教育开始得越早越好。

"钱学森之问"被我国广大人士所关注。为什么我们培养不出杰出人才？根本原因，是缺乏个性化教育。

（四）"立交桥"理论

构建衔接沟通各级各类教育、认可多种学习成果的终身学习立交桥。构建终身学习立交桥，实质上是在承认存在个人专业水平、技术含量、专业类别差异的基础上，实现各种职业、各个岗位之间的平等。"立交桥"实现以下功能。

（1）纵深一体。学前教育、九年制义务教育到研究生教育的国民教育体系基本完善。高中阶段学生毕业再接受高等教育（包括普通院校和高等职业教育）的需求被满足的数量越来越多。

（2）横向合作。践行"创新、协调、绿色、共享、开放"的办学理念，强化正规教育与非正规教育的沟通合作，重视学校教育与家庭教育的互补。发挥各自优势，互通有无，相互借鉴，开放共享。

（3）纵横交叉。各级各类学校交叉交流。实行"宽进严出"政策，逐步取消全国范围选拔性的升学制度；进行双向选择，适应性（个性化学习需求）替代选拔性，可在不同学校选课学习，实现不同阶段、不同时间、不同地点的学习需求。衔接不同形式的学习，实现学分相互转化，构建学历资格相互贯通、成果互认的终身化、个性化学习框架。例如，国内异地的学历文凭、跨国的学历文凭、职业资格证的互认等。

"立交桥"终身化、个性化教育平台入学不受年龄、性别、职业、学历、能力的限制，没有入学门槛，随时随地就可以学习，只要修满学分就能拿到正规的学历证书。目前，江苏南通开放大学为全民终身学习搭建起一座"立交桥"，在家可以学网课，也可以从别的学习机构转入进行学习。可以获取单科证书，也可以获取技能证书，还可以拿到学历文凭。这种"立交桥"使得终身学习个性化学习超越时空，处处可学习，时时能学习，开放性大学、县市社区终身教育学院、街道教育指导中心、社区居民学校联动构建终身化个性化学习平台，及时满足人们的个性化、多样化的学习欲望。[①]

（五）数字化学习理论

数字化学习又称网络学习，是指建立教育领域的互联网学习平台，学生借助网络进行学习的一种新兴的学习模式。信息技术的广泛应用，使人类的学习方式有了深刻的变革，数字化学习应运而生。数字化学习是以学习者为主体，运用现代信息技术和各种媒体的多种交互手段，帮助学习者更方便、更有效学习的一种教育形式。数字化学习是继文字与印刷术发明后，人类文化教育的发展史上第三座里程碑。数字化学习为实现以学习者为主体的终身教育提供了可能。网络学习强调的是一种基于互联网的学习方式、学习情境和学习内容。新

---

① 郑晋鸣、王玉婷：《开放大学：搭建全民终身学习"立交桥"》，《光明日报》2014年12月27日第4版。

技术革命背景下的数字化、网络化成为终身化、进而使个性化学习的主要模式。通过教育信息化将传统教育资源数字化，数字资源网络化，网络资源个性化，进而使个性化学习成就终身化学习。

数字化学习与传统的学习习惯、环境、方式、本质是不相同的，它有自身的特征。利用现代信息技术塑造了学习的沟通机制，挑战了传统教学中师生的权利和地位，彻底改变了过去教师"一言堂"的现象，形成了学生有主动权、话语权的教育本质。要解决的问题成为研究的导向，学习必须是源于需求并能满足个性需求的；整个学习路径是网络学习，网络化信息传输、多媒体化信息识别、信息传输网络化、智能化和教学环境虚拟化的信息处理；学习者可以进行通信交流、探讨问题；便捷的现代远程数字化教育给学习者提供了时空的自主权，学习是根据学习者自身情况，灵活选择时间和地点的，学习可以在单位，也可以在家庭，还可以在汽车里，可以在旅馆，可以在任何地方，学习时间自主选择，终身化学习成为可能，学习内容依据个性使然，学习进行目标管理，满足个性化学习需求。学习是可以再生的、迁移的、创造的。所有上述数字化学习的特点敦促教育的变革，自然在学习形式、内容等层面进行根本的改变。这种变化为终身化，个性化学习提供了有利条件，数字化学习保障了终身化、个性化学习的常态、有序地开展。

数字化学习依据学习内容划分，主要包括"情境—探究"模式、"资源利用—主题探索—合作学习"模式、"校际合作—远程协商"模式、"专题探索—网站开发"模式。依据学习方法划分，首先，包括慕课学习（MOOC），"慕课"（MOOC）中的"M"表示大规模（Massive），传统教学限制了学习人数，而慕课学习人数呈几何倍数增长，十多万人同时学习成为现实。其中的"O"表示开放（Open），学习者不受年龄、性别、国际、身份的限制，谁想学就可以学，平台对有兴趣者永远开放；第二个"O"表示在线（Online），学习借助于网络，进行线上学习，不受空间的制约；最后的字母"C"表示课程（Course），课程内容可以是单一的，也可以是打包的；可以是某一个领域的，也可以是多元复合的；可以是国内的，也可以是国外的。其次包括翻转课堂，翻转课堂表示"Flipped Classroom"或"Inverted Classroom"，是指教师提前把学习内容形成数字化，学生进行网络化学习，可以看讲座，听录音，观看视频，可以看微博、邮箱等进行自主学习，学习的主动权掌握在自己手中。这样一来，学生可以自主选择学习时间和地点，有计划地安排自己的学习内容，形成高效率的学习风格。同时，还可以有更多时间和教师、同学探讨交流，将研究学习的知识、问题延伸到更深处。教师可以有更多的时间研究深层次的问题，确保知识的精准、清晰、创新。另外，还包括 O2O（Online to Offline）模式，O2O 线上线下学习模式主要是指网络学习和实践学习的交替进行，是一种全新的教育学习模式。

20 世纪 90 年代，无论是传统大学，还是传统的远程教育院校都开始应用因特网。目前，正以每年 300% 以上的速度增长的网络学习人数的美国 85% 的人利用网络在学习工作。数字化学习颠覆了传统教学模式，真正让学生自主学习，让学生体会学习的愉悦，"精准"达到因材施教，把学习从学历中解放出来、变被动为主动。中国网民数量增长较快，2008 年，中国网民数量已是全球第一，目前仍在增长中。据相关统计，截至 2015 年 6 月，中国网民数量接近 7 亿，网络普及率接近 50%，我国手机网民规模占网民总数的 88.9%。

第二节 新技术革命背景下不断完善终身化与个性化教育的必然性

一 实施终身化与个性化教育成为新阶段发展的紧迫任务

在新技术革命快速发展的新时期，终身化与个性化教育的思想不仅成为我国社会各界普遍认同和接受的理念，而且成为各级政府实实在在的教育实践和社会活动。"完善终身教育体系，建设学习型社会"的重大战略使命写进了党的十八大，成为我国全面建成小康社会和实现社会主义现代化的重要战略目标，势必敦促全国各地进一步更好、更快地完善终身教育体系。

二　新常态经济营造了终身化与个性化教育氛围

在新常态的压力之下，中国经济增长将面临一系列转变。在全球竞争力指标体系的 113 项指标中，包括 10 项教育指标和其他与教育相关的支柱指标，上述指标涵盖教育的不同类型（职业教育和普通教育）、教育的不同层次（初等教育、中等教育、高等教育）以及教育的不同内容（规模、质量、结构、投入等）。无论是处于效率驱动阶段的国家（地区），还是处于创新驱动阶段的国家（地区），教育相关指标对全球竞争力的贡献程度和辐射效应高于其他任何支柱指标。

从 2012 年开始，16—60 岁的劳动人口数量也在下降，人口红利优势不再明显。市场在资源配置中由基础性作用变成决定性作用，经济的福祉也将由非均衡性转向均衡性、包容型、共享型的分配方式。据媒体报道，2015 年春节以来，在华世界知名企业（如西铁城、夏普、微软、耐克、富士康、三星等）纷纷在东南亚和印度开设新厂，加快了撤离中国的步伐，撤离的原因主要是我国劳动力资本的提升和经济方式的转变。同时，在一定程度上也证实转移回国的外国公司是基于本国拥有了新技术。从一定意义上说，我国不缺市场，不缺原材料，中国最紧缺的还是创新型人才。抓住第三次工业革命的机遇，面对新常态经济，必须培养大量创新型人才，提升国家国民的创新素质和综合素质，为此，必须大力推进终身化与个性化教育。

三　新技术革命引领终身化与个性化教育

新技术革命的提出引起了我国政府与学术界人士的强烈反响。美国是上次世界经济危机的始作俑者，但却率先复苏，原因就在于美国经济的创新动力强，通过新技术、新产品、新业态拉动经济增长。未来，每个人都可以根据个人爱好进行私人定制。大工厂将越来越少，小企业将大量出现，未来需要小企业家、创新型人才和创业型人才，未来对人才的需求是动态的、弹性的、个性化的，这就要求人才的培训必须是终身化的、个性化的。国家主席习近平 2013 年 9 月 25 日在"教育第一"全球倡议行动一周年纪念活动上对潘基文秘书长提出的"倡议"表示坚定支持。中共十八大报告明确提出了"教育第一"的具体战略部署和目标。可见，在新技术革命背景下，中国政府把教育提高到了前所未有的高度，新一轮的教育变革势在必行。实施创新驱动战略，推动产业结构调整，转变经济发展方式，必须有人才培养的规划及行之有效的培养体系。终身化与个性化教育体系保障了所有教育都可以在平台上完成其教育过程，新技术革命、新常态经济要求就业者不断充电、更新知识、历练专业技能、提升自身素质，这样一个灵活开放、多元高效的平台为新时期专业化、个性化人才培养提供了有力的保障。利用平台，政府有的放矢管理，教育机构人才培养规范操作，学习者随时随地就能满足个性化学习的需求，一个良好的教育体系为国家的经济发展保驾护航。

四 自我救赎离不开终身化与个性化教育

新技术革命的发展带来了空前繁荣的互联网时代，网络学习备受青睐和追逐，个性化学习需求愈演愈烈，网络课程针对性学习成为时尚选择，足不出户也可以完成学习任务，在家学习成为一种倾向。适应流水线的大规模标准化人才的培养模式将成为历史，产品个性化需求带来了人才个性化培养。面对教育理念的变化，各类学校及培训机构面临新的选择，一线教师们也同样，面临考验和挑战。缺乏个性化特色的规模化的应对流水线工作的批量人才培养模式正在受到部分家长的谴责和质疑，家长们开始挣脱学校标准教育，尝试让孩子走出校门，在家接受家长指导学习。据调查，全国各省都存在家里对孩子进行教育的现象。[①] 针对基础教育新课程的改革，不同利益主体在不断呼吁和博弈，新课程改革在不断争鸣中才能前进，截至今天，新课程改革已走过四个改革阶段。无论新课程改革质量如何考究和论证，改革的脚步不会停下，因为改革是社会发展的必然，势在必行。国家的行政政策指导也逐渐加大扶持力度，社会舆论导向走向正确的方向。新课程不断改革才能有教育的新生，因为新课程改革是教育不竭的动力，只有教育变革才能使教育生机勃勃，才能与国际接轨。为此，贯

---

① 汪名帅：《"班级教学"与"个别教学"的博弈》，《上海教育科研》2011 年第 9 期。

彻基础教育需新课程改革理念，在课堂中执行、实践，同时，与传统的教育不断对比博弈，及时调整改革各要素，确保改革的方向是正确的，改革的内容是新颖的，改革的结果是高效的。个性化教育成为新课程改革的重中之重，也是新课程改革的"瓶颈"所在，个性化教育的改革能更好地带动新课程改革，成为推进教育革命的新动力。[①] 在基础教育新课程、新举措、个性化教育的改革之际，学校要认识到改革的重要性和必然性，并且必须以新的姿态应对变革，教师应及时调整心态，迎接新的挑战，自我救赎，积极开展个性化教育，摆脱标准化教育的束缚，下功夫在改革过程中做出一番成就来，真正把个性化教育理念迁移到课堂中。培养新时期具有个性特色的人才，满足新常态经济发展的需要。

五　建设和谐社会呼吁终身化与个性化教育

进一步加强和创新社会管理，建设和谐社会，急需加快建立健全终身化与个性化教育体系步伐。加强公民教育，能够把更多的人力、财力、物力落实到基层，壮大基层力量、完善基层社会管理体系；通过培育和完善社会组织，培养和训练社区工作者，能够增强社会管理和服务的能力；通过倡导和促成积极向上的社区氛围，营造健康文明的人文环境，能够增强社区邻里之间的交流沟通，有效地协调各种社会关系、规范管理社会行为、高效处理社会矛盾，文明出行，文明执法，文明经商，营造人民安居乐业的氛围，保障健康快乐的生活，创建和谐社会。[②]

把握机遇，迎接挑战，中国需要多重战略。人力资本投资将在其间发挥至关重要的作用。科技创新离不开高校创新体系建设对尖端人才的培养；新技术产业化的过程需要大量训练有素的高质量产业工人，不断完善终身化与个性化教育已成为必然。

---

① 纪德奎：《新课改十年争鸣与反思》，《课程教材教法》2011 年第 3 期。

② 中共江门市委政策研究室：《关于加快建立健全我市终身教育体系的调研报告》，2013 年 5 月 15 日。

第三节　新技术革命背景下终身化与个性化教育现状及存在问题

　　我国在终身教育理念的引入及政策层面的推动，得益于改革开放。我国于1993年才在《中国改革和发展纲要》中首次将"终身教育"写入官方文件。这一纲要提出"成人教育是传统教育向终身教育发展的一种新型教育制度"。《国家中长期教育改革和发展规划纲要（2010—2020年）》与《教育信息化十年发展规划》也以很大篇幅再次重申建立完备教育体系的重要性，关注个人的"全面发展与个性发展的统一"，制定出从学前教育到高等教育、继续教育、民族教育、特殊教育的发展纲要和具体目标。从中央到地方政府高度重视终身化、个性化教育，实行领导责任制，政策明晰，可操作性强。教育改革成果十分显著，国内反响强烈，国际影响力较大。继续教育制度建设不断探索，形成了多元的继续办学和相应的管理体制。社区教育蓬勃发展，管理运行机制日臻成熟。现代远程教育发展迅猛，77%的中小学拥有了多媒体教室，全国6万多教学平台拥有了硬件设备、软件技术资源，全国近40%的教学单位实施了网络学习教育。[①] 政府对应的服务机构也不同层级地建设运转，产学研协同创新中心在全国各省市相继成立开展创业创新活动，成果丰富。

　　高度重视从业人员的继续教育，初步建立职业资格证书和对应的专业技术人员的激励管理制度。尝试建立多种多样学习成果相互沟通和转换的终身教育"立交桥"。同济大学、上海交通大学、华东师范大学等25家高校和教育机构进行合作共建，形成的学分银行可以实现139种职业资格证书与商务英语、工商管理、行政管理、计算机应

---

　　① 刘延东：《在第二次全国教育信息化工作电视电话会议上的讲话》，2015年11月19日。

用技术等专业 166 门课程的学分互认。① 中国台湾于 2002 年制定了"终身学习法"，福建省 2005 年颁布了大陆地区第一个有关终身教育的地方性法规《福建省终身教育促进条例》。全民终身学习活动的开展已经成为我国学习型社会的重要知识渠道，并且形成了独有的学习品牌，从中央到地方已经形成了一种力量，有完备的组织体系，有职业情操高尚、专业功底厚重的一线教师队伍，终身教育在各个行政区域大力发酵，社会影响力不断攀升，集聚了大批终身教育资源，继续教育资源丰厚，继续教育成果丰硕。

　　知网搜索 363 篇关于终身化教育的研究期刊。其中，18.6% 的期刊论证国内终身化教育；71.1% 的论证国内实施情况，并一定程度上借鉴了国外发展经验；10.3% 的论证国外实践运作情况。85.8% 的作者仅仅是学术上的论证，内容相近，大多从比较视角解释终身化教育。只有不到 3% 的作者发出了自己不同的声音，但关于终身化教育体系建设，真正可操作的少之又少。用 Google 搜索个性化教育，有 4.4 万条记录，但仅仅只是回答概念，而且对个性化教育的理解大多停留在表层，例如，"个性化教育，就是根据孩子独有的个性因材施教。个性化教育是指能满足每位儿童发展需要，使其个性潜能获得充分、全面、和谐发展的教育，等等。再如，远程教育是个性化教育，小班化教育是个性化教育，等等，最不理解的是独生子女的教育就是个性化教育"。在知网上搜索期刊，论证个性化教育的文章很少。这说明个性化教育在我国还没真正开始。个性化专题调查数据，见图 5-1 至图 5-4。

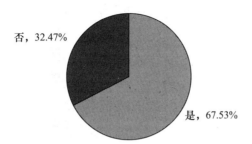

否，32.47%

是，67.53%

图 5-1　听说过个性化学习情况

　　① 颜维琦、曹继军：《上海：终身教育"学分银行"正式成立》，《光明日报》2012 年 8 月 5 日第 5 版。

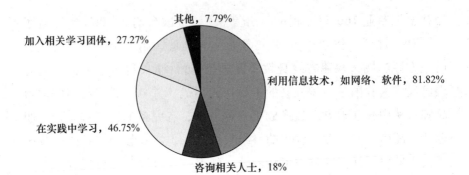

图 5 - 2　个性化学习采取的方法

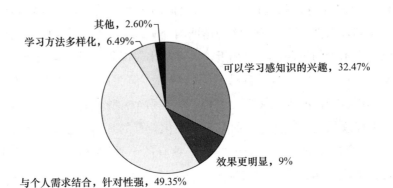

图 5 - 3　个性化学习的最大优点

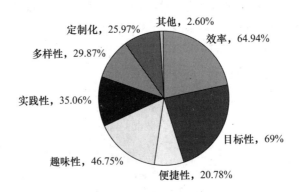

图 5 - 4　个性化学习重要维度

通过数据可知，还有1/3的人没听说过个性化学习，必须积极大力宣传个性化学习。网络学习已成为个性化学习的主要方式。个性化学习结合了自身需求情况，有的放矢，目标清晰。这些调研数据为我们课题论证和研究提供了一手资料，我们有重点、有目的地展开研究。

沈阳师范大学原校长、师大春天幼儿园赵大宇教授认为："幼儿教育是终身化与个性化教育最重要的阶段。"在一个人终身化与个性化教育过程中，幼教起的作用巨大，而且明显不同于其他阶段。"三岁看大，七岁看老"是有一定道理的。三岁时，性情基本确立；七岁时，学习能力基本形成定式。生物医学证实幼儿时期脑细胞已是成人的98%。一个人的成长遵循从兽性到人性的逐渐转变过程，如图5-5所示。

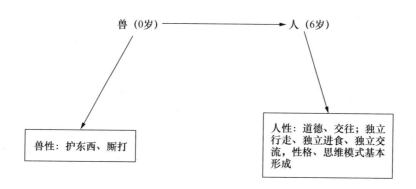

图5-5　人的成长轨迹

目前的幼儿园和家长、社会、上级沟通好就已经不简单了，其实还是在做应试教育，也都不同程度地尝试了素质教育。应试教育显得太狭隘，素质教育却是宏大的目标，师大春天幼儿园的"适应性教育"理念，介于传统的应试教育和现代的素质教育之间的一种教育目标，是在人类学、社会学、教育学等学科的大维度意义上的启发和认识，顾及一个人的成长和社会的融合关系。一个人的成长主要关涉自然、社会和未来三方面的要素，培养一个人首先要照顾到他适应其个性、适应环境、适应社会的能力。"师大春天幼儿园确立了关心今天、关注明天"的核心价值观，办学理念定位为"生存、发现、博爱、合作"，让孩子发现世界、让孩子学会生存、让孩子心存博爱、让孩子善于合作。非目标化、非个性化教育，因孩子还在成长中，性格等特质还没全面形成，所以幼教教育还涉及不到个性化教育。

目前，终身化与个性化学习成为教育改革的推动力，成果也十分显著。但终身化与个性化教育研究和实施仍存在许多问题。

一 教育理念滞后

第一，人才培养理念仍沿袭批量培养模式。我国长期积淀的"学而优则仕"价值取向，在一定程度上弱化了终身化与个性化教育。国内习惯于大一统的体系，人们对成功、失败、美满、悲哀，有一个概念性的认识。具体来说，对于一个所谓成功孩子的成长轨迹，有一个较固定的格式。在这种大环境下，个人的特性和自我，会渐渐被淡化。当下高考指向的仍然是与传统工业革命相符的人才培养模式，整齐划一的人才选拔方式培养出来的人才往往适合在流水线工作。高考指挥棒往往导致终身教育、个性化教育以及创新精神缺失，如大学前教育每个阶段目的就是为了考大学，统一模式教学，难以体现个性化，到了"象牙塔"，就坐享其成。大学教育陶醉在理论教学层面，直接导致学生未来工作中缺乏创造性。高等学校出口习惯性约定俗成，一些高等学校学生存在混文凭的想法和做法。高中教育的文理分班、大学过于精细的专业划分均严重抑制了学生的个性发展。人们普遍重视学校的正规教育，弱化其他形式的教育，认为大学毕业就无须再投入大量精力用于学习。

第二，舆论导向流于形式。终身化教育、个性化教育往往限于理论探讨或目标口号，真正进行创业创新的学生比例还比较小。学校个性化育人制度、基地、师资等教育资源严重匮乏，个性化教育仍缺乏弹性。可喜的是，近期国家教育部出台了大学生弹性毕业的措施，有望改革以往的教学理念，让学生自由选择学习的时段，旨在提高创业创新能力。

二　政策制度束缚了终身化与个性化教育

第一，制度追求精英化教育模式，各种制度都与学历挂钩。如果一个人没有学历，很有可能成为社会最底层人员。所以一部分人迫于无奈，不得不考大学。曾有新闻报道：中国一个 18 岁的高中生，钟爱史学，已经出版两本巨著，却抑郁自杀，国内史学专家很痛心。他一方面要坚持兴趣，另一方面要准备高考，巨大的压力导致悲剧。

第二，我国社会养老保险制度设计还不够完善。经常看到某某女子傍大款，因为现实的她没有一技之长，只有傍大款才有可能活出她预期的生活质量。而日本女性即使大学毕业也在家相夫教子，丈夫所得到的收入足够养活全家。我们的公务员收入在中国排第 3 名，值得考虑。

第三，个性化教育一直以来工具化思维意识太重。我国教育的最大问题就是个性化教育。个性化教育的前提是对个体尊重，对个体差异上的认可，不是社会发展的工具。解决工具功能上的过度问题，在观念上放松。正因为工具使然，导致教育模板化、标准化、刻板化。实际上，教育的公平性应该从整个人类上进行评价。美国高中后教育，如社区教育大多是免费的，但仍有 50% 的孩子不念大学，他们高中毕业后就去工作，月薪 5000 美元左右，很轻松，凸显出人的个性化选择。如何能体现个性化，还是制度问题，高考不看分数，看需求，看特长。

三　终身化与个性化教育研究缺乏深度

中国经济呈现跨越式发展，新技术革命到来引领了教育的变革，但人们还没有真正意识到教育理念的滞后，对中国特色的终身化与个性化教育还没来得及创建完善的教育体系，甚至对教育体系的研究还处在初期阶段，没有深度的了解和认识，整个教育变革的理论还处在浅表层，终身化与个性化教育实践缺乏有效的理论指导。

第一，终身化与个性化教育研究平台尚未真正搭建。部分政府教育行政主管部门及教育研究部门还没有设立专门的终身化与个性化教育研究机构，专门的研究人员素质还不到位，研究出现"短板"；行业组织、专业学会论证终身化与个性化教育的较为稀缺。例如，关于幼教是学习知识为主还是快乐学习为主，国内外争论始终未断。这个问题不能一概而论，国别不同，入小学年龄不同，过程就不同，德国孩子4岁就上小学，他们的幼教肯定不以学知识为主，而我们国家孩子6岁入学，就要分阶段对待。乐于学、学会学、获取知识应该值得我们思考它们之间的顺序及权重。

第二，终身化与个性化教育的研究缺乏整体的研究方法和框架。制约终身化与个性化学习的因素涉及政府的教育政策导向、学习者学习过程、学习环境、学习软件和硬件建设等多方面的因素。目前，终身化与个性化教育体系存在以下问题，没有形成完整的适用我国国情的终身化与个性化教育体系，现存的体系只是零散的、孤立的，仍然是形式上的摆设。有些课题调研停留在表面的外部环境及运行硬件的调查分析，没有从根本的问题进行调研，所以导致的结果是，终身化与个性化教育体系缺失主线及衔接过程，体系中教育目标、学习过程、教学设计、评价考核等指标没有实质性的定位，只是仿照过去的教育标准。研究终身化与个性化教育的研究者也受教育体制、工作惯性的影响，往往沿袭过去的思路，仅仅从经济、心理、文化等因素探讨，得出的结论只是某一点的认识，缺乏整体性和关联性，更谈不上实用的教育体系框架，导致终身化与个性化教育体系片断性、盲目性，起不到指导改革实践的作用。因此，对终身化与个性化教育急需进行全面的、整体的、深度的调查研究，只有这样，才能真正形成适合国情的从概念的解读、理论的阐述、学习的要领、关键步骤的操作、科学的执行标准等方面行之有效的指导体系。此过程需要加强宣传力度，加强政府服务，对舆论导向矫枉过正，借鉴国外经验，开放共享各级各类学校教育资源，倡导合作，多元融资，构建完善终身化与个性化教育体系。

四 终身化与个性化教育发展资金不足

第一，在政策服务层面，终身化与个性化教育的其他层面的资金扶持还十分有限，上级仍把大部分人力、财力都投入在学校传统教育上，有的政府机构只管投资，不问去向，不管结果。同时，缺失激励社会融资办学的政策，导致终身化与个性化教育的公共需求建设投入

明显不足。如国际标准为 2 万人拥有一所公共图书馆，而我国 45.9
万人拥有一所公共图书馆，比较可知差距甚大。此外，教育管理经费
不到位，政府财政投入不力，不同地区差异大。企事业单位不能保障
继续教育的经费，例如，教师很少有外出学习、参观、进修的机会，
企业员工的培训经费也根本没有达到员工工资的 1.5% 的国家标准。
还有教育经费的使用结构不合理，资金被挪用现象严重，投资回报效
益低。再就是公共培训教育经费向弱势地区、群体倾斜不够。很多非
学历教育缺失政府的资金投入，必须靠教育收费生存，自负盈亏，导
致非理性扩大招生，甚至是违规违纪招生，埋下发展后患。目前的情
况是关注普通教育的多，关心特殊教育的少，特别是农村成人教育资
金缺口大。

　　第二，政策倾斜不够。我国终身教育体系发展不均衡，不同区域
的终身教育体系发展水平差异很大。究其原因，各地经济发展不同带
来了终身教育体系建设层次水平存在反差。天然地理位置差异的客观
因素也造成了教育体系完善程度的差别，作为政府应该进行调查分析
比较成因，加大对弱势地区教育政策的政府支持和帮扶力度，使教育
资金的投入更多关注贫困地区的终身化与个性化教育体系建设，力争
均衡发展。政府管理好资金的去向，使用者保证资金落到实处，从一
定程度上讲，也是在关注教育公平和机会的均等。

　　五　终身化与个性化教育立法不力

　　30 多年的改革开放是一把"双刃剑"，今天我国经济发展取得了
前所未有的辉煌，已跃居世界第二名，但改革浪潮中，读书无用论、
向钱看齐、辍学率严重等问题特别值得关注。中国社会科学院蔡昉指
出，2012 年，16—40 岁进城务工者中，70% 从没接受过任何职业培
训；2011 年与 2006 年相比，农村初中辍学率提高了 1.6 倍。目前，
部分外企撤离中国，将会给这些辍学的一代人以沉重的打击，这是我
国面临较严峻的问题之一。政府必须出台简便易行的政策支持终身化
与个性化教育。这就像为什么要设立义务教育阶段，主要由两个维度
构成：一是出资保证孩子必须入学；二是监护人有义务送孩子去学校
学习。政府不允许孩子不上学，家长如果不让孩子进入学校学习，必

须经过相关部门审批，否则就是违法。目前的问题是政府的终身化教育政策还没有达到义务教育政策的地步，北京大学的保安在北京大学考上了研究生，利用了北京大学的资源，其他想去北京大学学习的人，不花钱去学习可以吗？花钱去上让不让上？一般人是进不去的，造成了资源不能共享。

九年义务教育理念没有很好地贯彻和执行，终身化教育、个性化教育尚没有法律保障。从立法视角定位学习者本身应该是立法主体，但终身化个性化教育处在初始阶段，政府必须担当重任：研究终身化与个性化教育体系，出台相关的政策，提供大力支持，推动教育体系创建。目前，终身化与个性化教育的主要酝酿推动者是政府和社会，所以立法时定位主体构成是政府与社会，明确政府与社会的职责，规范政府与社会行为，科学有效管理各类政府与社会的教育机构的活动。同时，地方法归属于行政法，政府也自然而然地成为立法主体。我国经济快速发展带来了教育深度变革，终身化与个性化教育及其立法遇到很多新问题，当前我国终身化与个性教育立法存在的突出问题是：相关法规多，法律法规少，直接立法更少。终身化与个性化教育立法已经提到议事日程上来，为保障终身化与个性化教育顺利开展，应积极创造立法环境，构建完善的相关法律法规，同时，法律面前人人平等，加大执行力度。①

六 终身化与个性化教育体系不健全

目前，我国教育体系中计划经济时代教育理念仍留下很深的痕迹，制约了我国终身化与个性化教育体系的构建。

第一，"四大教育板块"缺乏沟通。按照管理视角一般可将我国教育体系划分为"四大教育板块"，分别是基础教育、职业教育、成人教育和高等教育，但这四个板块基本上不相往来，彼此分割较严重，几乎处于互相隔绝的状态。人们过于关注纵向结构的衔接，轻视了横向结构的沟通。

---

① 沈光辉：《我国终身教育立法的主要问题与对策建议》，《远程教育》2014 年第 12 期。

第二，教育体系失衡。我国学校教育长期以来以"高大上"升学为目的，职业教育、成人教育受到歧视，制约了人们参与此类学校学习的积极性。高等教育呼声较高，而对基础教育重视不够，资源投入较少，形成空中楼阁。

第三，应试教育依然为主线。学习者把希望寄托在传统的应试教育，期望以后得到更多的薪酬、更好的工作环境。终身化与个性化教育缺乏弹性和活力，没有起到放大社会效应的作用。

第四，高等教育资源共享受限。随着我国高等教育规模的不断扩张，适龄青年接受高等教育的比率逐年增大，但还不能满足人们接受高等教育的需求。有教无类，大学发展的新趋势对其开放性提出了新要求，其教育对象不应只限于适龄青年，而应是社会公众，即大学也要向成人开放，但目前受技术条件限制，许多学校并没有建立起开放共享的学习资源平台。依据终身化与个性化教育要求，大学资源要共享、办学要开放必须重视三个问题：一是教育机会稀缺。由于受各类条件制约，仍有许多学龄青年以及成人根本无法获得接受高等教育的权利。二是教育机会不均等。研究表明：大学入学率与家庭背景等有密切联系，那些来自社会底层的高龄学生上大学机会不多。高职生想继续深造可参加专升本考试，但目前各地专升本招生规模基本控制在当年高职应届毕业生的 5% 以内。三是学历教育管理缺乏弹性，不适应成人学习者的业余灵活学习，一旦离开正规学校教育之后，很难再进入学习。而且，学历导向、学术导向也不适合成人能力提升需求。另外，优质教育资源难以共建共享、合作多为"强强联合"、本专科院校间的课程难以转换等问题是高等教育有待进一步解决的深层次问题。① 目前，中国研究型大学能向学生提供 2000—4000 多门课程，而美国大学则能向学生提供五六千门乃至上万门课程。我国大学课程种类不足，既有资金投入等制约的原因，也有课程资源不能共享而造成相对不足的原因。终身化教育的另外三个板块的课程设置的合理性存

---

① 郝克明：《跨进学习社会——建设终身学习体系和学习型社会的研究》，高等教育出版社 2006 年版，第 152 页。

在问题更多，四个板块之间的相互认同、衔接、共享、转换几乎是懵懂的状态。基于教育功利色彩较浓重，难以顾及终身化个性化教育，相应的教育体系还处在相对孤立、缺失的阶段。

七 终身化与个性化教育质量监管不到位

第一，评价教师与学生方法单一受限。学生评价还局限于对学生评价的分数层面，单一追求机械记忆的效果，学生就课本做文章，课本工夫用足就万事大吉了。许多教师满堂灌，一个标准考试学生。教师的评价也同样是分数指挥棒，学生功课成绩好，教师就是好教师，甚至不过问教师其他方面的表现。单一的评价制度抑制了教师的积极性，扼杀了学生的创造性，师生同时被单一评价制度绑架，体现不出教与学的灵活性，个性化教育受到限制。单一的教学评价制度严重影响了师生的教与学，制约了师生的创新性，师生不能如鱼得水地教与学。现实的评价机制还只是形式上的评价，起不到评价前后的激励作用，进而影响国家人力资源质量，最终影响到经济的发展。

第二，监督系统缺位。随着终身化个性化教育体制的不断发展，人们对其内容、形式、方法的需求日益多样化、个性化，并且对教育质量的要求标准也越来越高。学员从一开始纯粹的知识汲取会逐渐发展到要求自身综合能力的提升，例如，专业技术能力、适应岗位能力、再就业能力等方面，高级需求会涉及人生的幸福标准和价值取向。社会对终身化个性化教育的质量要求越来越高，对办学机构资质及质量监管评价要求更加迫切。目前，终身化与个性化教育质量管理主要问题包括缺乏专门的评价与监督机制、缺失相应的评价考核体系、缺乏有效的评价和检验参照标准，各类学历教育办学的课程设计、教学模式、人才培养标准还不能完全与社会需求相吻合，非学历教育办学不规范。

长期以来，高校教师教学"照本宣科"的现象比比皆是，有研究表明："大学生退学多发生在二、三年级，尤以二年级居多，退学原因主要是学生在一年级时不适应大学学习造成的。"同时，"985工程"高校有67.4%的学生对"上课时，我几乎没有机会与老师互动"表示"同意"，53.3%的学生对"老师能对学生的作业作出反馈很少"表示"基本同意",54.3%的学生对"老师总是让学生进行小组讨论"表示"基本不同意"。尽管我国大学进行了许多改革和探索,但在诸多方面还不适应终身化与个性化教育要求。理论上将大学纳入终身化与个性化教育,实践并不意味着终身化与个性化教育理念已经真正在大学落实,这成为制约大学实现终身化与个性化教育思想的重要因素。

八 终身化与个性化教育管理机制不完善

第一,终身化与个性化全局管理意识淡薄,缺失对应的管理部门,管理各自为政,条块分割。受各自部门利益驱动,难以形成统筹管理共识。各级政府分管部门,从上到下,缺乏统筹管理、上下沟通顺畅的系统管理机构。导致分工不合理,谁都管,谁说了都算,组织、人力资源和社会保障、财政、教育、工商、公安等各有各的条款,在项目审批、经费发放、操作标准、过程监管、质量评价等层面管理混乱,出现冲突或盲区。各利益相关者在利益诉求、政策理解、专业咨询层面出现不知所措的状态,导致无处沟通或乱请示,甚至错误理解上级信息,盲目决策,给终身化与个性化教育造成一系列危害。

第二,终身化与个性化教育服务支撑平台建设的缺失或分散也急需改观,如互联网的覆盖、学校开放交流平台的建设,新媒体技术和网络技术在教育教学中的普及还处于浅层次,新技术革命倡导的互联网技术、"智能制造技术及再生性能源技术的交融"还有一定距离。目前,农民工返乡后的学习、退伍军人回到原籍的继续学习、退休人员的继续学习等问题都急需新的教育平台。乡村城镇图书馆建设、科技平台建设等也同样是亟待解决的问题。

第三,正规教育与非正规教育、现实教育与虚拟教育尚未建立起真正合理和有效的相互沟通和衔接的桥梁。横跨普通教育与继续教育的沟通纽带必须创建起来,当学校教育结束时,学习者就能找到继续学习的平台。韩国的"学分银行"已经把相关的教育实体连接起来,大学的课程延伸到社区已成现实,并能实现不同类型学习成果的互认和对接。我国也做了"学分银行"的尝试。如2011年5月,上海率先成立了"开放大学",不用参加考试而能一步跨入大学校门的入学方式。《上海市终身教育促进条例》第十一条也明确规定,要"逐步建立终身教育学分积累与转换制度,实现不同类型学习成果的互认和衔接……"目前,上海的"开放大学"的"门"是打开了,但用于学分累计互认的"学分银行"却没诞生。目前,我国部分大学之间,如传统意义上的研究型大学之间,有的已实现资源资源共享,学分相互认可,但不同层次大学间共享还处在初期,学分互认比例很低。与国外"学分银行"相比,我们存在许多问题,学分积累与转换制度不是双向的,仍然是单方向的,并且没有实现学分互换互认,我们没有设立专门的学分认定机构,更缺乏推行这种机制的具体指导标准,谈不上机制的创建。[1] 之前,校校合作的工作要么只做纯学术的研究,举办研讨会而已,结束后搁置起来,起不到应有的作用,要么是行政机构为了政绩做一些形式上合作,真正做到实质性合作的很少。

目前,我国高等教育改革的预期还没有好好实现,与发达国家相比,还存在一定差距。如有不少终身化与个性化教育平台从建立起就没有多少资源共享,部分相关人员面对平台嵌入的新技术出现盲区,不情愿、不主动,预期"一站式"服务的功能大打折扣,制约了高素质的劳动者和创新型人才的培养。

第四节　新技术革命背景下国外终身化与个性化教育发展状况

一　美国

美国早在 20 世纪 70 年代,就由国会通过了《终身学习法议案》,美国《终身教育法》也随之诞生。[2] 美国政府于 20 世纪 90 年代成立

---

① 吴遵民、国卉男、赵华:《我国终身教育政策的回顾与分析》,《教育发展研究》2012 年第 17 期。

② 黄欣:《终身教育立法:国际视野与本土行动》,《教育发展研究》2010 年第 5 期。

了"终身学习全国委员会"。成立之初，这一组织便致力于在美国社会推行终身学习，迎接 21 世纪经济全球化挑战。1994 年颁布了《2000 年目标：美国教育法》；2000 年颁布《学习与技能法》等；行政机构为终身教育体系出台了保护政策和措施，美国还成立了"终身学习者联盟委员会"，美国教育部创建了"国家中学后教育与终身教育研究院"等组织机构，美国社区学院多达 1200 所，学生 1000 多万人，实行学分银行。美国社区学院也叫初级学院，属于高中毕业后的两年制学院，是美国高等教育制度的一个非常重要组成部分，弥补了高等教育的不足，是实现教育均衡的重要途径，社区学院是包括学历教育、职业教育和社区教育的高等教育机构。社区学院提供学业证书、短期培训证书、准学士学位等，打破教育的不平等与弥补教育的不足，这里的学生可以边工作边学习。在美国，社区学院的教育体系、办学制度及毕业生的质量创出了品牌，享有很高声誉，同时，也体现了美国多元社会特色及精神。[①] 美国学生学习进度依据学生情况决定，毕业时间是弹性制，一直到大学本科几乎不分专业，学生自然吸收，凭兴趣学习。《不让一个孩子掉队》的法案强调教育公平和均衡问题，美国政府先期利用网络资源的开发满足了终身教育的不同形式，网上学校及培训、现代远程线上学习成为终身化与个性化学习的重要形式。可以说，美国大学与经济社会密切联系的特质，使其面对经济变化，能够迅速做出反应。针对美国经济危机，专家认为："危机来临，变革创新不仅是主旋律，也是快速摆脱危机的重要战略举措。大学通过培养人才和进行科学创新在国家经济复苏和发展中扮演着关键角色，大学在危机时代应该强调的是社会责任和使命，而将营利排在次要地位。"[②] 也有学者强调："美国历次金融危机带来的经济动荡几乎都是教育变革最佳时期，特别是高等教育创新发展的契机，

---

① 黄富顺：《终身学习的意义、源起、发展与实施》，转引自"中华民国"教育学会主编《终身学习与教育改革》，（台北）师大学苑 1996 年发行，第 1—32 页。

② 黄海刚：《经济危机与美国高等教育变革》，《比较教育研究》2009 年第 9 期。

因为只有变革创新，才能拯救经济的衰退。"①

二　日本

明治维新时期到 20 世纪初是日本个性化教育萌芽阶段。当时，著名教育家福泽谕吉认为教育应该开发个人身心中蕴藏的各种能力，但到第二次世界大战期间，对学生实行军国主义军事训练，学生的个性被禁锢，个性化教育随之缺失。第二次世界大战后，日本政府出台《教育基本法》中强调教育以人为本，尊重个人的价值，培养学生的人格，把民众培养成有自主精神和身心健康的公民，教育立法保障了个性化教育的实施，教育回归自然，以培养学生的个性作为教育的宗旨。日本第三次教育变革中，把"尊重个性"的原则置于教育的核心地位，这次教育改革提出中小学的教育目标是为了每一个人的终身成长与发展打好基础，教学可以采用分组或者一对一教学等方式，学年弹性制运用在教育中，日本的学习者自由选择学习年限，每一个人个性得到了充分的释放，人格得到了很好的发展。② 教育多样化，家务和工艺是教学不可或缺的内容，要求每个人都要学，更注重道德教育和其他特殊的活动。家庭和社会经常与学校沟通合作，信息互通有无，使非学校教育在教育孩子中起到了重要的作用。日本八九十年代的学校实施的每周五日制度，其实质是家庭、学校和社会三位一体相结合办学，把学校的外延范围扩大到了家庭和社会，密切配合。校园外的社会不仅仅是学生学习知识的场所，还给学生提供了广阔历练能力的发展平台。当时，日本也有专家提出了一些问题，几经论证，临时教育审议会拿出了关于教育改革的报告书，旨在强调个性的养成、适应未来国际化的需求，构建了终身学习体制。表 5 - 1 是日本教育改革前后对比。

---

① 王洪才、邹海燕：《金融危机中的美国高校：现状、对策及思考》，《比较教育研究》2010 年第 2 期。

② 吴式颖：《外国教育史教程》，人民教育出版社 1999 年版，第 669 页。

表 5 - 1　　　　　　　　　日本教育改革前后对比①

改革前：传统	改革后：进步
课程单调	课程丰富
教师是传授者	教师是指导者
学生不情愿	学生主动
学生被动听	学生参与教学设计
死记硬背	探究式学习
学业标准下的外在动机	不关注学业标准内在动机
规范化的测试	小测验
强调认知	注重情感发展

2007 年 6 月日本教育再生会议在报告书中建议教育委员会设立"学校问题解决支援小组"，沟通学生、家长间的关系。② 日本在推进个性化教育中，重新定位考试的形式及规则，彻底淘汰一直以来的统一考试，创新变革考试。他们统一思想和认识，考试只是检测学习的效果，考试不强制学生考试，学生什么时候都可以，考试的结果不排名次，甚至成绩是保密的，阶段学习后不达标的知识，首先是学生自己反省，可以再学习，教师不批评学生，积极协助学生，帮助学生进步。当学生自己感觉已经掌握学习内容，再去参加考试，直到学生达标。这样尊重了学生，提升了学生的自信。日本的开放式学校，学生可以依据自己的学习进度和习惯，自行检测自己学习效果。学生每一次知识掌握、测验通过都有一种成就感，他们坚信自己的能力，敢于冒险、勇于探索。如今日本的创新技术在世界上遥遥领先，这与他们教育改革，尤其是终身化个性化教育的先行是分不开的。日本的基础教育没有学区束缚，学生依据个性需求，自由选择就读的学校。在体制改革方面，增设新型特色高中，是综合学科高中，不分学科，也不

---

① 田燕：《英美日个性化教育比较研究》，硕士学位论文，华东师范大学，2012 年。
② 王晓辉：《比较教育政策》，江苏教育出版社 2009 年版，第 300 页。

存在普通科，学生可以在其他普通学科和专门学科里选修自己喜欢的课程，选修人数陡然增加，真正激发了学生们学习的积极性。个性化和多样化的课程和教学也促使评价学生的学业方式更加多样化和多元化，为了保证评价学生学业的客观性，所有的都、道、府、县、家长都要对学生进行评价。体制改革让学校的各种教育教学制度更加灵活，促进学生主动参与学习，实现个性化教育目标。①

三　其他国家

德国的扩充教育，成立民众高等教育联盟。终身教育形式多样、在职业教育方面有自己一套方法和制度，比如大学生的带薪实习，国家政策倾斜力度大。充分挖掘现代化技术，利用互联网为终身化与个性化教育创设优质环境，线上线下互动，成果丰富，智能化生产的"工业 4.0"被发达国家广为借鉴。英国个性化教育注重儿童心理、天性特征；尊重学生个性，学生实行导师制。英国伊顿公学为了培养学生的幸福感以及学生自信和友爱的性格，还专门为学生开设了一门幸福课程，该课程不仅仅可以让学生从个人角度体验、感知、评判幸福，同时学生还拥有了一颗感恩的心，并学会欣赏他人，最终性格会朝良性的方向发展。美国、日本、韩国等国家在 20 世纪已经颁布终身教育相关法律，并开始实施终身教育政策。

目前在国外，一场新的教育革命——慕课（MOOC）教育已经启动。慕课指的是由世界顶尖大学合作在线提供免费的网络公开课程，被称为网络教育 2.0 版，其在一些国家备受推崇。例如，美国的可汗学院，将一些网络游戏内容融合进教育。这种教育方式体现了新型网络教育理念，就是任何人在任何地方、任何时候都可以学到任何知识，这场教育革命被称为"慕课革命"。有学者预测，美国现在的5000 所大学 50 年后可能减至一半，新的教育方式可能取代以往学校教育的培养方式。通过大规模公开在线课程，不仅可以办好校园教育，还能实现职业教育和终身教育模式的改变。

---

① 高益民：《面向个性化的日本高中教育改革》，《比较教育研究》2010 年第 6 期。

第五节　新技术革命背景下终身化与个性化教育建议

通过比较可发现，上述发达国家在其经济转型或升级阶段，均面临技术技能型人才匮乏问题。面对此问题，这些国家均建立应用科技大学，且应用科技大学在数量上占有一定优势，重视终身化与个性化教育，为各自的经济转型服务。改革开放以来，中国依靠廉价劳动力的比较优势保持了连续 30 多年的经济增长，如今这一比较优势逐渐丧失，新常态经济背景下，中国经济能否可持续发展，关键要看教育的改革方向。对此，应从战略的角度，"统筹推进各级各类教育，实现更高水平的普及教育，形成惠及全民的公平教育，提供更加丰富的优质教育，构建体系完备的终身化与个性化教育，健全充满活力的教育体制"。[①] 只有这样，才能满足国家对经济转型的人才需求。

在新技术革命背景下，一个人拥有一种知识或技能后便认为可以终身享用的观念将成为过去，教育的意义不仅仅在于获得知识，而更重要的在于促进个人的向上发展。知识更迭迅猛的今天，创建学习型社会已是各国奋斗的目标，也是各国可持续发展，提高核心竞争力的战略部署。构建终身化与个性化教育体系是一个复杂的社会系统工程，是一个国家创建学习型社会必须具备的传播知识的平台。如何能尽快完善该体系，观念的变革、爱国的情怀、学习的执着、政府的政策和服务、信息化的集约程度及发展水平将成为主要的影响因子。我国的教育在培养社会所需的各类人才方面发挥了巨大的作用，积累了不少好的经验。但是，我们的教育在上述四个方面还存在很多的问题，亟须经历一场深刻的变革。

一　转变教育理念

第一，加强终身化个性化教育舆论宣传，营造良好的教育氛围。

[①] 姜振华：《社区参与与城市社区社会资本的培育》，中国社会出版社 2008 年版，第 17 页。

做好终身化与个性化教育的宣传，具体通过广播、电视、户外广告、网络释放信号，演绎故事正面传播终身化与个性化教育理念。唤起人们的需求，充分利用基础教育、高等教育、成人教育、职业教育、线上线下学习平台，提供必要的场地，安装必要的设施，从中央到地方，从大都市到居民社区，搭建起各种形式的终身化与个性化教育平台，整合教育资源，形成多层次、多形式、多元化、长效性、开放型、全覆盖的、资源共享的教育服务体系，加大满足公共需求的建设力度。例如科技馆、图书馆、博物馆、文化馆、大型休闲公园等公共场地的建设，实行免费使用，有计划、有内容、有管理地安排讲座、沙龙、文化娱乐活动。满足学习者时间、内容、形式上的个性需求。同时，整合资源，建设大型资源库，创建更多的免费 WiFi。积极广泛开展科普教育，树立科学意识。大力推进各单位，甚至家庭与社区的学习型活动。① 同时，可以动员广播电台、电视台等新闻媒体，多宣传、多组织与教育相关的活动，激励鞭策学习者：只要有学习意愿，就可以学，而且能成才。

第二，坚持教育优先发展战略，坚持政府筹划、政策支持、部门联动、共享资源、合作共赢发展原则，创建并完善有利于终身化与个性化教育体系及学习型社会建设的体制和机制。倡导活到老、学到老，学习光荣，切实调动和激发全体公民主动学习的积极性。依据年龄不同、层次不同、职业不同、兴趣不同，有效规划学习路径，提供相应平台。政府政策要到位，同时，必须要将终身化与个性化教育作为国民经济发展和社会文明程度的一个重要指标。

第三，从模板转变到个性，从阶段转变到终生转变教育观。从传统的"智商教育"转变为"生态教育"。社会需要的教育不仅强调提高智商，而且更注重培养人的生态意识、可持续发展意识以及情绪控制等能力。转变育人观，必须从"育分"转变到"育人"上来，新的教育发展趋势将是强调培养具有鲜明个性、德行高尚、善于合作、创新力强的高素质人才。转变办学观，新的教育需要完成从"学校"

---

① 《全国政协十一届四次会议 0348 号提案内容》，2012 年 2 月 24 日，教育部。

到"社会"的转变。转变教师观，强调多元对话，包括学生与学生、教师与学生、师生与网络、学校与社会之间的对话，有的放矢地实践终身化与个性化教学。转变学习观，学生不只是伏案读书，要站起来观察周围环境的变化，挑战传统教育，及时融入其中，拓展学习时空。云教育、远程学习、个性教育、终身教育等形式的学习方法逐渐在普遍运用。转变课程观，立足传统课程，着眼未来课程，"未来课程"设置要充分考虑人与自然的和谐相处，让学生着眼于探究和创新，使之一生任何阶段都可以学习，并可提供机会满足其个性化学习、个性化成长、拥有阳光的生活。同时，必须有长效管理大学进出口。大学进口不能再一锤定音，学生和高校应有更多的选择权，通过学生和高校双向选择，满足个性化需求。多年来，最值得研讨和反思的是大学的出口问题。只有严把大学出口关，才能规范办学行为，净化办学环境，进而有效地开展个性化教育，增加创业创新权重，实施弹性学制。

二　充分发挥政府政策制度的杠杆作用

第一，政府政策制度制定关注有教无类、注意公平的同时，还要兼顾到优先、扶持弱势的现实问题。教育欠发达的地区需要多关注，需要倾斜更多的人力、物力、财力。基础教育是先行、不容忽视，成人教育、职业教育、高等教育也必须一视同仁。

第二，政府政策制度辐射全方位。重视学校教育的同时，也要重视终身教育的其他模式。随着我国经济的发展，农村生活水平逐年大幅度提升，农民学习欲望强烈，精神需求升级，许多人渴望创业。必须倾斜农民终身化、个性化教育投资，积极开展成人教育，建设针对性的村级图书室，搭起农民学习平台，活跃农民文化生活，满足他们探索与掌握知识的需求，切实提高农民的文化素质，提升其自身的人力资本价值。政府和办学机构应该开放资源、创建资源。可由国家出经费，实施网上课程，使之成为一项工程，不断更新，不断维护。当然，这项工程可由政府做，也可以交给专业平台去做，就像电视一样，个人也可以象征性地承担一部分费用。

三 产学研联动终身化与个性化教育

第一，发挥产学研协同效应。联合科研院所，搭建产学研协同平台，完善产学研协同机制，保障产学研合作利益共享，风险共担。集合政府、专家、社会力量联手进行政策制定、解读、咨询。避免上传下达的信息失真，保障决策的执行力，对重大终身化与个性化教育决策，联合攻关，从项目立项、开展调研、论证到数据处理、结果，形成全方位的互通有无。

第二，简约专利申请程序。减少制约专利投放市场环节，缩短专利与市场对话的距离，使政府政策在提升人力资本价值的过程中得以实现，鼓励更多终身化与个性化教育下创新人才的脱颖而出。我国也应加强对专利成果的保护，以调动高校申请在提升专利成果的积极性。

第三，成立创设终身化与个性化教育研究专刊，举办国内国际大会，搭建更多的交流平台，论证探讨终身化与个性化教育。

四 多元融资保障终身化与个性化教育可持续发展

建立终身化与个性化教育经费筹措机制，为终身化与个性化教育可持续发展提供资金保障。建立政府支持、社会捐赠、学习者适当出资相结合的多元经费筹措机制。财政支持必须做到专款专用，严格管理，为终身化、个性化教育创设良好的环境。国家教育部教职成〔2004〕16号文要求全国的社区教育试验区应按照常住人口人均不少于1元的标准落实社区教育经费，鼓励个人分担成本。人民政府应当将终身化与个性化教育经费列入相关经费预算，保障终身教育经费逐步增长。应将终身教育经费列入本级政府预算，并随着教育支出增长逐年增长。每年的财政预算要把当年本地区常住人口的终身化与个性化教育费用纳入计划，保障此类教育的顺利开展。各级政府、企事业单位和社会组织、人民团体均应有配套的教育经费，要依法按职工工资总额1.5%—2.5%的比例落实企业职工教育培训经费，按要求其中的2/3必须直接用于一线职工的岗位技能培训。

五 加大终身化与个性化教育立法力度

强化终身化与个性化教育法律立法及实施力度，前提一定是依据国内外形势和需求修订终身化与个性化教育法律条款，使每一条法规主体明确，阐述严谨，可操作性强，保障教育法顺畅执行，彰显法律的公正、公平及其震慑性，有法可依，有法必依，违法必究。目前的法规只是鼓励大家参与终身化与个性化学习，并没有凸显出保障学习者的受教育权益。基于此，新的立法必须按照宪法、教育法的规定，体现人本原则，维护和保障个人的学习、接受教育的权利，这也是未来教育法的立足点。

第一，研究制定《终身化个性化教育法》，切实表达出国人的心声，通过法律引导和规范终身化与个性化教育工作的方方面面，以国家意志力调动社会各级资源，敦促教育制度的更新，保障终身化与个性化教育事业的发展。与此同时，成立"国家终身教育促进委员会"，协调、指导、推动终身教育工作的开展。

第二，法条的"刚"与"柔"作为终身化与个性化立法的指导思想。即针对没有统一指令的非正规教育应作出详尽的刚性规定，使学前教育、成人教育、老年教育、社区教育、网络教育、社会培训等学习机会得到强有力保障。对已经有办学规定的正规学校做柔性的规定。对政府的政策服务刚性要求，对学习者实行人性化的柔性指导。对营利的教育机构依法刚性收税，对公益的办学机构实行优惠政策。刚性地废除过时的"法"，即废除现行法律法规中阻碍终身化与个性化学习的法律。柔性地创新法律条文，不断调整，使公民的受教育权长期、稳定地得到保障。

第三，立法细则。《终身学习法》成为国家教育部拟定的名称，目的是扩大法律规制对象，扩大立法调整范围。因为人一生都在学习，而且依据兴趣学习，各类教育和学习行为与过程都在法律监控之下。终身化与个性化教育的各级各类学校及培训机构应尊重人的个性，遵循教育规律，使学习者养成治学严谨的态度，良好的学习习惯并掌握行之有效的学习方法。各级学校应多沟通，勤交流，合作共赢，尤其是加强正规教育与非正规教育之间的资源共享，从这一视角分析，开放办学更具有现实意义。新兴的终身化与个性化教育形式挑战了传统教育形式，协调好两者的关系，不能顾此失彼。新兴的远程教育、社区学院、开放大学、网络学习、自学考试、资格学习等形式都应该在法律的视野下。终身教育与个性化教育可以说是百花齐放，教育形式与手段不尽相同，教育体系及框架也并非完全相同。所以，办学的体制、机制、制度都必须尊重法律。终身化与个性化教育立法应重视"顶层设计"，关键是制度的总设计，为教育体系正常运转提供指导依据。例如，明确"各级政府应当将终身教育经费列入本级政府教育经费预算，并保证逐步增长"，更要明确政府投入占教育经费预算的比例。国家与地方教育法细化与刚性，保证未来的实施，而且要明确执行细则和规定。如果有令不止，执行不力，出现违法行为，也必须明文规定处罚措施。因此，在教育立法过程中，既要明确各级政府的责任和义务，又要突出它们的地位和作用，有话语权，有决策权，敢于担当，做正事，做实事，推进终身化与个性化教育工作，创建学习型社会。用法律的刚性监管终身化与个性化教育的开展。①

构建终身化与个性化教育体系一定要突破体制机制的"瓶颈"，不仅整合教育资源，更多的是整合社会资源，教育体系的创建是一个系统的、复杂的社会工程，需要社会各种资源的供给。所以，教育立法也同样牵动着社会的每一个角落，必须严肃谨慎进行教育立法。

六 构建整体优化的终身化与个性化教育体系

《国家中长期教育改革和发展规划纲要（2010—2020年）》明确指出：搭建终身化与个性化学习"立交桥"，促进各级各类教育纵向衔接、横向沟通，为人们提供多种多样的学习机会，建立学分转换机制，实现不同类型学分、学习成果衔接和互认。

第一，终身化与个性化学习应包括人一生中不同时期的所有学习，即从出生到生命终结前所有的教育和学习。终身化与个性化教育主要包括诸如学校教育、工作地教育、网络教育、社会教育，贯穿人的生命周期的每一个阶段，这些阶段是连续的、相互关联的。终身化与个性化教育规划了人一生的教育路径，体现了每个阶段的人生价

---

① 沈光辉：《我国终身教育立法的主要问题与对策建议》，《远程教育》2014年第12期。

值，学校教育作为终身教育体系的重要组成部分，办好学前教育，均衡发展九年义务教育，基本普及高中阶段教育，高中甚至大学不分文理科，倡导慕课学习，让更多的学习者进入高等学校（包括职业、社区、成人、网络大学）深造都有特殊意义。所以，我们必须高度关注高等教育内涵式发展，多元化开展终身化与个性化教育，帮助更多的学习者实现学习的愿望，实现人生价值。

第二，打破教育领域的相互隔离的状态，使终身教育体系成为一个纵向衔接、横向沟通、纵横整合的一体化的教育体系。使普通教育与职业教育、正规教育与非正规教育、职前教育与职后教育等纵向衔接、横向沟通，架起终身化个性化学习的立交桥。完善学分银行制度，实行学分积累、进行学分认证、学分转移、学分互认。[①] 纵横整合是指各类各级办学实体纵横交叉、左右沟通，受教育者无论何时何地进入终身教育系统，都可接受适合自己的教育。同时，构建终身教育体系要和社会、政治、经济、生态、法律等外部环境的改善和发展相协调，以实现终身教育系统功能的整体优化，使之更有效地服务于受教育者一生的发展。设计终身教育体系丰富的学习内容，包括道德教育、知识教育、能力培养和健康人格的培养。终身化与个性化教育强调文理交叉、优势互补，加强人文素质教育的教育理念，以实现自然科学教育和社会科学教育的科学融合，使学习者具备自我学习的能力，养成强烈的创新意识，形成开拓的创新精神，有计划、有步骤地培养学习者的创新能力。[②] 终身教育的教学应不再拘泥于传统的教育形式和教育方法，而应采用"个性化、最优化、开放式"的教学形式和方法，现代远程开放教育是构建终身化与个性化教育体系的重要途径。创设多样性的学生自选课程，应缩小必修课的范围，增加选修课的比重。学生在大学期间必须进行创业课程学习，并且要有属于自己的创业项目，教育机构应赋予其学分，使之与学位、学历挂钩。建立多种形式的讲学制度，如开设各类前瞻性课题的讲座，满足高要求学

---

① 谈松：《全民学习践行教育终身化战略》，《中国教育报》2015 年 9 月 9 日第 7 版。
② 胡乡峰：《终身教育体系的构建》，《通化师范学院学报》2012 年第 12 期。

生的学习兴趣；开展各种形式的专题研讨会，在不同情况、不同见解的学生之间开展思想和见解的交流，针对性地、定制性地满足学生需求。[①] 促进教学内容、教学方式的创新改革，压缩教师理论课传授，常态性地派教师外出培训和学习，确保人人参与，汲取营养，更新理念，改革自我。实施终身化个性化教育阳光工程，为各类办学提供良好的教育环境；为残障人员、流动人口、失学儿童，留守儿童以及就业困难人员的学习提供帮助和服务；关注老年教育，鼓励各类投资主体创办老年大学。

第三，真正意义上的开放式终身化与个性化教育是自然而然，就是要回归人的学习天性，包括内在的兴趣需要，习惯自然的学习方式及学习品质，每一个学习个体原发的学习初衷，在其习性、数量和质量、学习频率效率等方面不需要外界的负向激励。当然，政府及相关部门的正向管理和指导也必须及时跟进。要主动打破教育体制封闭性、划一性的弊端，创建机制与制度的灵活性，从而满足多样化、多层次的个体学习。各级各类学校实施开放式终身化与个性化教育的关键就在于机制与制度的创新。个性化教学实施首先学校要有自主权，有决策权，其次是教室空间的布置要有所不同，教室像家居一样，管理安排图书角、电脑、电视、沙发、展示区等，走廊上可以安排茶歇室，给学生温馨、亲和的情绪感染。再次是课程设计，凸显个性化，课程可设为理论课、实践课、特殊活动课（如爱国情怀的培养、情景模拟、表演、辩论等）。课程分成不同层级，学生分成不同层次，教学进度不同，要求不同，教学手段不同，教师分工协作，按学生实际水平、意愿安排课程学习，优等生可以自学，教师答疑；中等生可以组织师生讨论学习；稍差的学生，可以一对一教学。学生既可以不和大家一起选修，放在下学期或以后年度学习，也可以重复学习直到满意为止。实践课程务必结合一线现场，上台体验操作，感受真实的实践气氛，历练学生的能力，丰富学生的感情。特殊活动课活动的主题涉及自然探索、生命与健康、野外生存、人权问题、创业创新、和

---

① 陆依：《我国教育个性化趋势分析和实践期待》，《求索》2013 年第 9 期。

平、娱乐、个人生存与职业生涯发展等方面。①

第四，终身化与个性化教育体系中的大学建设。构建终身化与个性化教育体系离不开现代大学制度建设。大学制度建设一是移植，二是革新，这是促进大学发展的根本路径。例如，"康奈尔计划"、大学选课与学分制的完善和美国大学终身教授制度的创立，都是美国高等教育自主进行制度创新的典型案例。我国要构建终身教育体系进行现代大学制度建设也必须自主创新。首先是入学选拔性适应性共存。随着终身化与个性化教育理念的深化，越来越多的成人进入大学，大学的教育目标及组织架构都在不断调整。入学方式方面，理应建立适合不同类型学习者的入学准入制度和多元录取方式。在终身化个性化教育理念下，未来高考招生制的取向应由选拔性向适应性转变，为保持学生个性发展提供机会。斯坦福大学与社会共享资源，向成人开放学分课，提供各种进修机会；英国开放大学充分运用信息技术向成人提供教育机会。1973 年，经济合作与发展组织出版的《回归教育：终身学习的策略》中，强调教育的开放性和弹性，学习者随时可以回归到学习体系中。弹性学习的学分制是完全学分，包括选课制和弹性学制，旨在扩大学生学习自主权、话语权。成人大学生与传统大学生的教学方式及方法不完全相同，甚至有很大差异，成人之前的学习与体验，再加上时间因素，他们中的一些人无须完成所学专业的全部课程，只选择自己感兴趣的课程。完全学分制比较灵活，可以把学分作为学习成果的累积单元，实现学制上的弹性化，操作标准可以参考传统学历教育的做法，但不会受学习年限限制，无论时间多长，无论什么时候学习都可以，只要修满学分即可毕业，这样的弹性化学习才是真正的终身化个性化教育体系的关键所在，符合了学习者的实际需求，不再是整齐划一。大学之间、大学与社会教育之间的资源共享、合作办学，衔接的主要因子就是学分的流动及互认，学习者在通过学习本校课程来获得相应学分的同时，也可以通过合作方获得其他院校

---

① 王淑杰：《日本开放式个性化教育改革及其启示》，《肇庆学院学报》2011 年第 7 期。

及培训机构提供的相关课程的学分，让学习者有所需、有所想、有所学。实现不同层次大学的学分互认以实施学生学习的多元认证。

目前，以信息技术为核心的知识经济正引发一场新的教育和学习革命，终身化与个性化教育正在成为各国教育发展的主题。作为培养创新人才的传统学历教育模式已不能适应当前社会发展需要。对国家来说，终身化与个性教育是社会发展的重要投资；对个人来说，个性化学习是贯穿一生的生存方式。大学作为终身化与个性化教育体系的重要组成部分，大学制度建设如何适应终身化与个性化教育需要是当今大学面临的重大现实问题。"高等教育在帮助实施终身化与个性化学习方面具有天然的优势，为终身化与个性化教育发展提供了成熟的组织框架和运作条件。"我国经济发展进入了增速减缓的新常态，创新驱动取代资源驱动，迎来了新一轮的创业创新高潮，终身化与个性化学习成为引领经济转型升级、加快城镇化建设步伐、深化教育综合改革、建设人力资源强国的迫切需求。开启全民终身化与个性化学习新常态，要重点做好以下工作：一是按照教育部等七部委联合印发的《关于推进学习型城市建设的意见》要求，大力推进学习型城市建设；二是推进高校继续教育改革，建设好开放大学，引导广播电视大学转型发展；三是做好《老年教育发展规划（2016—2020 年）》编制工作；四是广泛开启社区大学，积极开展职工继续教育；五是政府指导下的全社会相关部门动员起来，掀起终身化与个性化教育的高潮并保持长效性。①

七 创新终身化与个性化教育评价监管模式

第一，建立终身化与个性化教育监管机构，完善监管机制，出台大家认可的质量检验标准，规范各类教育机构的招生、考试、发证、收费等办学行为，奖惩分明，优胜劣汰，完善准入和退出机制。

第二，优化师生评价制度。传统的教师评价制度严重左右着教师的教育思想和行为，结果是教师必须用同一尺度要求自己，不敢创

---

① 翟帆、鲁昕：《深化教育综合改革开启全民终身学习新常态》，《中国教育报》2014年 11 月 5 日第 3 版。

新，受制度的绑架不能去进行个性化教学。因此，我们需要改革传统的教师评价制度，从奖惩性教师评价走向发展性教师评价，关注教师专业化发展，关注其个性化的体现，重视其对学生的个性化教育，为教师开展个性化教育提供制度保障。[①] 教师不仅仅是教书匠，更应该成为研究者，观察论证教育的新动向，创造适应新形势的教育理念及技巧，不断提升教师本人的专业化水平。教师应必须做到的是驾驭课程，深度理解，同时，还要第一时间知晓专业的前沿变化及信息，把学科的新内容、新理念嫁接到课堂上来，满足学生们的需求，拓展他们视野；学校和教师要高度重视教师职后教育，关注他们的教中学，出外学习、一线实践、技能大赛，提升教师的自信和价值。芬兰的教师在上讲台前，都必须经过规范严格的教学研究训练，他们在教学研究领域有着各自的研究优势。另外，教师也应具备一定的教育管理知识、管理学生、管理自己，团队的发展需要全员管理。推进终身化与个性化教育中人员工作考核也很关键，《教育部终身教育职工考核晋升条例》中，岗位聘任、职称晋升明确了终身教育人员配备要求和创制了终身教育专职教师的职称晋升渠道，为终身教育可持续发展提供人才保障。规定要求，政府相关部门必须规定条例，将从事终身教育工作的专职教师专业技术资格评审列入常态的相关系列职称评审，他们在业务进修等方面和其他教师享有同等权利。政府应当强化终身化教育队伍建设管理，鼓励离退休人员、学者、教师，以及其他具有从事教育资历的人员投身到公益性终身化教育工作中。鼓励市民也积极参与到终身化与个性化教育活动中来，建立终身化与个性化教育师资库、志愿者库，择优推荐选拔到终身化与个性化教育系统里，奉献自己的所有。评价学生应特别参照加德纳的多元智能理论，涉及的主要群体都要参与评价，不能仅仅是教师的单一评价，有学生、有家长、有社会人士等群体，以充分彰显考核评价的全面性、公平性、准确性。考试不是由教师统一全部学生一起参加，考试只是用于确定自己

---

① 王斌华：《奖惩性与发展性教师评价制度的比较》，《上海教育科研》2007 年第 12 期。

是否达到了学业要求，考试不通过，再给机会，学生也可以在自己觉得有把握或已经学会的时候，参加考试。让学生体验到功到自然成的成就感，更有自信迎接新的挑战。在这里，学生真正找到了尊严和快乐。

第三，教育行政主管部门应当会同其他有关部门，利用终身化与个性化教育信息化平台，记录学生的学习踪迹，学生学习档案的建立应得到各级人民政府的高度重视，将之提到重要议事日程，迅速开启档案建设工作。

第四，对办学成果进行多元评价。多元评价包括评价主体的多元化、评价内容的多维化、评价方法的多样化。积极发挥区域协会、行业协会、专业协会和相关中介的质量评价作用，规范评审人员的行为，提升评审人员的专业素养，强化评审人员的服务能力。及时向社会公布评审结果，接受社会监督。

要坚决杜绝终身化与个性化教育替学替身现象，应从各个环节堵塞漏洞，实施刚性治理，树立良好的教学风气，让终身化与个性化教育步入良性轨道。

八　建立终身化与个性化教育管理机制

第一，建立各级"政府统筹，跨部门协调"的终身化与个性化教育领导机制，成立国家和地方的终身化与个性化教育管理机构，如相应管理部门、研究院、委员会、救援小组等，调动各管理部门的积极性，为终身化与个性化教育服务。根据国家和地区经济发展及学员自身学习需求，对不同层级、不同类型、不同专业分门别类进行具体有效的统筹协调指导和规范管理，避免人为冲突，消除重复建设，合理分配资源，使之低成本、绿色、高效运作。

第二，开展多样化终身教育。除重视基础教育、高等学校教育外，也必须重视社区学院、成人教育、职业教育的发展。依托产学研，构建专业技术人员终身教育机构，发挥产学研协同作用。走出封闭的学校，接纳社会成员，汲取社会营养，形成开放式办学。充分发挥社区学院、老年大学、自学考试等学习平台在终身化个性化教育中弥补常态教育不足的作用。完善教育平台功能，健全规章制度，丰富课程资源，为更多想学习的人提供终身化与个性化学习的机会。提高互联网覆盖率，建立网上图书馆、网上学习中心、科技馆、文化馆等资源，逐步形成面向全社会成员的终身化与个性化教育的数字化网络学习平台。积极广泛开展面向城乡劳动者的职业培训和劳动力转移培训。完善区县到村庄三级农村成人教育办学机构网络，广泛开展农村实用技术培训及文化娱乐活动。举办各种形式的专题讲座，广泛传播科学文化知识。重点抓好在职人员岗位培训、劳动力再就业转移培训。

第三，建设终身化与个性化教育"立交桥"。"立交桥"的资历框架建设，专业性较强，工程巨大，包括进入平台的资历级别及能力鉴定、资历质量评审机制的构建、学分累积、学分互认、成果互认等专业性工作的操作指标及体系，"立交桥"的管理及立法也成为保障"立交桥"可持续运行的前提条件。建设"立交桥"，人为形成的政府内部与教育相关的各种"围栏"必须拆除掉，为政府更好地服务，学校之间顺畅合作营造绿色环境。政府不能再对"立交桥"中构成实体的各级各类学校以行政指令约束。当然，去政府化的同时，必须凸显政府的协调服务作用，不缺位又不越位，真正把话语权交给各级学校，政府做好服务。"立交桥"专业工作者要立项论证、深度调研了解社会的教育需求，通过实证和规范的课题研究，得出结论，指导"立交桥"的实践，设计出真正满足学习者的教育需求、符合教育规律的系统方案，学习者乐在其中，学有所成，让开放、高效的"立交桥"畅通无阻，培养更多的经济社会发展需要的各种各样的人才。

政府、学校、社会等共同制定遵守学校教育与其他终身化与个性化教育的学分互认、互换的规则，建立学分银行，实施有效纸质和电子存档记载，自动形成学生的身份识别，统一管理，受法律保护，创建终身化与个性化教育特色品牌教育，与国际接轨，实施跨区和跨国资历互认。

新技术革命所需求的高素质劳动者和创新型人才给全球的人才培养模式带来了严峻挑战。面对挑战，我国教育改革应该积极应对，立足经济新常态，顺势而为，从转变思想观念做起，积极完善终身化与个性化教育体系；推进相关教育立法；加速教育国际化进程；大力加快教育体制改革与制度创新。构建中国人才培养新模式，培养出适应新技术革命需要的各类创新人才。

第六章　新技术革命背景下的高校转型发展

以 3D 打印技术为标志的数字化制造技术、新能源技术等与互联网技术充分融合、创新，代表着一个新工业时代的到来。新技术革命的兴起打破了原有的产业边界，催生出新一轮的产业变革。在新技术革命背景下，为把握新兴技术发展与应用的趋势，把握新技术革命的历史性机遇，世界各国依据本国国情出台应对策略。如美国确定了先进制造、信息技术、新型能源和新材料领域为优先发展重点；欧盟确定了微纳米电子、纳米技术、光电子、先进材料、工业生物技术和先进制造技术六大关键应用技术；韩国在《第六次产业技术创新计划》中提出优先发展系统产业、材料及零部件产业、能源产业、创意产业，实现向先进产业强国飞跃；印度提出要打造以移动互联、云计算、大数据为代表的下一代信息技术的世界创新中心，利用中国逐渐失去人口红利的时机，把印度打造成世界信息技术制造业中心。我国政府则提出了"中国制造 2025""大众创业万众创新""互联网 +""一带一路"等发展战略，以适应新技术革命带来的挑战。

党的十八大提出实施"创新驱动发展战略"，其核心是科技创新战略，这意味着在今后的经济发展中，科技创新成了关键因素。这不仅仅是我国经济发展的需要，也是新技术革命背景下，为提升国家综合国力和核心竞争力所采取的发展策略。2015 年，我国《"十三五"发展规划建议》中明确提出："创新是引领发展的第一动力。必须把创新摆在国家发展全局的核心位置……"新技术革命的发展需要创新人才的支撑。在新的时代背景下，市场竞争方式由过去的产品竞争转变为以依靠知识为基础的技术竞争，而人才则成为各国之间的争夺焦点。高校担负着培养专业型人才、创新型人才和复合型人才的重任，成为新技术革命的引领者，面临着新的机遇和挑战。只有通过转型发展来适应新的竞争环境，提升自身核心竞争力，提高人才培养质量，才能为我国从资源大国向技术大国、人才大国转变提供强有力的支持。

高校的转型与发展是各国提升核心竞争力的一个重要途径。很多发达国家一直都重视高校的发展，将高校的发展与本国的经济发展及核心竞争力的提升紧密地联系在一起。他们不仅重视创新型、研究型人才的培养，同时也重视应用型技术人才的培养。

第一节　新技术革命与高校转型发展

一　新技术革命

所谓新技术革命，是指 20 世纪 50 年代开始出现的以信息技术、生物技术、新能源、新材料和空间技术开发等为标志的一场全球性的科技变革，这场变革也称为第三次技术革命，它促使了一系列新技术工业的崛起和发展；[1] 70 年代的基因技术、光导纤维、通信卫星及海洋、宇航工程的发展，促进了新技术的进一步发展；90 年代随着互联网技术、人工智能等技术的重大突破，标志着又一波新技术革命的兴起；[2] 进入 21 世纪，以云计算、大数据、3D 打印技术、可再生能源技术、新材料技术以及以现代生物技术为代表的新技术的突破，标志着新的技术革命又将催生出新一轮的产业变革。[3]

以"制造数字化"为标志的新技术革命，将引发社会生产方式、生活方式、竞争方式的改变。企业竞争力的提升不再仅仅依靠濒临枯竭的有限资源，而是通过新能源、新材料、新技术与互联网的充分融

---

[1]　吴彦文：《世界新技术革命对心理科学带来的机遇和挑战》，《黑龙江教育学院学报》2012 年第 1 期。

[2]　宋伟：《新技术革命条件下企业组织结构创新研究》，博士学位论文，西南财经大学，2001 年。

[3]　潘逸阳：《新技术革命与制造业再转移带来的机遇和挑战》，《理论研究》2013 年第 2 期。

合创新与运用来提升国际竞争地位。

新技术革命所带来的 3D 制造技术、新能源技术与互联网技术对人才培养模式提出了新的课题。数字化制造意味着未来的制造业对人力资本的要求将提高，以前传统的规模化模式下的很多重复性的工作将不复存在，制造业岗位要求员工具备更多的技术，来驾驭这些数字化和智能化的设备。特别是 3D 打印技术从根本上改变了零件的生产方式，以打印的方式替代了以往的切削式生产方式，而这些技术则需要高水平的应用者，这些应用者则需要高校的培养。

二　高校转型与发展

高校转型与发展是指高校从某一种既定结构与形态向另一种未来结构与形态的整体性位移与变革，是高校发展的一个必经过程和特定阶段。① 目前，我国已经建成了世界上最大规模的高等教育体系，为现代化建设做出了巨大贡献。1999 年，我国高校开始扩招，招生人数急剧增加，同时在 2000 年前后，各地高校兴起合并浪潮，使我国高校实现了在办学规模和招生人数的高速扩增，高等教育实现了大众化发展。但是受传统高校精英教育理念的影响，各个大学都以已有的高水平院校为标杆，无论在办学定位、培养方式、专业设置及课程设置等方面均以其为目标，发展模式趋同化严重。就如马丁·特罗所说："地位较低的院校对地位较高的院校进行模仿，向名牌大学的特点和风格发展……"② 随着经济发展进入新常态，高等教育这种结构性矛盾更加突出，同质化倾向严重，毕业生就业难和就业质量低的问题凸显。

新技术革命不仅改变了经济发展的方式，也包括教育方式的变革。为了适应新技术革命对人才的需求，"建设现代职业教育体系，推进产教融合、校企合作。优化学科专业布局和人才培养机制，鼓励具备条件的普通本科高校向应用型转变。"③ 高校转型发展不仅是社会

① 顾永安：《新建本科院校转型发展若干问题探析》，《现代教育管理》2010 年第 11 期。
② 伯顿·克拉克：《高等教育新论——多学科的研究》，王承旭、徐辉译，浙江教育出版社 1988 年版。
③ 《中共中央关于制定国民经济和社会发展第十三个五年规划的建议》，《人民日报》2015 年 11 月 4 日第 1 版。

经济发展的需要，也是高校自身提升竞争力的需要，是高校为了适应新技术革命所带来的社会环境变化而进行的从形式到内涵，从显性到隐性，从宏观到微观等不同维度的全面调整。新技术革命背景下的高校转型发展就是为顺应高等教育的发展趋势，部分高校根据自身的特点，以区域经济发展需求为导向，由"学术型"的培养模式向"应用型"模式转变。

三 新技术革命与高校转型发展

新技术革命进一步促进了社会生产力的飞跃发展，改变了主要依靠使用大量的资源要素和资本要素、依靠廉价劳动力的传统经济发展模式，通过创新驱动来发展经济，其实质是依靠知识和技术来促进社会和经济的发展，而高等教育正是通过对人才的培养，增加高素质人力资本要素的积累，来提升劳动者的素质。因此，新技术革命的发展离不开高等教育的转型和发展，很多新技术的研发需要大学的参与和支持，例如，美国以斯坦福大学为首的八所大学和九所社区学院为中心而发展起来的"硅谷"；英国以爱丁堡大学的沃尔夫森学院为技术中心的"硅峡"；日本以九州大学等为智力支持的"硅岛"等，这些工业基地都是以大学为中心发展起来的。[①] 而大学的发展也借力于新技术革命的推动。新技术革命促使知识量剧增，科技成果转化更为迅速，每一次技术革命的兴起都推动着高校教育理念、教育目标、教育内容、教育方法等变革。

第二节　高校转型发展的必要性

一 高校转型发展是助力提高国家竞争力的重要途径

在新技术革命时代，科技创新成了经济发展的驱动力，技术成为竞争的关键，谁拥有了新技术的制高点，谁就拥有了话语权。在

---

① 金为民、金鑫：《高等教育如何面对新技术革命的挑战》，《中国现代教育装备》2007年第5期。

新技术革命背景下，科技创新的速度越来越快，技术开发周期缩短，产品更新换代的频率加快，开发新产品的技术具有复杂性和跨学科性，这对人才的需求发生了极大转变，而人才的培养则离不开高校的发展。无论是以蒸汽机的发明和应用为标志的第一次技术革命，以电气化应用为标志的第二次技术革命和以微电子技术的发明和应用为标志的新技术革命，还是 21 世纪兴起的以云计算、3D 打印技术等为标志的又一轮新技术革命，都与高校的发展息息相关。

通过对《世界经济论坛》（WEF）提供的全球竞争力报告相关数据分析发现，一国的高等教育与培训对其国家竞争力的影响是很大的，二者在一定程度上呈正相关，因此高校的转型与发展也成为各国提升核心竞争力的一个重要途径。一些发达国家一直都重视高校的发展，将高校的发展与本国的经济发展及核心竞争力的提升紧密地联系在一起。他们不仅重视创新型、研究型人才的培养，同时也重视应用型技术人才的培养。

从表 6 - 1 中可以看出，瑞士全球竞争力一直排在全球之首，其高等教育与培训的竞争力也多居于全球前五名；美国的全球竞争力保持着全球前十的位置，其高等教育与培训竞争力也多居于全球前十名；还有芬兰、丹麦和瑞典，其全球竞争力排名都与高等教育与培训竞争力排名相差无几；这些国家高等教育与培训和全球竞争力具有很明显的共同性及相关性。这些国家通过高等教育与培训实现了人力资源的迅速积累，满足劳动力市场的需要，同时通过创新机制提升人力资源的价值，从而提升了本国的全球竞争力。

我国在全球竞争力中的排名是 25—30 名，但是，高等教育及培训的排名则一直在全球 60—70 名，高等教育与培训的竞争力和综合实力相去甚远，滞后于综合实力的发展，所以迫切要求转变高校的发展模式，提升高校的竞争力，提升高等教育的竞争力，更好地为经济发展和国家竞争力提升提供人力、智力支持，从而促进国家综合国力的有效提升。

表 6 - 1 　　　　　部分国家和地区全球竞争力同高等教育与培训排名的比较

国家和地区	2008—2009 年		2009—2010 年		2010—2011 年		2011—2012 年		2012—2013 年		2013—2014 年		2014—2015 年	
	竞争力	高教与培训	竞争力	高教与培训	竞争力	高教与培训	竞争力	高教与培训	竞争力	高教与培训	竞争力	高教与培训	竞争力	高教与培训
美国	1	5	2	7	4	9	5	13	7	8	5	7	3	6
瑞士	2	7	1	6	1	4	1	3	1	3	1	4	1	4
丹麦	3	2	5	2	9	3	8	6	12	14	15	14	13	10
瑞典	4	3	4	3	2	2	3	2	4	7	6	8	10	14
新加坡	5	8	3	5	3	5	2	4	2	2	2	2	2	2
芬兰	6	1	6	1	7	1	4	1	3	1	3	1	4	1
德国	7	21	7	22	5	19	6	7	6	5	4	3	5	16
荷兰	8	11	10	11	8	10	7	8	5	6	8	6	8	3
日本	9	23	8	23	6	20	9	19	10	21	9	21	6	21
加拿大	10	9	9	9	10	8	12	12	14	15	14	16	15	18
中国香港	11	28	11	31	11	28	11	24	9	22	7	22	7	22
英国	12	18	13	18	12	18	10	17	8	16	10	17	9	19
韩国	13	12	19	16	22	15	24	17	19	17	25	19	26	23
奥地利	14	17	17	19	18	16	19	18	16	18	24	13	20	15
挪威	15	10	14	12	14	12	16	15	15	12	11	10	11	8
法国	16	16	16	15	15	17	18	12	21	27	23	24	23	28
中国台湾	17	13	12	13	13	11	13	10	13	9	12	11	14	12
澳大利亚	18	14	15	17	16	14	20	10	20	11	21	15	22	11
比利时	19	6	18	8	19	7	15	5	17	4	17	5	18	5
中国	30	64	29	61	27	60	26	58	29	62	29	70	28	65

资料来源：相关数据根据《世界经济论坛》发布的《全球竞争力报告》整理。

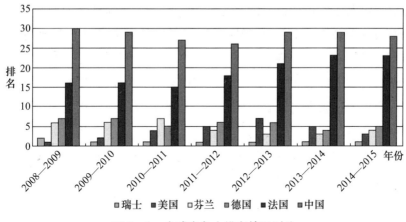

图 6 - 1　全球竞争力排名情况对比

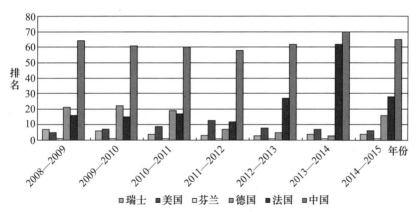

图 6 - 2　全球竞争力同高等教育与培训排名情况对比

二　经济结构转型与升级需要多元化的高素质人才

新技术革命催生出新的产业变革，特别是 21 世纪，以云计算、大数据、3D 打印技术、可再生能源技术、新材料技术以及现代生物技术为代表的新技术得以突破。在新的产业变革中，最突出的特点就是信息网络技术的全覆盖，信息网络技术将广泛地应用于制造业，与制造业深度融合，实现制造业的智能化、高端化，从而也使其专业化程度不断提高。[1] 在创新驱动的发展模式下，一方面，需要高端的创

① 肖文：《我国应对新科技革命和新产业革命的再思考》，《中国经济导报》2014 年 8 月 30 日第 A02 版。

新型知识人才，进行技术的研发和创造，掌握高新技术的制高点；另一方面，需要能够利用高新技术的高素质的专业人才进行产品的生产；同时还需要复合型人才进行企业的运营和管理。无论是进行科技创新所需要的尖端人才、新兴产业发展所需的高素质的生产者，还是复合型的运营和管理者都依托于高校的培养。我国现在正处于经济转型发展阶段，一大批不适应新技术革命潮流的企业将被淘汰，而一批新的高新技术企业将异军突起。在新技术革命的背景下，随着产业结构升级及新产业的兴起，对人才需求结构也发生了重大的变化，国际型、复合型、专业型和创新型人才是这个时代的要求。为了服务区域经济社会的发展，高校需要转变传统的人才培养模式，适应经济结构的转变，为经济社会发展提供高素质的人才。

三 高校提升竞争力需要寻找新的途径

我国从 1999 年高校扩招开始，实现了由精英教育向大众教育阶段的转变，普通高校的数量由 1998 年的 1022 所增至 2014 年的 2529 所，增加了近 1.5 倍；普通高等学校本专科招生从 1998 年的 108.40 万人增至 2014 年的 721.40 万人，增长了 5.6 倍多；本专科在校生规模从 1998 年的 340.90 万人增至 2014 年的 2547.70 万人，增长了近 6.5 倍（见表 6 - 2）。

表 6 - 2　　1998—2014 年我国普通高校招生人数及在校生规模

年份	高校数量（所）	招生人数（万人）	在校生规模（万人）
1998	1022	108.40	340.90
1999	1071	154.86	408.59
2000	1041	220.61	556.09
2001	1225	268.28	719.07
2002	1396	320.50	903.36
2003	1552	382.17	1108.56
2004	1731	447.34	1333.50
2005	1792	504.46	1561.78
2006	1867	546.05	1738.84

续表

年份	高校数量（所）	招生人数（万人）	在校生规模（万人）
2007	1908	565.92	1884.86
2008	2263	607.66	2021.02
2009	2305	639.49	2144.66
2010	2358	661.76	2231.79
2011	2409	681.50	2308.51
2012	2442	688.83	2391.32
2013	2491	699.83	2468.07
2014	2529	721.40	2547.70

资料来源：根据国家统计局统计数据整理。

这种变化是"量"的一种变化。有的高校虽然说是应用型高校，但在学校定位上依然不自觉地与"学术型""研究型"看齐；在人才培养模式上，依然遵循着传统的精英教育模式，仍注重学术型人才的培养。很多高校都将办学定位于高水平的研究型、学术型的综合大学，导致了虽然办学规模不断扩大，培养的人才却不能适应经济发展的需求，出现了一方面高校学生毕业即失业的状况，另一方面社会对应用型人才又求之不得，出现了企业用人荒的两难境地。特别是随着新技术革命进程的推进，对人才需求的标准提出了新的要求，新技术革命需要高效的劳动者、创造者、管理者，他们要具有新的基本技能，具备专业技能和技术，同时要富有创新精神，善于发现和追踪世界尖端的科学和技术以及协同合作的管理能力。为适应经济与社会发展所需要的不同类型的专门人才需要，高校不仅要进行这种"量"的转变，而且必须要进行"质"的转变，转变当前高校的办学理念、办学目标、培养模式和教学体系等，以满足社会多样化需求，强化应用型人才的培养，这是各高校提升自身竞争力的必由之路。以经济发展所需人才为培养导向，科学定位，突出高校办学特色，提升自身的竞争力，才能在激烈的市场竞争中获得发展优势，这也是解决产业结构升级过程中新增劳动力就业问题的迫切要求。

第三节　新技术革命背景下我国
高校的转型发展

一　我国高校转型发展的历程

新中国成立初期为了推进工业和科学技术发展，将教育重心移向与经济建设相关的工程和科学技术教育，借鉴苏联模式设立单科性的专门院校，通过集中国家资源，进行专业人才的培养。为了适应经济发展的需要，我国借鉴苏联模式，对教育进行了重建和改造，实行高度集中的管理，形成新的教育模式，实行"专才教育"，为当时的工业化建设和科学技术发展培养了大批的专业人才。

改革开放后，国家将发展经济放到首要位置，国家通过重点大学的设置，培养社会所需的精英人才；例如，1978 年教育部确定了 88 所高校为全国重点学校，1979 年年底确定 97 所为全国重点学校，1984 年，将北京大学、清华大学、复旦大学、西安交通大学、上海交通大学、中国科技大学和北京医学院、中国人民大学、北京师范大学、北京农业大学 10 所高等院校列为国家重点项目。[①] 通过重点院校、重点学科的建设来加强精英人才的培养。

20 世纪 90 年代伴随社会经济的快速发展，民办高等学校设置开始制度化，同时也加强了重点大学制度建设，特别是"211 工程"（即面向 21 世纪、重点建设 100 所左右的高等学校和一批重点学科的建设工程）和"985 工程"（为了实现现代化，我国要有若干所具有世界先进水平的一流大学）的实施，对我国整个高等教育的发展产生了深远的影响。90 年代末，社会对高素质人才的需求越来越多，原有的单科性高校无法满足学科发展的需求，高校规模小，无法实现规模效应，因此国家做出了积极发展高等教育，扩大高等教育规模的重

---

① 黄启兵：《我国高校设置变迁的制度分析》，博士学位论文，南京师范大学，2006 年。

大决策，经过一系列的合并、扩招、新建等措施，使我国高校的规模和人数得到飞速的发展，逐步实现由精英教育向大众教育阶段的转变。

21世纪新技术的迅猛发展，催生出新一轮的产业变革，对人才的需求发生了很大的变化，社会不仅仅需要高端的专业型人才、创新型人才，还需要能够利用高新技术的高素质的复合型人才、国际型人才，对高校的发展又提出新的转型要求——要求部分高校适应社会发展需要，向应用型大学转变。2014年5月，为了贯彻党的十八提出的"加快发展现代职业教育、推动高等教育内涵式发展"的精神，国务院发布了《关于加快发展现代职业教育的决定》，要求采取"试点推动、示范引领等方式，引导一批普通本科高等学校向应用技术类型高校转型，重点举办本科职业教育"。我国"十三五"规划建议指出："建设现代职业教育体系，推进产教融合、校企合作。优化学科专业布局和人才培养机制，鼓励具备条件的普通本科高校向应用型转变。"① 2015年11月，教育部、国家发改委、财政部共同发布《关于引导部分地方普通本科高校向应用型转变的指导意见》，由此，部分高校向应用型高校转变的工作进入具体实施阶段。

二　新技术革命背景下高校发展存在的问题

（一）高校目标定位与自身发展不协调

高校目标定位是引导学校向前发展的航向标和共同信念，高校只有定位准确，才能凝聚人心，调动广大教职员工的积极性、创造性，共同向着学校的既定远景努力。在新技术革命的浪潮中，我国的产业转型升级加速，信息化发展迅速，智能化制造日渐成熟，新兴产业风起云涌，对人才的需求不仅仅是简单的操作而已，也是需要从业者了解新材料、新能源及数字软件等新技术，需要掌握并且运用这些新技术来创造出新产品，要有新的专业技能和技术，成为高效的劳动者、创新者和管理者。但长期以来由于受我国精英教育思想的影响，在教

---

① 《中共中央关于制定国民经济和社会发展第十三个五年规划的建议》，《人民日报》2015年11月4日第1版。

育教学模式上千篇一律，按照传统的劳动密集型的生产方式来培养人才，很多大学都自觉不自觉地向"研究型""学术型"的方向发展，特别是"211 工程"院校、"985 工程"院校等在发展中得到国家更多资金、资源的青睐，导致很多高校认为"学术型"的大学比"应用技术型"大学层次高，可以争取到更多的资金支持，因而没有结合自身发展条件和所处区域的经济发展状况，特别是很多地方本科院校和新建本科院校，虽然将自己的发展目标定位在应用型大学上，但是在培养模式上依然按照大而全的综合型大学培养模式，追求学科的全面发展，追求专业设置的全而广，不顾自身的发展基础和实力，一味地追求"世界一流""国际一流"，盲目"攀高"，如此目标定位不仅难以实现追赶，还会丢掉自己的特色与专长。

（二）高校评价标准与质量内涵不一致

高校的发展定位是引领高校在一定阶段和区域内向前发展的方向，是其发展信念及自我规范的行动纲领，决定办学方向、培养模式、办学层次及办学特色等理念的实施。

在高校层次定位分类中，比较著名的是美国卡内基的《高等学校分类》，它将美国高校分为六大类；联合国教科文组织将高等教育分为两个阶段：第一阶段分为 A、B 两级，A 级为理论型，B 级为实用技术型；第二阶段侧重研究型人才的培养。不同类型的高校其学校定位、培养目标和社会适应范围是有区别的。我国部分学者也根据我国高等教育的特点对高校进行了不同的分类，例如，潘懋元教授将我国的高校分为三种基本类型：综合性、研究型大学，专业性、应用型大学和职业性、技术型院校。[①] 肖国安提出，将大学划分为研究型大学、应用型大学和技术型大学。[②] 还有学者把我国高校分为研究型大学、教学科研型大学、教学型本科院校、高等专科学校和高等职业学校。比较有影响的是"武氏高校分类体系"，武书连教授从"型"和

①　潘懋元：《构建多样化的本科教育》，《中国教育报》2005 年 4 月 1 日。
②　肖国安：《准确定位突出特色——应用型工科大学办学思考》，《高等工程教育研究》1998 年第 1 期。

"类"两个维度对高校进行分类。第一个维度将高校分为研究型、研究教学型、教学研究型和教学型四种型；第二个维度按学科特点，又将高校分为综合类、文理类、理科类等 13 类。

无论哪种分类方式，在进行评价时一定要从高校的人才培养、科研以及社会服务三大职能来综合进行。我国虽然对高校进行了不同的分类，但是在进行评价时，过于注重高校的科研功能，而忽视了高校人才培养和社会服务两大功能，导致了"重学轻术"的不良倾向，这与高校培养质量的内涵不一致。特别是随着我国高校规模不断扩大，办学资金日益紧张，高等教育国际化趋势日渐突出，竞争也越来越激烈。很多高校为了在竞争中获得生存与发展，为了争取到国家更多的教育资源投入与扶持，都将发展定位向研究型大学看齐，向"211 工程"、"985 工程"综合型大学看齐，在这种急功近利发展思路的引领下，为了获取更多的资源配置，采取"催肥式"激进发展策略①，重科研，轻教学，在资源配置、职称晋升、业绩考核、奖励等方面增加科研比重，而轻视和淡化了对教学的投入和关注，这样的结果不仅影响人才的培养质量，也导致了高校特色不突出，难以打造自己的品牌。

同时，由于在分类和评价中过于强调高校的综合实力，导致有的高校盲目扩大规模，发展热门学科，从而失去了自己的优势学科，专业设置趋同化严重，大部分高校侧重培养研究型、学术型人才，职业导向性缺乏，造成人才培养规格趋同，不能适应新兴产业和社会对人才需求多元化发展要求。

在各国的高校发展中，无论是高校结构复杂的法国，还是"双元制"的德国以及"双轨制"的芬兰，其高校的分类都比较清晰，每所高校都有自己明确的定位与培养目标。研究型大学以教学与科研为主，重视研究型人才的培养，提升创新水平与能力，同时担负着科研的责任。而应用技术型大学，则面向社会需求，重视引导高

---

① 周世厚、江芳：《我国高校转型发展的"歧途"与"正路"》，《现代教育管理》2012 年第 8 期。

校与企业的联系，重视学生实际操作能力和技能的培养，培养大批高素质的技能型技术人才，为社会经济发展提供了强有力的人才支持。

（三）学科专业结构与产业结构升级不匹配

随着新技术革命的推进，中国社会正在经历着经济发展方式的转变和产业结构的调整与升级，我国经济的发展由资本要素驱动转为创新驱动为主要动力，要从以往的依靠在低端制造业的廉价人力资本优势向高端制造业进军，产业的发展从由劳动密集型产业向技术密集型产业发展，从低附加值、低技术产业向高附加值、高新技术型产业转变。而新技术革命带来的高新技术产业的发展，特别是"中国制造2025"战略的实施，需要有高水平的专业劳动力结构与之相适应。创新的关键是人才，而技术创新又不仅仅只依赖于高端的研究型创新人才，更需要具有较强的专业技术理论和应用能力的生产者，需要一大批具有创新精神的高素质的应用型人才。

我国由于一直以来受精英教育思想的影响，很多高校存在办学定位趋同，学科专业的设置与新兴产业结构不匹配，培养出来的人才无法满足社会经济、产业发展的需求，从而出现了一方面学校培养的学生毕业即失业现象的产生，很多大学生发现自己毕业时找不到与自己的专业和学历相称的工作，出现了学无所用的状况，同时即使找到了工作，很多毕业生也出现了到工作岗位后难以胜任的情况，导致用人单位选人时的顾虑重重。另一方面很多企业又存在比较严重的"用工荒"现象，企业难以找到生产一线需要的高素质人才。这一矛盾现象的产生除去外部环境因素外，很大程度上是高校在人才培养过程中，没有跟上社会经济发展方式转变的步伐，止步于以往的学科专业发展标准，专业设置和人才培养模式与产业结构升级不匹配，无法为产业结构升级和经济转型提供高素质的技术技能型人才。

（四）教育模式与信息化的发展不相适应

"教育信息化就是运用多媒体计算机和网络通信为核心的信息技术，来优化教育教学过程，从而达到提高教育教学的效果、效率和效益的目标。"① 新技术革命的迅猛发展，加速了信息技术的发展与普及，特别是互联网、云计算、大数据等技术的发展，正在改变着人们的生活方式，对社会生产、生活产生了深远的影响，同时也对高校教育产生了巨大的冲击。教育信息化水平已经成为衡量各国现代化水平和综合国力的一个重要标准。

随着教育信息化进程的推进，知识的更新速度越来越快，更新的周期不断缩短，传统的高等教育正受到前所未有的冲击，高校教育的适应性和有效性也受到极大的考验，如微课、反转课堂、可汗学院、慕课、"教育2.0"等新教学模式层出不穷，学生群体对教育信息化应用的诉求也越来越高，国外的在线教育、开放式课程的影响也越来越大，例如，现在风靡全球的"教育2.0"，通过网络将游戏置于教育之中，增加教育内容的趣味性来增强对学生的吸引力。比较典型的如可汗学院的成立，改变了传统的课堂知识传授方式，通过网络可以建立开放的学习模式。

我国高校在教育信息化的进程中也取得了瞩目的成绩，校园网络的高覆盖、硬件设备的更新换代已跟上了时代发展的步伐，但是，软件的建设都成为发展的"瓶颈"，与发达国家还存在很大的差距，也与当前所提倡的开放式教学、个性化教学不相适应。

三　新技术革命背景下影响高校转型发展的因素

（一）政府的政策导向

高校的建设有赖于政府的支持，高校在发展过程中，政府承担着管理和服务两种职能。一是通过规划与立法等手段，协调高校与社会经济发展相适应；新技术革命背景下，为培养满足经济社会发展所需的高素质专业人才，政府通过引导和鼓励具备条件的普通高校向应用型高校转型，其政策方针的制定对高校的转型起着导向的作用。二是通过教育经费的划拨与控制，对高校的发展起着导向作用；地方普通高校的发展很大程度上依赖于政府的财政投入，政府的经费投入是高

校发展的重要保障，中央财政和地方财政对高校的财政支持的重点往往对高校起着导向作用。三是通过评估引导和监督高校的发展。[①] 政府通过一定的标准对高校进行单项或是全面评估，能够从一定程度上引导和监督高校的发展。高校往往因为受到相关政策、理念及资源分配方式的影响，而改变人才培养的方式、性质和任务，甚至是高校的战略目标，例如，现在高校的"攀高"现象，很大程度上是高校为了多从政府获得拨款而采取的急功近利的行为。

（二）资源配置的均衡程度

教育资源的配置是高校生存与发展的重要途径，如果教育资源配置充分、公平、合理，高校会依据发展战略目标科学定位，不断提升自己，突出优势，培养优秀人才。如果资源配置不均衡，有的高校为了发展可能就要偏离自身发展轨道，在趋利避害的思想下，改变发展的方向。随着高等教育的发展，我国为了创建一流的大学，对高校进行分层管理，很大一部分的教育资金和资源源源不断地拨到了重点大学、重点院校的手中，而普通的地方院校获得的资源投入却十分有限，造成了发展资金的短缺，使发展困难重重。这些高校为了生存和发展，无论自身条件如何，都下大力气不断地拔高自己，盲目追随"211 工程"院校、"985 工程"院校等重点大学，从而导致其发展目标和定位脱离现实。

（三）市场需求的变化

高校的转型发展还受市场需求的影响。随着市场发展和竞争格局的不断变化，高校的培养理念、目标和方式也会发生相应的改变，这样，才能为社会培养出高素质的人才。我国现在正处于经济转型、产生升级发展阶段，科技创新是重要的支撑，同时，需要全面提升劳动者的素质，以技术促进效率的提高，带动产业的发展。此过程更需要合理的人才梯队作为保障，既要有科学家、发明家，也需要高素质的技术技能型人才，能否为地方经济发展提供有效的服务，为社会经济

---

① 夏桂华：《基于层次定位的我国高校核心竞争力研究》，博士学位论文，哈尔滨工程大学，2007 年。

发展提供所需人才是高校生存和发展的前提。

（四）发展理念的影响

在信息技术迅猛发展的时代，传统的高校发展理念受到强烈的冲击，知识和技术的存储器不再仅仅是书本、教材和图书馆而是信息网络。[①] 因此，能否及时转变高校的发展理念，跟上时代步伐，也是影响高校转型的因素之一。

第四节　新技术革命背景下高校转型发展的内容

高校转型发展是指高校从某一种既定结构与形态向另一种未来结构与形态的整体性位移与变革，是高校发展的一个必经过程和特定阶段[②]，是高校为了适应新技术革命所带来的社会环境变化而进行的从形式到内涵，从显性到隐性，从宏观到微观等不同维度的全面调整。新技术革命背景下的高校转型发展就是部分高校以区域经济发展需求为导向，由"学术型"的培养模式向"应用型"培养模式的转变。

一　高校结构调整

高校结构调整需要从高校发展定位、结构体系以及发展路径等方面入手。

（一）高校发展定位

高校发展定位就是寻找并确定能够最大限度发挥自身位置和作用的角色。[③] 它是高校向前发展的领航标，是高校理性发展的指引者，美国芝加哥大学前校长罗伯特·赫钦斯曾说："大学需要有一个目的，一个最终的远景……如果没有远景就是无目标性，就导致美国大学的

---

① 陈锋：《关于部分普通本科高校转型发展的若干问题思考》，《中国高等教育》2014年第12期。

② 顾永安：《新建本科院校转型发展若干问题探析》，《现代教育管理》2010年第11期。

③ 顾永安：《新建本科院校转型发展论》，中国社会科学出版社2012年版，第76页。

极端混乱。"① 在新技术革命背景下，社会发展既需要精英型人才，也需要复合型人才，哪些高校适合精英型人才培养，哪些高校要向应用型大学转型？高校应该依据自身的实际找到自己在人才培养中的定位，并在自己最擅长的领域做到最好，依据学校所处的时代、区域位置、自身优势，确定学校发展的总目标、人才培养的类型、层次，发挥自己所长，办出自己特色，提高人才培养质量。

（1）高校的发展目标定位。高校发展的目标就是高校的办学思想及发展方向，它具有导向作用。高校在转型发展过程中，必须要依据自己的办学特色，这是高校的生命之源，在当代激烈的竞争环境中，一个高校如果没有自身的办学特色就失去了核心竞争力，就面临着淘汰出局的危险。同时，要关注办学质量，这是高校的立校之本。转型高校的发展目标应该是应用型品牌大学。应用型强调高校要将应用型人才培养和社会服务功能紧密结合起来，培养适应社会经济发展中所需要的高技能、高素质的生产者；品牌则强调转型高校在坚持办学特色的同时，努力提高办学质量，突出自己的优势学科和专业，成为社会和行业公认的大学品牌，更好地服务社会经济发展，促进地方高等教育更加直接地、有效地为产业升级、技术进步和社会管理创新服务，这样，才能在竞争中立足，才会增进高校的经济效益和社会效益。

（2）高校的人才培养定位。高校在转型发展过程中，首先要确定培养什么类型的人才。一直以来，我国的高校建立了偏理论基础研究的学术型人才培养体系，认为学术型比应用型高校的地位高，热衷于追随名校，走培养"精英人才"的道路，这是高校发展中的一个误区。应用型高校和学术型高校是等值的，地位是相等的，只是对人才培养的要求和目标不同，学术型高校侧重理论和基础研究，而应用型高校则是以经济社会发展和生产的需求为目标，侧重人才的技术技能和应用能力的培养，二者的培养规格和素养要求不同。应用型高校要对所培养的人才科学定位，重点培养学生的技术技能、实践能力和应

---

① 张辉：《高等学校分类发展的管理学阐释》，《高教探索》2005 年第 1 期。

用能力，即重技术、重技能、重应用、重职业。[①] 例如，德国的应用
科技大学的人才培养目标是以"通过对学生进行必要的基础理论教育
和充分的职业训练，使其成为某一领域具有独立从事职业活动能力的
中高级技术人才"。

（3）高校的服务对象定位。《关于引导部分地方普通本科高校向
应用型转变的指导意见》（以下简称《意见》）明确提出："转型发展
高校把办学思路真正转到服务地方经济社会发展上来，转到产教融合
校企合作上来，转到培养应用型技术技能型人才上来，转到增强学生
就业创业能力上来，全面提高学校服务区域经济社会发展和创新驱动
发展的能力。"[②] 《意见》明确了高校在履行社会服务职能时所涵盖的
行业范围和区域范围。应用型高校应根据本校的办学资源、当地的社
会需求相一致，将服务对象定位为地方产业转型升级、新兴产业发展
所需要的高层次的技能型人才，全面深化与产业、企业的合作，促进
地方经济的繁荣与发展。

（4）高校的师资队伍定位。师资队伍建设是高校转型的关键，应
用型高校的师资队伍不同于普通高校的师资队伍，应用型高校需要专
兼相结合的师资队伍，需要既具备扎实的专业理论知识又具有丰富实
践经验的"双师型"教师，而需转型高校的教师一般都缺乏实践经
验，因此转型高校必须改革教师评聘制度，一方面加强教师的实践操
作能力培训，通过引进、培训、挂职锻炼等途径，提升教师队伍的实
践经验与能力；另一方面要加强与企业的合作，聘任企业行业中实践
经验丰富的专业技术人员充实教师队伍。摒弃以往只注重教师的科研
水平、理论水平等观念，科学定位师资队伍的结构布局和评价标准。

除此之外，还涉及转型高校的教学模式、学科发展等方面的定
位，也必须以服务区域经济社会发展为宗旨，以适应新技术革命发展
为动力，科学定位。

---

①　孟庆国、曹晔:《地方高校转型发展：路径选择与内涵建设》，《职业技术教育》
2013 年第 18 期。

②　陈晓东、顾永安:《转型期新建本科院校人才培养机制探析——基于价值链分析模
型的视角》，《教育发展研究》2015 年第 21 期。

（二）高校结构体系的调整

转型高校在重新定位的基础上，要调整学校的发展战略，使学校的战略目标、教学要求、培养质量都与人才培养目标相一致，通过规范标准、发挥特色，树立自己的高校品牌。在新技术革命背景下，高校担负着服务社会与经济发展的责任，因此应将重点向社会服务功能转移。在我国现有高校人才培养结构体系中，对技能型人才的培养大多数停留在专科层次和部分新建本科院校，本科及本科以上层次的应用型人才培养高校很少，因此，目前亟待实现应用型与学术型教育的衔接，打破应用型人才培养体系中的断层，构建完善的学历、学位层次结构体系，完善专科、本科、研究生层次的应用型高等教育体系，建立与培养社会所需人才相适应的体系设计。

（三）寻求新的发展路径

高校转型发展是一种面对未来，结合自身实际，积极主动寻求发展的措施，学校要在社会需求和高校环境之间寻求新的动态平衡，并能以新的方式发挥和拓展自己的功能。[1] 在新技术革命背景下，高校要融入地方发展建设之中，与地方发展充分互动，加强与其他高校、科研机构、企业等之间的合作，培养地方经济、社会发展需要的高素质的应用型人才，服务地方，服务社会。高校转型发展的实现，不是依靠自身一方的力量就可以实现的，还需要与所在区域的地方政府及相关社会组织相互合作，共生共赢，通过一定方式的合作，整合各自的优势资源，为社会经济服务。[2]

二　高校内涵发展

高校的转型发展要以区域经济社会发展需求为导向，对人才的培养模式、学科专业设置、师资队伍建设、教学内容与教学方式等方面进行改革。

（一）实现人才培养模式的转变

高校转型主要是人才培养的转型，即从培养学术型人才向培养应

---

[1]　顾永安：《新建本科院校转型发展论》，中国社会科学出版社2012年版，第124页。
[2]　同上书，第126页。

用型人才的转型。社会对人才的需求是多样的、多元的，高校要适应社会需要，适应现代产业升级和企业需求变化，注重与企业建立产学研合作体系，注重培养过程中的实践性，加强校企合作，探索校企合作培养的机制。设立多样化的人才培养目标，包括多样化的人才培养规格、多样化的课程设置、多样化的学习方式、多样化的教学方式和多样化的教学评价等，提高培养质量，引导学生向创新型、复合型、应用型、国际型等方向发展。

（二）进行学科与专业的调整与转型

学科建设是大学发展的永恒主题，支撑着专业建设和人才培养，高校转型发展需要破解"学科壁垒效应"①，以地方支柱产业、战略性新兴产业等为学科专业发展的依托，加强学科建设与区域经济社会发展之间的耦合度，构建与区域经济发展相适应的学科专业体系，满足社会对应用型人才的需求。专业建设是高校生存与发展的基础，既是高校转型发展的重要标志，也是衡量一所高校办学实力和办学质量的重要内容。高校要根据社会和区域经济发展的需要，自身教学资源和优势，进行专业布局和结构的调整与优化，努力实现按需设置、特色发展，使所设置的专业具有前瞻性和可行性。

（三）加强师资队伍建设与转型

高校转型发展的关键是师资队伍建设，教师是教学改革的主体，是教育教学的执行者，是发展理念与办学模式的落实者和推动者，有什么样的教师队伍将会有什么样的学校，所以要注重对师资队伍的建设，重视师资队伍结构和教师综合素质的转型。如果在教师的考核评价、职称评聘中依然按照传统的重学术的思想来进行，那么转型也将无法推行下去。特别是在新技术革命背景下，教师的角色正在发生重大变化，教师不再是简单的知识传授者，而是知识生活化的引领者、知识生产化的促进者和知识生存化的合作者。② 必须要重视教师队伍的建设，通过培养、激励与相应的考核机制，建设出一支专兼相结合

---

① 陈传万：《地方高校转型发展要素分析》，《安徽科技学院学报》2014 年第 5 期。
② 周洪宇：《第三次工业革命与中国教育变革》，湖北教育出版社 2014 年版，第 273 页。

的高素质的应用型师资队伍，实现师资队伍的真正转型。

（四）促进教学内容及模式的转型

培养高素质的具有创新精神的应用技术型人才，必须要有与之相适应的教学模式，根据人才培养的需要，更新教学内容，加强学生基础知识和专业技能的提升，采用现代化的教学手段，拓宽学生的视野和知识体系。新技术革命带来了教学内容及教育模式的大变革，教育的内容不再是简单的知识传授与讲解，特别是互联网交互平台、云计算等新型交互媒介的出现，为知识的获取提供了新途径，改变了知识的获取方式。通过互联网可以将最前沿的信息、技术、科学以及各种职业技能纳入教学内容之中，注重学生能力的培养。同时，网络在线教育正在迅速蔓延，通过网络平台将网络教育与现实课堂学习有机地结合起来，突破教学的时空和地域限制，实现数字化教学，网络课堂，例如美国的可汗学院利用网络来进行授课，这种模式从根本上颠覆了传统的教学模式，学生可以在家里上课，到学校写作业，教师则成为辅导答疑者。

同时，转型高校在课程安排上要加强实验实习实训基地的建设，依据应用型人才的培养目标，增加课程中的实践环节设计，注重学生实践能力的培养，着力推进产学研实践教学，完善学生实验实训实习制度。

三 高校制度建设

高校的转型发展离不开制度保障，高校的转型发展首先是制度的转型。杨东平教授曾经说过："对于大学的发展来说，制度是第一生产力，只要建立一个好的制度，其他问题就会顺理成章。"[①] 我国的很多高校之所以陷入重科研、轻培养的误区，很大程度上是因为避开或是没有制度的约束，而选择舍本逐末的"捷径"。因此，高校的转型发展是基于制度的改革与重构，通过建立和完善现代大学制度来实现高校的整体提升。应用型人才的培养不仅需要高校自身的努力，也需

---

① 杨东平：《现代大学制度的形成、演变和创新》，《国家行政学院学报》2005 年第 5 期。

要构筑企业参与的人才培养社会制度和社会环境，完善现代大学制度。

第五节　国外高校转型发展的经验借鉴

一　法国

（一）法国高校的类型

法国高校个性比较突出，高校的结构比较复杂，大致可以分为三类：第一类是大学校，属于精英教育，以培养高级专门人才为目标，要求毕业生既要有扎实的专业知识又要有较强的实践能力。第二类是综合大学，属于大众化教育，这类高校更加注重职业导向的培训。第三类是短期高等技术学院，以技术性专业为主，主要侧重学生实践能力的培养，满足社会所需要的中级、高级技术人员。这种大学有两种类型的文凭：大学技术文凭和高级技师文凭，这两种文凭可以直接申请第三阶段甚至更高阶段的学习，这样的培养方式有利于学生根据自身的情况决定是否在某一个阶段选择就业还是继续深造，以攻读更高的学位。

（二）法国高校的转型发展

为了适应社会经济的发展，法国高校一直在不断地改革。20世纪90年代，为了适应新技术革命带来的经济全球化的发展，法国通过改变学制与欧洲接轨。1996年，法国教育部长强调："在现有大学技术学院和工程师学校的基础上发展技术学科，将试行大学职业学院，以期实现普通教育与技术教育的平衡。"[①] 这样，既有利于为社会培养更多的科研型人才，同时也培养了有利于将科技成果转化为生产力的人才。随之，教育部长贝鲁尼提出："在大学第一阶段和第二阶段设立职业基础课，使学生了解职业界的基本情况，并且加强企业实习和保持与企业界的密切联系。大学将出现普通文化、科学研究和职业资格

---

① 王晓辉：《20世纪法国高等教育发展回眸》，《高等教育研究》2000年第2期。

的三重均衡。"[1] 也就是说，在大学第二阶段增加了职业基础课和职业实习机会。为了提升本国大学的竞争力，2006 年法国高校进行新一轮的转型与改革——重组，将科研机构和高校进行联合，实行高等教育与科研轴心，也称为"联合大学"，整合被合并的高校资源，化零为整，到 2010 年集合了 60 所综合大学和 50 多所高教研究机构，共建立了 21 所联合大学，使综合实力迅速提升。[2] 为了提升法国高校的知名度，2008 年通过投入巨资开始实施"大学校园计划"，打造世界一流大学。

但是，无论进行哪种转型与改革，法国高校一直重视职业教育，在其高等教育发展中，一直实行"双轨制"教育模式。通过在大学第一阶段增加职业培训，提高学生就业率，而高质量的职业型学位也更好地适应欧洲劳动力市场的需要。法国的这种"双轨制"高校发展模式虽然有它自身的一些弊端，但其人才培养的目标比较明确，特别是综合大学更加注重应用型人才的培养，以社会需要为目标，不断调整人才培养模式，越来越向实践型教育转变。

（三）法国高校的课程体系特点

（1）多样化的课程设置。法国高校比较注重学生的全面发展，通过设置多样化的课程，满足学生的个性化需求，例如，法国高校没有明确的"专业"，而是设置"课程群"，不同发展目标的学生可以根据自己的规划选择不同的课程来进行学习。

（2）启发式的教学模式。法国的高校没有指定的教科书，学生需要通过自己大量的阅读来理解和掌握老师所授内容。授课过程中教师的自主性较大，教学方式比较灵活，学生参与度高，互动性强，以此来训练学生的表达能力。

（3）注重实践能力的培养。在法国整个课程体系中，实验课和实践课所占的比重比较大。学校强调理论与实践相结合，教学内容与社会实际相联系。注重在教学中传授实用的知识和技能。

---

[1] 王晓辉：《20 世纪法国高等教育发展回眸》，《高等教育研究》2000 年第 2 期。

[2] 汪少卿：《全球时代大学改革的法国道路》，《外国教育研究》2012 年第 3 期。

（四）法国促进高校转型发展的措施

法国政府为促进高校的转型与发展，一是通过政策的引导。法国政府既是高校转型发展的倡导者，也是统筹者和执行者。例如，为了适应新技术革命带来的经济发展需求，1996 年，法国出台政策，加大高校中的职业基础课和职业实习机会；1999 年，通过出台法案，创制了新的硕士学位；2002 年，建立了"学士—硕士—博士"的学制体系，以期最大限度地满足社会对各类人才的需求。为了适应全球化发展，提升法国高校的竞争力；2006 年，在法国政府的推动下，法国高校与科研机构进行联合，通过五年的推进，共产生 21 个"轴心"，以此实现资源共享，提升综合实力。2008 年，为打造世界知名度，政府筹巨资打造"大学校园计划"。二是政府的资金支持和投入。法国政府在每次高校的重组、转型发展中，都不惜投入巨资支持和推进。为促进"大学校园计划"的进程，政府通过出售 3% 的电力部门的资产，筹集到 50 亿欧元来资助该项目；2014 年，为了普及慕课的开展，政府出资 2000 万欧元专项经费，用以慕课计划的实施。三是实施高覆盖的奖学金制度，在法国出台的《国家高等教育发展战略》中，建议高等学校奖学金覆盖面由当前的 36% 提高到 50%，努力构建开放、包容、平等的高等教育体系。[①]

二　德国

（一）德国高校的类型

德国高校的研究水平一直处于世界前列，而"双元制"教育为德国高度发达的工业及社会培养了大批高素质的应用型人才。德国的高校分三种类型：第一类是综合大学，属于研究型大学，强调教学科研并重，学科与专业设置比较齐全，学制较长，一般为 4—6 年；第二类是高等专业学院，专业分类比较详细，偏重于应用型，学制较短，一般为 4 年左右；第三类为艺术学院，以培养学生的艺术能力和个性化发展。

---

① 刘敏、景立燕：《未来十年法国高等教育发展目标》，《新课程研究》2016 年第 1 期。

（二）德国高校的转型发展

为了适应新技术革命发展的需要，德国一方面加大研究型大学的投入力度，不断挑战技术前沿；另一方面积极发展高等专业学院，注重培养高质量的技术技能型人才。特别是德国的"双元制"教育培养模式为德国经济的腾飞培养了大批高素质的应用型人才。

德国是进行应用科技型大学改革最早的国家之一，德国的应用科技大学与综合性大学拥有同等效力的学士和硕士学位授予权。所谓"双元制"教育，是指学校和企业分工协作，共同完成培养人才的一种办学模式。[①] 德国的"双元制"通过构建以培养岗位能力为导向的理论与实践一体的阶梯式课程体系，由学校和企业两大支柱分别负责对学生专业理论知识和实践技能操作的培训。同时实行"双师"教学，一是专职教师队伍，具有高学历、高职称，负责学生专业理论知识的传授与教学；二是来自生产企业的兼职教师队伍，具有丰富的实践与管理经验，负责学生各项实践技能的训练。

为了适应新技术革命背景下经济发展的需要，德国 2006 年又启动了"卓越计划"，即联邦与各州促进德国高校科研发展的卓越计划，其核心是持续加强德国科研实力，提升国际竞争力，突出大学和科研领域的顶尖优势，通过不同层次的资助促进高校科研竞争，打造世界一流大学，从而加强德国高校科研创新能力和科研人才的培养，提升国家核心竞争力。另外，为了促进职业教育良性发展，通过拓展《职业培训和技能人才发展国家公约》，进一步推进政府与企业界在职业教育领域的深度合作，通过加大职业教育投入，提升职业教育水平，在提高就业率的同时也提升劳动者的就业能力。

（三）德国高校的课程体系特点

（1）注重实践环节，提升应用能力。德国高校的课程设置比较注重"双元制"的运用，强调"理论与实践相结合、思维与动手相结合、学校与企业相结合"。德国的"双元制"职业教育为本国的经济

---

① 唐春生：《德国"双元制"职教模式对行业转制高职院校教学改革的启示》，《高教论坛》2014 年第 8 期。

发展和社会进步培养了大量高素质的应用型人才。德国高校在人才培养过程中注重学生实践技能的培养，将理论与实践相结合，教学内容分为理论课、实训课、实验课和实习课等，实习是教学计划中不可缺少的一个环节，在每6个日历月中安排有3个月左右的企业实训,[①]课程的设置与社会需求接轨，把用人单位的需求融入课程设置中，每学期在校的理论课学习不超过3个月。对于学生实践环节的训练，从一入学即开始，低年级侧重在企业的实训场所培训，高年级时直接参与企业的生产。这样不仅有利于学生工作技能的提高，也有利于学生就业。

（2）注重宽基础，拓展就业途径。德国高校比较重视学生知识体系的完整性和跨学科性，注重通才教育，所涉及的课程范围比较广，注重各门课程之间的相互衔接，这样有助于学生在较短的时间内完成学业，走入职场。同时，每年对毕业生进行互补性专业知识培训，从而拓宽学生的知识面，使学生达到用人单位的要求，拓展就业渠道。

（3）以市场需求为导向，专业设置灵活。德国的职业教育在世界上已成为成功的典范，其人才的培养和专业的设置以经济社会需求为依据，专业设置应用性强，设置灵活。特别是应用型科技大学其专业及课程设置更为灵活，可以根据科技发展和人才需求，根据企业的生产要求和产品结构调整做相应的补充，同时开设了很多的新兴学科，及时反映市场对人才的需求，提升了毕业生在人才市场上的竞争力。

（四）德国促进高校转型发展的措施

（1）政府政策、法律的保障。20世纪60年代，德国为了适应工业化进程的加速和产业升级对劳动者素质的更高要求，1968年德国政府通过《联邦共和国各州统一高等学校协定》，着手建立应用科技大学，培养高层次的应用型人才。1985年修订《高等教育总纲法》确定应用科技大学的主要任务是应用型人才培养，注重应用性科技研究和技术研发，从而使应用科技大学为德国工业发展提供了不竭的动

---

① 高嘉勇：《德国高校课程设置与可雇佣性研究》，《天津市教科院学报》2008年第4期。

力。2006 年，为了再造德国大学的辉煌，加强德国科研实力，提升国际竞争力，德国推出"卓越大学计划"，倾力打造"金字塔"形的大学教育结构。

（2）自主办学，依法治校。德国为建设应用科技大学，相继出台了多部法律文件，不断规范和完善相关的法律法规，并且赋予相关高校高度的自主权，依法治教，按章治校。

（3）高校与企业的深度融合。德国职业教育"双元制"的实施，离不开企业的参与，在人才培养过程中，一方面高校以满足企业的人才需求为培养目标，加强高校与企业的深度融合，学生的理论知识在学校内完成，由学校的专业教师授课，而学生的实践技能则在相应的企业中培养，企业担负着实践教学的任务。另一方面为了促进职业教育良性发展，通过拓展《职业培训和技能人才发展国家公约》，进一步推进政府与企业界在职业教育领域的深度合作，通过加大职业教育投入，提升职业教育水平，在提高就业率的同时也提升劳动者的就业能力。

三 芬兰

（一）芬兰的高校类型

芬兰是欧洲高等教育最密集的地区之一，其高等学校分为两种类型：第一类是综合大学，以研究和教学为重；第二类是高等技术学院，也称为多科技术学院，以专业教育为主导，强调与实际工作相联系，旨在满足社会需求和个人发展，提高职业地位。多科技术学院与综合大学并行发展，具有并立的法律地位。

（二）芬兰高校的转型发展

20 世纪 90 年代，为了适应新技术革命的发展，芬兰采取了对高校进行分层化、专业化的管理方式，打造品牌，突出高校特色，同时通过高校间的合作来整合资源，提高效率。一方面通过建立企业、高校、研究机构三位一体的科技创新体系，加快科技成果的转化，推动经济发展，增强国际竞争力。另一方面重视职业技术教育，通过大力发展多科技术学院，加强与企业的联系，提升学生的技能和实践能力，为国家和社会培养大批高素质、高技能的技术型人才，为经济发展提供人力支持。

20 世纪 90 年代以前，芬兰的高等教育体系中只有大学这一种办学模式，具有独立性和自主权。随着信息时代的到来，为了提高新技术带来的对劳动者素质的高要求，满足劳动力市场的需求，特别是地区经济的发展需求，1991 年，芬兰政府颁布《中等和高等职业教育法》开始进行多科技术学院实验；1995 年，通过立法确立了多科技术学院的地位，政府根据各区域经济发展及市场需求，在 25 个地区设立了 29 个多科技术学院，进行七个方面的教育，包括通信技术；商业管理；旅游、餐饮和机构管理；健康保健和社会服务；文化；人文和教育；自然资源等。① 从而使芬兰形成了"义务教育—职业高中—专科—本科—硕士"这样一个阶梯式的终身职业教育体系，该体系与大学教育并行，具有同等法律地位，为芬兰的区域经济发展提供了高素质的劳动者，增强了职业教育的吸引力。

（三）芬兰的高校课程设置

芬兰的大学课程设置一直秉承着传统高等教育的任务，以科研和教育为己任，坚持大学的独立性和自由性，鼓励学生进行独立的科学研究。多科技术学院在专业及课程的设置上更多地倾向于为当地的经济发展培养技术人才，着重培养学生的基本能力、核心能力、公共基础能力，为地方经济和社会发展提供服务。

（1）模块化的课程体系。芬兰多科技术学院根据所处区域经济发展的实际需要来设置专业，将一个专业的课程体系分成几个模块，学生可以根据自己将来从业需要来进行选择，同时实行灵活的弹性学制，制订多种教学计划，以使毕业生适应不断变化的人才市场的需求。在学位课程设置中都包括实践训练，学士学位教育包括基础学习、职业学习、工作实习、自由学习和论文等模块，各个模块培养学生能力的侧重点不同，同时技术学院的课程设置必须要与职业资格认证的要求相符合，以此满足毕业生就业的需要。

---

① 胡迎：《芬兰多科技术学院教育特色研究》，硕士学位论文，辽宁师范大学，2008年。

（2）注重学生实践能力的培养。为了培养学生较强的技术应用能力和实践能力，芬兰多科技术学院在课程设置中特别注重实训锻炼，所有学位课程都含有实践训练环节，注重实习、实训基地的建设，从而提高学生的技术水平，实现由学生阶段向工作阶段的平稳过渡。

（3）深化高校与企业的合作。芬兰的多科技术学院与产业、企业建立了全面的合作关系，企业参与到学校的教学、管理和课程开发的相关活动中来，根据产业、企业的需求设置专业、制订课程的教学计划，同时高校课程中的实训、实习环节在企业完成，对学生的评价由学校和企业共同制定标准，共同完成，从而强化了校企间的紧密合作，也有利于提高学生的职业能力。

（四）芬兰促进高校转型发展的措施

（1）政府的政策支持。芬兰从单一的大学高教模式，发展为大学与多科技术学院"双轨制"高等教育发展模式，离不开政府的政策支持。1991年，通过颁布《中等和高等职业教育法》开始进行多科技术学院的实验；1995年，确立了多科技术学院的法律地位；2003年修订的《多科技术学院法》，规定多科技术学院具有学士学位的授予权，标志着芬兰高等教育双轨制的成立，2005年再次修订《多科技术学院法》，赋予多科技术学院硕士学位授予权。政府还以法令的形式规定了多科技术学院的人才培养标准，为应用技术大学的发展提供了政策上的支持。

（2）政府的资金支持。芬兰是世界上用于教育投入比重较高的国家，每年政府用于教育的投入占全部公共支出的10%以上，其中，2/3的资金来源于国家，1/3来源于市政府，充足的资金是推动高校转型发展的有力保障。

（3）循序渐进的提升过程。在推进高校转型发展中，芬兰采取了渐进的发展模式，从设立多科技术学院实验，到确立多科技术学院地位，继而全面推广，再赋予其学士学位授予权，最终获得硕士学位授予权，整个过程不是一蹴而就的，而是一边建设一边完善，使多科技术学院得以有序进行，全面发展，为芬兰的经济发展提供了高素质的技术人才。

四　瑞士

（一）瑞士高校的分类

瑞士是全球竞争力最强的国家，世界经济论坛公布的"全球竞争力排行榜"上，瑞士连续多年处于全球第一的位置，而其超强的竞争力得益于其完善的高校培养体系。瑞士的高校分为大学和应用科学大学两类，大学侧重学术研究，主要进行基础研究、前沿技术研究及教学等活动，应用科学大学侧重实践教学，突出应用型研究和开发。

（二）瑞士高校的转型发展

瑞士的高校教育一直富有自己的特色，其教育体制的一个很大特点是职业导向，其应用科技大学与中等职业学校相对接，学生在教育的中期就开始进行分流教育，根据学生的智力表现和兴趣，采取基本的三级分流：对于较弱的学生引导其将来从事技术含量相对较低的工作；对于中等生，可以选择职业技术学院，学习技能；对于成绩优异的学生则进行理论教育，将来进入大学继续学习，这样形成了系统的职业技能培养体系。为了更好地服务于区域经济社会的发展，1995年瑞士出台《应用科技大学联邦法》，将60多所规模较小的学院进行合并，合并成7所应用科技大学，其目标是培养创新型和综合型的应用型人才，以产业需求为导向，服务于区域经济发展，通过加强高校与科研机构、企业的产学研合作，整合创新资源，培养高素质的专业应用型人才，促进科研成果的转化，从而推动区域经济的可持续性发展。

（三）瑞士高校的课程设置

瑞士的应用科技大学以培养区域经济发展所需要的高素质专业人才为目标，学位课程的设置比较宽泛，注重学生实践技能的锻炼，在学习中企业参与度很高，实践教学环节占课程的2/3以上，从而使教育的有效性和实用性得以保证。瑞士的专业和课程设置以就业为导向，跨学科性较强，根据市场需求和经济结构的变化而不断进行调整与优化。同时通过开设短期进修课程、高级研修证书课程等为继续教育和培训服务。

（四）瑞士促进高校转型发展的措施

（1）政府政策法律保障。20世纪90年代，为了培养大批有实践能力、管理能力和创造能力的高素质应用型人才，瑞士政府于1995年颁布《应用科技大学联邦法》，以立法的形式明确了应用科技大学的地位。1999年颁布新的《大学资助及大学事务合作联邦法案》确定了高等教育的发展方向。

（2）高度的高校自治机制。瑞士是一个高福利的国家，高校的经费均由州政府或联邦政府提供，但是，高校具有高度自治权，政府不得无故干涉高校自治。

五　经验及借鉴

（一）明确高校发展的定位

无论是高校结构复杂的法国，还是"双元制"的德国以及"双轨制"的芬兰，其高校的分类都比较清晰，每所高校都有自己明确的定位与培养目标。研究型大学注重教学与科研，担负着科研的责任。而应用科技型大学，则面向社会需求，培养高素质的技能型技术人才。

（二）重视应用科技型大学的发展

各个国家对应用科技型大学和研究型大学的重视程度并重，既重视研究型人才的培养，提升创新水平与能力；又通过出台相关政策，赋予应用科技型大学与研究型大学同等的地位和权力，重视引导高校与企业的联系，重视学生实际操作能力和技能的培养，加大投入力度，培养大批高素质的应用型高技能人才，为社会经济发展提供了强有力的人才支持。

（三）根据社会需求发展自己的特色

无论是德国的"双元制"教育还是芬兰的分层管理，以及瑞士的职业教育特色，都是各个高校结合自己所处区域经济社会发展的人才需求，发挥自己的特色，重视社会所需人才的培养，为社会经济发展提供充足的高素质的人才，从而推进经济的持续发展。

（四）注重高校与企业的深度融合

应用技术大学在高素质专业人才的培养过程中，离不开企业的参与。一方面高校以满足企业的人才需求为培养目标，需要学生有扎实的专业基础知识、熟练的技能和较强的应用能力，学生的专业基础知识可以在校内完成，而学生的实践技能则依赖于企业的锻炼与实训；另一方面企业通过参与高校的专业调整、课程设置等培养环节，实现了人才培养与企业需求的紧密对接。通过加强高校与企业的深度融合，促进职业教育良性发展，提升应用技术大学的培养水平，也提升劳动者的就业能力。

第六节　新技术革命背景下高校转型发展的对策

新技术革命背景下高校担负着培养数以亿计的高素质劳动者、数以千万计的专门人才和一大批拔尖创新人才的任务，这是我国顺利实现由资源大国向人才大国转变的重要条件。

为推进高校转型发展的顺利进行，政府企业及高校应相互配合，整合资源，形成合力，共同推进。

一　重新划分分类标准，实现高校分类管理

高等学校教育质量评价体系是一个比较复杂的评价体系，不同类型的高校，不同社会的需求，很难使教育质量有一个统一的标准，在对其评价时要统筹兼顾好教学、科研和服务三者之间的关系，坚持"社会性标准"。

按照一定的划分标准对高校进行分类，制定相应的评价标准和资源配置方案，科学设计评价标准，完善评价体系。调整高校的布局结构，根据不同高校的特点纳入到不同的类别中进行管理和评价，充分发挥地方高校与企业行业之间的联系，使企业不仅是高校所培养的高素质人才的接收者，也承担着与高校合作培养人才的社会责任，实现真正的"校地对接"。引导应用型高校在各自领域和类别中发挥自己的优势，为相应的行业、产业提供所需的高素质的技能型人才。

一是通过重点支持应用基础型特色名校，使之成为主要面向经济

社会和行业发展需要的高素质创新人才培养基地。

二是重点支持应用型特色名校，使之成为主要面向经济社会和行业发展的高素质应用型人才培养基地，引领应用型高校发展。

三是重点支持技能型特色名校，使之成为主要面向产业转型升级和企业技术创新需要的高素质技能型人才培养基地，引领技能型高校发展。[①]

二 调整高校专业结构，建立与企业发展需求相适应的培养体系

教育主管部门要引导应用型高校，根据本地区的产业需求设置或新增相应的专业，对传统的专业进行改造和优化，积极设置具有良好发展前景、能产生显著社会经济效益的专业群，与地区产业发展需求相对接，与不同产业对人才需求相对接，使高校更好地、更精准地服务于区域经济的发展。

一是成立专家组，邀请行业、企业专家等根据高校的实际条件，结合区域经济发展和产业结构调整的社会需求，参与和指导优化学科专业结构和培养方案的调整工作。

二是围绕新技术、新能源和新材料等战略性新兴领域设置相关专业，由教育主管部门组织高校及行业专家共同制定专业标准和教学计划。

三是与产业、企业充分融合，将高校的特色专业融入产业集群或企业的发展战略之中，建立科研联合体，实现与不同产业所需人才的对接。

三 改变人才培养结构，构建校企深度联合的培养模式

普通高校向应用型高校转型发展，要从以往的学科本位向能力本位转变。一是加强企业与应用型高校的合作，共同建设应用型人才培训基地，国家对成绩突出的院校和企业给予必要的攻关项目和财政支持。二是共同建立实习就业基地。教育主管部门要与相关部门共同研究企业在高校教学实践环节中应承担的责任与义务，通过校企合作，

---

① 徐延宇、高源、王雅婷：《高等教育分类管理的几个关系》，《云南开放大学学报》2015 年第 12 期。

共同推进实习就业一体化，提高学生的实践技能和应用能力。三是加强高校教师队伍的建设，采取"引进来、走出去"的策略，实现高校与企业人才的互动，有计划地引导教师和科研人员到企业进行挂职锻炼，增强专业教师的实践能力；同时以合同聘任、人事代理等方式，从企业聘请专业技术骨干到高校兼职任教，加强实践环节的教学力量。

四　完善产学研协同创新机制，加强高校与产业的深度对接

一是赋予高校和科研人才更多自主权，明确其主体地位，包括建立高校教授委员会、高校科技成果转化委员会，以专业化和市场化的形式，推动科技与产业相呼应。

二是搭建信息平台，为产学研各主体提供更为便捷的信息交换服务，避免高校研究的盲目性。

三是通过完善高校与企业的产学研合作政策法规，加大财政投入等方式，建立高校与企业产学研协同创新的动力机制。

五　完善制度建设，实现高校整体的提升

高校的转型发展也是高校制度的转型，通过建立和完善现代大学制度，实现高校的整体提升。充分发挥高校自身特色，积极服务地方经济社会的发展，努力成为当地经济发展的"动力源"，服务和引领区域经济可持续发展。一是深化人事制度改革，探索教师发展的分类管理。深化聘任制改革，优化师资队伍的结构建设，成立高校教师教学发展中心，提高教师队伍整体素质。二是推行科研分类管理，提升高校科研创新和社会服务能力。根据区域发展的实际需求和科学前沿发展情况，加强与所在地政府的联合，充分调动高校、科研机构以及相关企业等创新主体的创新积极性，进行协同创新活动。三是加强绩效考核。构建科学的经费使用绩效评价指标体系，完善评价制度，提高办学效益。

第七章　新技术革命与教育公平

第一节　新技术革命背景下教育
公平理念的阐释

教育公平话题由来已久，古今中外的学者们纷纷从不同的角度对其内涵做出了阐释。从西方来看，教育公平的思想可以追溯到2000多年前的亚里士多德时期，其最先意识到全民接受教育应该是公民的法律权利，理应受到立法的保障，其提出的要"平等地对待平等的，不平等地对待不平等的"的教育公平思想对今天的教育公平同样起到理论上的指导作用。到近代的西方学者提出的教育机会均等学说、教育公平关系学说、教育平等说、教育公平差异学说等，从不同的视角出发对于教育公平的理解不尽相同，得出的结论也不同。众多学者多元化、多角度地对于教育公平的理念、问题和对策进行或深入或涉猎的研究，在不断丰富教育公平的内涵，提升人们对于教育公平的认识，改进了教育公平的公共政策的同时，也使时至今日的教育公平的理论研究变得过于庞杂，在实际决策中变得更加复杂化。在文章的写作过程中，笔者通过随机地对周围的人群进行简单访谈，发现人们对于教育公平的理解大相径庭，由此可以推测，不同的群体对教育公平的决策似乎很难得到一致的认可。

概括地说，多数学者倾向于将教育公平分为教育起点公平、教育过程公平和教育结果公平三个阶段来表述和研究，也有的学者在此基础上提出教育机会公平、教育质量公平和全纳教育公平等相关概念。

对于教育公平三阶段的内涵的正确理解，可以借鉴瑞典的教育学家胡森在《社会环境与学业成就》一书中提出的教育机会均等时期说的观点。即根据受教育时期不同，将其分为：（1）起点公平，是指入学机会公平，每个人都有不受任何歧视地开始其学习生涯的机会；（2）过程公平，指对待的公平，不论其人种和社会出身情况，可以考虑各种不同但都以平等为基础的方式来对待每一个人；（3）结果公平，是指取得学业成功的机会相同，即在受教育的权利和过程公平的基础上，使每个学生接受教育后达到一个最基本的标准，进而使学生成就机会更加均等。①

　　对于新技术革命背景下教育公平的考察，离不开对人类所处的社会背景和环境的考察。自 20 世纪 70 年代开始，以新技术、新材料、新能源为代表的第三次科技革命爆发以后，尤其是进入 21 世纪以来，随着以互联网、物联网和 3D 打印技术为代表的新技术的广泛运用，极大地改变了人类生产和生活的面貌，教育不仅是民生的权利，而且与社会经济的转型和发展息息相关。教育公平作为国家发展战略中新型人力资源培养和储备的措施，正受到越来越广泛的关注。新时期教育公平的理念也随之改变和发展。准确把握新技术革命背景下教育公平的内涵与结构、探讨其内在规定性和本质要求，方能为教育转型和公共政策提供理论依据。

一　从教育机会公平到追求教育质量公平的理念

　　适应新技术革命发展的要求，尤其是"互联网＋"时代的到来和"中国制造 2025"决策的提出，我国适时改革教育的方针和重点，在《国家中长期教育改革和发展规划纲要（2010—2020 年）》中明确提出"把提高质量作为教育改革发展的核心任务"，"制定教育质量国家标准，建立教育质量保障体系"。自此，促进有质量的教育公平就成为新时期我国教育公平的重点。这一表述揭示了公平的深层次内涵，即只有建立在教育质量基础上的教育公平，才是真正的公平。在

---

① 托尔斯顿·胡森：《社会环境与学业成就》，张人杰译，云南教育出版社 1991 年版，第 5—7 页。

原有的起点、过程和结果公平中，都要关注质量，必须以内涵和质量的建设作为公平的抓手。试想一下，即使每个孩子都可以上学，但是就读学校的硬件设施和师资力量差距很大，这能叫作实现了教育的起点公平吗？再者，教育过程中学生们接收的知识水准、信息量、能力提升度等教育水平差异很大，这能叫作教育过程公平吗？最后，获取高等教育的机会不同、大学毕业后不能因在校的学习成绩和能力的优劣而在这个社会中实现合理的就业，这能叫作结果公平吗？可见，教育质量公平贯穿在教育公平的整个过程中，涵盖了传统教育公平中教育资源配置的条件输入、师资配备等因素，又意在追求教育过程和结果公平的更高级形态的教育公平。

所谓教育质量公平，正如陈如平所说的："有质量的教育公平是指在我国教育事业规模和数量不断扩大的基础上，各级政府以推进教育公平为取向，以提高教育质量为重点，通过制定各种政策和采取相应措施，合理调节公共教育资源的供给和配置，满足社会公众享有高质量教育的需求，促进教育自身可持续发展和社会和谐发展的一种新的价值观念、政策取向和行动措施。"① 联合国教科文组织早在 2005年印发的《全民教育全球监测报告：提高质量势在必行》中指出，当教育已经很大程度上扩展了其规模和深化了其公平之后，重点在于开展"有质量的全民教育"。可见，保障优质教育、提升教育质量势在必行，它是实现全民教育的必由之路，教育质量公平的概念最初也是借鉴于此。教育质量公平是随着时代发展后，提出来的教育公平的更高级阶段。

新技术革命时期从机会公平到追求教育质量公平，还需要对其有一个正确的理解。

（一）教育质量公平体现了个性化、多样化的教育公平的理念

从同质化教育转向追求个性化、差别化和多元化，这恰好体现了从"有教无类"到"因材施教"的传统的朴实的教育公平思想。这一点也是正确理解教育质量公平的前提。允许差异性、允许个性化和

---

① 陈如平：《走向有质量的教育公平》，《中国教育报》2007 年 8 月 18 日第 3 版。

多元化，这样才能真正做到教育质量公平。

20世纪70年代，也正是第三次科技革命兴起之时，人类的教育理念也顺势做出了调整和改变。国际社会开始倡导一种多样化的和注重"选择"的教育公平理念，教育公平的标准不再局限于同一的平等，而是承认差别的平等。1972年，联合国教科文组织国际教育委员会在《学会生存——教育世界的今天和明天》中强调："教育上的平等，要求一种个人化的教育学……机会平等不等于把大家拉平。""给每一个人平等的机会，并不是指名义上的平等，即对每一个人一视同仁，如目前许多人所认为的那样。机会平等是要肯定每一个人都能受到适当的教育，而且这种教育的进度和方法是适合个人的特点的。"

教育公平是一个复杂的问题，其含义本身就包含着尊重"个性化""多样性"，以相同的方式对待相同的人，以不同的方式对待不同的人，这才是真正的公平。回顾半个世纪以来人类在追求教育公平上做出的理论和观念上的探索和进步，都在围绕着如何实现受教育者的个性化和整个群体的多元化成长而进行着不懈的努力，这为21世纪初教育质量公平概念的提出提供了理论依据。其中，美国政治哲学家和伦理学家罗尔斯提出的"有差异补偿"的教育公平理念对后人的影响是深远的。其基于"作为公平的正义"的思想出发，提出了新的教育公平的实施原则：一是教育机会均等原则，即每个人都有平等地享有受教育的权利和机会，这一点是对前人教育思想的继承，也就是教育起点公平。二是差异原则和补偿原则。这一点是罗尔斯教育公平思想的精髓，概括地说，就是教育公平并不是对所有人使用相同的标准，而是在尊重每个个体差异的前提下，以一种不平等为前提的"事实上的平等"。所谓"事实上的平等"就要求因人而异，从国家决策层面对事实上少受惠者给予适当的补偿，从而实现事实上的平等。举例来说，对于富有家庭的孩子和贫困家庭的孩子，以及不同区域的学生，不同种族的学生，要通过类似于"削峰填谷"式的措施，实现事实上的教育公平。这种做法就打破了以往的"一刀切"和"平均主义"的做法，做到事实上的公平。可见，罗尔斯的教育公平思想包括平等和自由两个维度，即在尊重和保护个体差异的基础上向多样化的公平迈进①，这对后来的各个国家的教育公平举措都产生了极为深远的影响。为此，美国进行了公立学校运动和 60 年代初期对黑人和少数民族子女进行的补偿教育运动。

到了 20 世纪后期，学者们认识到起点公平还只是初步的教育公平，开始将研究视角关注到教学课堂和校外的家庭环境等因素，关注教育过程的公平，并得出了两个重要的结论，即教育公平在校际的差别和校外社会背景的影响。其代表人物就是美国的科尔曼和瑞典教育家胡森。科尔曼的《科尔曼报告》对教育机会公平的含义做了新的界定，他认为，教育机会公平仅仅停留在实现教育投入在个体上的均等是远远不够的，更应该关注获得了公平教育机会的个体在教育的结果上是否也是公平的。② 从这份报告中可以看出，学术界对于教育公平的认知，已经开始由只关注教育起点公平或者说法律意义上的人人具有受教育的权利层面上的公平向关注教育结果公平的阶段转变，教育公平的观点和理解向前迈出了一大步。同时期，与科尔曼的思想一致的是美国新激进派的代表人物、著名教育评论家和社会批评家古德曼（Paul Goodman），其对美国的教育制度进行了强烈的批判，指出了美国的教育制度并不能满足学生多样性成长的需要，主张进行教育改革，通过提供小型化和多样化的学校教育，建立一种能够促进学生多样性和个性化成长的教育体制。他明确指出："教育机会应该是多方面的和多样性的，必须减少而不是扩大固定不变的和单一的学校教育制度。"③ 20 世纪 70 年代后，美国开展了意在追求教育过程和结果公平的择校运动。到 20 世纪 80 年代，为进一步促进教育质量公平，美国学者开始深度关注教育过程的公平。美国教育专家和教育政策分析家琳达·达林－哈蒙德通过对美国不同学校和学校内部教育的考察，发现了诸如教师的配置、教师对白人和黑人孩子的不同态度等细节因

① 约翰·罗尔斯：《正义论》，何怀宏等译，中国社会科学出版社 1988 年版，第 75 页。
② 马和民、高旭平：《教育社会学研究》，上海教育出版社 1998 年版，第 429 页。
③ Paul Goodman, *Growing up Absurd*, New York：Random House, June1960, Vol. 15, No. 2, p. 224.

素，都会对受教育者的学业成就产生影响；这些学校存在教育结构性不平等因素，在学校和教师生活的微观层面正在发生着教育过程中的不平等现象，不同社会阶级、种族和民族的人在获得学习机会方面是不平等的，这些问题都会对教育的机会公平、过程公平和结果公平产生影响。[①] 美国学者聚焦学校和教师层面的教育公平成为当时美国教育公平理念的关注重心。

围绕着教育的个性化和多元化，美国斯坦福大学教授奈尔·诺丁斯以关怀伦理学为基础提出的"因材施教"理论也颇具代表性；其影响意义深远。他认为，现实中的教育不是以尊重个体的特殊性、培养平等关系中的个体为主旨的教育公平，其实质上是不公平的。他的理论基础是以关怀为核心，指出人与人之间应该建立一种关怀型的关系，那么现实的教育体系不能满足个体的差异，不能以受教育者的兴趣为起点而设立不同的教育课程，实际上就不是真正的关怀型关系。教育管理者和施教者如果不能从真正关怀受教育者的角度出发，就无法建立真正的合理的教育制度，就没有希望实现一种有意义的平等。他指出："假设不平等可以通过强迫每个人学习相同的课程而得以消除，我们发现这是很大的一个错误……今天，学校所能做到的（社会似乎甚至不愿支持这一点）就是，为所有的儿童提供适当的设施，提供支持学术发展的长期的关怀的关系，提供非等级设计的差别课程。"[②] 所以，诺丁斯强烈建议改革现有的教育制度，强调尊重和平等对待学生的个体差异，尊重每个学生的尊严与价值，关心和理解每个学生。只有这样，才有可能实现真正的平等。

此外，为实现教育的个性化和多样化，学者们还阐释了教育和能力的关系，提出了因个体能力的差异而进行教育的理念。代表人物包括美国学者格林和詹克斯、加德纳等。格林提出了"平等与最善"的教育机会均等原理，认为教育资源的公平配置需要将"符合必要的教

[①] Linda Darling - Hammond, "Unequal Opportunity: Race and Education", *Journal of the Brookings Review*, Vol. 16, No. 1, June 1998, pp. 29 - 32.

[②] 奈尔·诺丁斯:《教育哲学》，许立新译，北京师范大学出版社 2008 年版，第 35—37 页。

育"与"符合能力的教育"相结合，以人与人之间的能力差别为前提，对同等能力的人给予同等最适合的教育，而对不同能力的人则给予不同但是最适合的教育。[①]詹克斯也提出，以适应孩子和家长的希望与需求为出发点，建立能够提供多种多样教育的理想的学校类型和教育制度，让学校成为适合每个学生身体和心理等全方位特点发展的有效机构，核心就是要体现学校制度的"多样性与可选择性"。同时期，美国学者加德纳提出了"多元智力理论"，认为每个受教育者都有独特性，人们具有多种不同的智力水平，而且这些智力都会受到其具体的认知领域和知识范畴影响，所以，教育首先应从每个学生不同的智力结构出发，选择相应的教育内容、方式和方法，促进教育公平与机会均等。[②]

受教育公平理论发展的影响，为追求教育的多样性和个性化，美国设计了一种"教育凭证"制度。以尊重个体和群体的教育权利为前提，因每个人的经济条件不同而设计"教育凭证"并颁发，把教育选择的权利交给受教育者自己，由受教育者自己选择最适合自己的教育。让接受教育凭证的家庭自由地选择学校。贫困家庭子女也可以持教育凭证进入费用较高的私立学校。同时不允许学校收取超过教育凭证面值的额外费用，但大量招收贫困家庭子女的学校可以获得财政补贴。美国的教育凭证制度对后来的许多发展中国家的教育政策的制定产生了一定的影响。

对于教育的多元化，我国的教育学者谈松华等认为，主要是通过教育类型、体制、结构、形式和内容的多样化，为不同能力和不同个性发展的学生创造适合的教育机会和条件，以此达到一种实质上的公平。学生是否真正受到公平的教育，更重要的是看教育者是否尊重了教育对象的能力和兴趣差异，使具有不同潜质的个人都得到充分发展，因此，学生是否受到平等而有差异的教育才是教育公平更本质的

---

① 翁文艳：《教育公平的多元分析》，《教育发展研究》2001 年第 3 期。
② 易红郡：《历史视野下西方教育公平问题研究》，《湖南师范大学教育科学学报》2010 年第 9 期。

要求。①

通过回顾自20世纪六七十年代以来的教育公平的文献资料发现，伴随着新技术革命的兴起，围绕着应该培养什么样的人为主题的教育改革和教育公平问题的探讨也多起来，积累了大量的丰富的、有价值的理论成果和实践经验。教育公平理论、观点和理念的发展，大多是聚焦在对于受教育者的个性化和多样性的培养，在此类教育改革的基础上通过制度设置来保障教育公平，这恰恰为21世纪到来后，教育质量公平理念的提出和内涵的准确把握奠定了扎实的理论根基，可见，教育质量公平更关注的是教育的个性化和多样性。

（二）教育质量公平体现了效率与公平的统一

对于教育质量公平不可进入一个误区，即以质量为前提而忽视公平。不可将教育质量公平与精英教育画等号。开始人们会认为，效率和公平是矛盾的，追求效率就必须以牺牲公平为代价，追求高质量的教育成果，就要以牺牲教育资源的公平配置为代价。例如，有些高中学校，为了提升高考成功率，会将学习成绩较差的学生劝退或者转学，以此来提升高考录取比率。或者某些地区将优质资源集中配置在一两所学校，而剥夺了其他学校和学生公平获得教育资源的权利。这两种做法都与本书所提出的教育质量公平背道而驰。本章所提出的教育质量公平是指提高全民的教育质量，促进全民享有优质教育。这在以前似乎是个缓慢的过程，但是在新技术革命时代，凭借技术的发展，它是可以加速实现的。正如维纳雅阁·奇纳帕（2012）所说："在见证了教育系统表现的几个特例之后，根据我早期在联合国教科文组织负责教育质量项目时对它们所做的评估，我敢说，全民优质教育绝不是一个神话，而是一个事实。"他认为，全民优质教育应该能够满足个体基本的和终身的学习需求。以学习者为中心的教学法应该丰富学习者的生活，使他们得到全面发展。不管性别、财富、位置、语言或人种，全民优质教育要求：健康、营养良好和积极进取的学生；训练有素的教师和积极主动的学习技巧；充足的设施和学习材

---

① 谈松华、王建：《追求有质量的教育公平》，《人民教育》2011年第18期。

料；可以用当地语言进行教学和学习，建立在教师和学习者已有知识和经验基础之上的相关课程；鼓励学习友好的、性别敏感、健康安全的环境；对学习成果，包括知识、技能、态度和价值有一个清晰的定义和准确的评估；参与式治理和管理；尊重并卷入当地的社区和文化。①

总的来说，教育质量公平是在更高级别上的教育公平。它是在提升全民的教育质量基础上的一种高水平的公平，切不可以牺牲公平为代价来提升质量。它是以学习者为中心，体现因材施教和个性化学习的教育质量公平。它确保学习认知能力的发展，强调教育在促进学习者的创造力和情感发展以及帮助他们树立负责任公民应有的价值观和处世态度方面所发挥的作用。优质教育（学校教育或其他有组织的学习方式）应该有利于获取知识、技能和具有内在价值的处世态度，并且有助于实现重要的人类目标。②

（三）追求教育质量公平涵盖了全纳教育公平的观念

所谓全纳教育公平的观念，根据《仁川宣言》③，就是所有人，不论种族、肤色、性别、年龄、民族、宗教、语言、国籍或社会出身、政治及其他政见、财产状况，无论是青年和儿童、原住民和移民、残障人士，尤其是处于弱势或被边缘化的人，都应当有机会接受全面与平等的优质教育，并享有终身学习的机会。同时，论坛也提出了建立"实现公正、包容、和平、可持续发展的社会，确保到2030年所有人享有公平而包容的优质教育和终身学习"的可持续发展目标，制定了一个将改变人们生活的、强有力的2030年教育新进程。可见，该教育议程更关注全纳意义上的公平，以便使所有人在享有公平的教育权利的前提下，可以获得依个人禀赋和条件基础上的相关技

---

① 维纳雅阁·奇纳帕、谷小燕：《教育改革：仍然在公平与质量之间权衡吗?》，《比较教育研究》2012 年第 2 期。

② 谈松华、王建：《追求有质量的教育公平》，《人民教育》2011 年第 18 期。

③ 2015 年 5 月 19—21 日，由联合国教科文组织主办，联合国儿童基金会、世界银行等六家机构协办的 2015 年世界教育论坛以"通过教育改变人生"为主题，通过了《仁川宣言》。

能，并得到应有的发展。新宣言再次强调各国在制度的设定上要避免只关注教育机会公平，而忽略受教育者不能在求学间获得相关技能此类的错误。

第三次科技革命很大程度上改变了人类的生活和生产方式，体现在国民经济的各行各业中，同样教育的供给方式和人们对于教育的需求也应时而变。在物质生活得到极大程度上的满足后，人们对于自身的生活和工作的方式也有了个性化的需求，这就体现在对于作为成长的重要手段的受教育的程度和水平也发生了不同于以往的新的要求，受教育不再是仅仅作为未来谋生的手段，而是演变成受教育者个体对于人生和未来的一种规划方式。个体不同，对于教育的需求也就不同。个性化教育，即因个体的禀赋和条件，以及环境和人生规划不同，产生差异化的需求。在这样的背景下，教育公平作为社会公平和正义的延伸，作为维护社会公平和发展的手段和基石，人们对于其公平的要求也从最初的"人人享有受教育的权利"的起点公平转向追求教育质量的公平。可见，它是人类经济和社会发展到一定阶段的产物。

新技术革命下，就是要实现以人为中心的教育转型，从应试教育到素质教育，从共性培养到尊重学习者的个性，从同质化教育转向差异化教育，从注重知识传授到注重思维能力培养，建立起以学习者为中心的教育质量公平。认识到这个层面，就可以得出这样的结论，一个国家通过努力实现了全体人民一定程度上的教育普及，扫除了文盲和其他的文化盲区，也不能说是实现了真正的教育公平，教育质量的公平才是现阶段真正意义上的教育公平。国家教育咨询委员会委员谈松华在论及后工业化时代与中国教育的关系时，反复强调教育多样化的重要性："为每个学生提供适合的教育才是最公平的教育，让具有各种不同才能的人才脱颖而出，是满足转型期社会教育需求分化的必由之路，也是解决教育公平与教育质量矛盾统一的良治之策。"①

---

① 谈松华：《因材施教，促进教育多样化》，《中国教育报》2015年5月21日第16版。

二 从教育机会公平到追求教育结果公平的理念

可以说，经过近一个世纪的不懈努力，伴随着人类科技水平的发展和经济水平的提高，在教育起点公平方面多数国家有着清醒的认知并取得了较为丰硕的成果。但是，提到教育公平就绝对绕不开教育结果公平这个棘手的问题。2015 年 11 月 4 日，联合国教科文组织发布的《教育 2030 行动框架》，实际上就是为全球每个国家提供了一个新时期的教育行动纲要，希望经过 15 年左右时间的努力，可以实现全球教育质量的提升，确保受教育者有扎实的理论学识、有创造性的思维和创新能力，同时具有优秀的品质和团队协作能力，这样就能够实现教育为人才培养服务，人才为环境、社会和谐和经济发展服务，而环境、社会和经济的巨大成就也是人类的成就和为人类服务的。保持这种良性循环，就实现了可持续发展。这个行动框架在一定程度上引起人们思考，教育的目的是什么？关注教育的目的和结果，从公平的角度来说，就是所谓的教育结果公平。每个受教育者是不同的，教育也不是自动化生产线，教育的过程充满了人性化和个性化、多样化，那么什么样的结果才是公平的呢？在新技术革命背景下，人们对于教育公平的理念由机会公平向结果公平的转变，体现了新技术对于教育改革的要求，促使教育公平的理念达到了一个更高级的阶段。综合来看，关注教育的结果公平，重要的理论贡献和启示在于：

（一）教育结果公平制度设计处于帕累托改进状态

对于教育结果公平的考量，国内外许多学者都意图通过可操控的数理模型来分析，认为教育结果公平与起点公平和过程公平是一致的，处于一个生态系统中，属于因果关系，受到自然环境、社会环境和文化环境多方面的影响。接受教育者、施教者及以家庭为中心的其他诸多客观因素都会在一定程度上影响着接受教育者可能取得的学业成绩。这些影响因素中，可以通过合理优化学校的结构和教学制度、提升教学水平、要求家长参与管理等手段，通过教育政策和管理制度来控制和调节这些变量，管理者也可以通过对教育资源更均衡地配置，有意识地调控可控的变量来实现教育结果公平，但是在学生、学校、家长这些可控因素之外，还存在大量的客观因素是不可控的，是教育本身所无法进行调节和操作的。这类变量包括学生的智力水平差异、学生家庭的经济状况和社会地位、学生成长的环境和经历，甚至一些突发事件等。目前来看，任何一种旨在提升教育结果公平的制度设计都难以实现"帕累托最优"的状态，即在不使任何一方状况变坏的情况下，而使另一方状况变好的状态。教育公平是随着社会政治经济文化的发展，科学技术的发展，甚至人的意识理念的发展，而逐渐演变和推进的。可以通过一个简单的函数模型来分析这点：假设一个国家的人口是 N 人，学习者是 M/N 人；监管者不是经济人，是大公无私的；科学技术足够发达，可以实现对每个人做出精确的评价，包括从孩子出生到孩子就业的整个过程中对于外在环境的经济状况、家庭背景和成长的其他一切影响因素，包括对孩子的基因、性格、智商和情商都能够做出精确的评价；所有的授课者水平完全相同。教育结果函数关系可以表示为：

$$E = f(A、L、I)$$

教育结果公平取决于科学技术、学生的自身因素和制度安排。假设函数中的 A 可实现，L 可量化，那么政府可以通过教育公平的制度安排，教育资源完全均衡的配置，实现教育机会公平；实行因材施教，实现教育过程公平；科学评价，实现教育结果的公平，有的人因材会成为学者，而有的人因材会成为环卫工人等。这个制度在当前还难以实现。所以说，当前的教育公平处于帕累托改进状态，即制度设计者要致力于在不使任何一方状态变坏的情况下，可以使总体的状况变得更好。

通过以上对教育结果公平的分析，也为学者研究教育结果公平提供了一种可行的思路，就是对教育结果公平本质进行分析的出发点，首先要将这可控和非可控的变量进行分离。教育结果公平的本质，并不是需要每个来自不同背景的学生在学业成绩上完全平等，而是将教育无法控制的那部分变量，如家庭背景、学生智力水平进行排除了之后，只考虑教育系统自身的变量对学习成绩所造成的影响是平等的。也就是说，无论学生之间家庭条件、智力水平等先天因素的差距如何，通过教育的过程，每个学生能够获得平等的教育上的增加量，这部分的平等才是真正意义上的教育结果的公平。① 这才是对教育结果公平正确的认知。

（二）教育结果公平的内涵是一种公正的不等同

前文的研究表明，教育结果的绝对平等是不可能的。为了在理论上解决结果公平的问题，学者们提出了一个"教育增量"的指标，作为考察一个社会教育结果的公平性和可信度。这样的话，教育结果公平的内涵就可以界定为，在平等和正义的原则下，考虑到受教育者的个体差异后，在平等的教育资源条件下，对于教育的结果使用教育增量来考察的一种相对平等的概念。由于是对教育增量的考察，就使教育结果公平在公共政策层面上得以实现。这种教育增量，一般可以用教育产出和教育影响来表示。教育产出表示的是在教育系统中，通过教育过程和投入教育资源后获得的一种直接的结果，比如学习的成绩、学位的获得、能力或素养的增长；教育影响表示的是教育的一种间接影响，来自当前的教育产出以及先前的教育经验。例如，由教育带来的高收入水平、较高的生活水平，以及其他有利的个人资本状态。② 许多国家明确对教育结果设定可以测量的基本标准，并要求学生达到此标准，以满足学生未来生存和发展的需要，以及国家和社会发展的需要。如今，人们比较接受的教育结果公平的观点，可具体地理解为每个受教育者获得为培养目标所规定的健康、全面发展和这种健康、全面发展的每个方面都获得与其潜能相应的一定程度的发展。目前，国际上常用的对教育结果进行测量的工具是标准化的成就测验，以此考查学生在接受教育后所获得的结果。一是大部分为基于常模参照测验的测量。常模参照测验重在个体之间的比较，多用于考试排名或选拔参照，如期末考试、中考和高考等，这些考试不以教育结果的公平为测量目标。二是基于标准参照测验的测量。如著名的国际学生评价项目（PISA）、国家教育进展评估（NAEP）以及国际数学

---

① 辛涛、黄宁：《教育公平的终极目标：教育结果公平》，《教育研究》2009 年第 8 期。

② 褚宏启、杨海燕：《教育公平的原则及其政策含义》，《教育研究》2008 年第 1 期。

与科学教育成就趋势调查（TIMSS）等都是对学生的学业成就进行监测与评估，同时也在收集学生、教师、学校等各方面的背景信息，从而对学生个体以及地区和学校差异进行控制，客观地分析教育结果。三是教育结果的综合测量。齐格对教育结果的概念进行了比较全面的概括，包括学生的健康水平、认知技能（如问题解决技能）、特殊内容领域（如科学或数学）的成就、社会和情感因素（如自我意向和成功期望）等。除了考察学生的学业成就外，还将学生的身体状况和心理发展等因素也纳入进来。这一类型的测量能全面地反映教育结果的综合状况，反映了教育不仅仅是知识的讲授，还需要对学生个体的身体、情绪、社会性的发展予以培养和关注。①

人类进入 21 世纪后，由于社会多元化的发展，教育的结果也势必多元化。人们意识到受教育的重要性，也在追求教育结果的公平性，这就要求管理者能够提供一种"天生我材必有用"的成长环境和"人尽其才"的教育结果。在尊重人的个性化、差异化和多样化的前提下，致力于建设一个更理想的教育体制和教育方式。当然，教育结果公平不单是教育系统的事情，更需要整个社会环境的改善，摒弃社会大环境，只谈教育改革，那只能是一种空谈和理想。有理由相信教育结果会越来越公平，这种必然既有管理者的不懈努力，也受到以需求为核心的市场化势力的推动。针对教育结果的公平，课题组认为，既有前文所描述的国际通行的增量标准的要求，也与这个国家人们的认识程度有关。当人们越是以"考学"作为教育结果公平的标准时，可能这个结果的公平性标准越高，越难实现；当市场化发展对人才的需求变得多样化，以及市场化发展到一定程度，整个社会企业都只是能够获得平均利润时，人们也会意识到"考学"并不是唯一的出路时，更会注重自身个性化和兴趣的发展，教育结果公平更容易实现。从发达国家走过的历程来看，似乎能够从实践中证明这个有些争议的提法。发达国家所谓的公务员和事业单位的工资并不具备优势，

---

① 辛涛、田伟、邹舟：《教育结果公平的测量及其对基础教育发展的启示》，《清华大学教育研究》2010 年第 4 期。

脑力劳动和体力劳动的工资并不悬殊，甚至可能"蓝领"的工资比"白领"的工资还要高，在这种状况下，会使学生和家长认识到具备"一技之长"和"学有所用"要比一味地追求名牌大学更实用，尊重自身的兴趣爱好，努力挖掘自身的禀赋和特长，更容易获得成功，更能够将工作变成事业。当这种认识和现实局面展开后，教育结果公平自然会得到改善。

第二节　新技术革命背景下我国教育公平存在的问题及成因

对我国的教育公平问题的关注，可以分成两个阶段：一是 2000 年以前，由于受教育者的人数所占比例不高，所以教育公平的受关注程度也不高；二是 2000 年后，我国实行了九年制义务教育和高等教育大众化措施，使更多的人有了受教育的机会，但是人们对于教育公平的关注度提高，教育不公的报道也逐渐多了起来，这显示了人们意识到了受教育的好处，教育可以改变一个人的命运，也显现出人们对于权利、义务和责任的关注，这是一个国家文化自觉和自强的表现。

我国的教育公平问题经过多年的努力，在教育起点公平方面取得了很大的成绩，人们受教育的权利基本得到了保障。资料显示，早在 2010 年我国义务教育的人口覆盖率就已经达到了 100%，初中毛入学率达到 98%，全面普及九年义务教育的蓝图早已实现，同时我国的基础教育进入了"后普九时代"。

但是，由于我国国土辽阔、人口数量居世界首位、民族众多、文化差异大、地区间经济发展水平落差大等客观事实的存在，加上在经济发展过程中实行非平衡发展战略，区域间经济发展程度不同，社会教育观念陈旧，教育和学术腐败现象屡禁不止等问题的存在，使教育公平问题变得更加复杂。尤其在信息社会中，网络的传播速度快，资源多且覆盖面积大，一些问题一旦出现，就会迅速反映出来并且引起人们的热议。比如，农村留守儿童的教育问题、进城务工子女的教育妥善安置问题等，使人们更加关注教育公平，部分人群也对教育公平持有怀疑的态度。

在新技术革命背景下，追求有质量的教育公平是核心问题，我国目前正在大力进行的教育信息化的改革和建设，就是提高教育质量，促进教育质量公平的富有战略意义的教育举措。我国的教育公平中一直存在的诸如教学硬件资源的均衡配置、师资力量的均衡配置等老的教育公平问题还没有解决好，可以把初级的教育公平问题界定为"教育公平 1.0"；目前，追求的教育质量公平，是在"工业 4.0"的背景下提出来的，教育如果能够打通教育供给和社会需求的渠道，实现均衡，消除结构性失业，那么这种高级阶段，可以定义为"教育 2.0"，与教育的改革阶段相适应，可以把这个阶段实现教育的个性化和多样化、终身教育和学习、学有所成，这类教育公平问题界定为"教育公平 2.0"。我国目前的状况是"教育公平 1.0"时期的突出问题诸如城乡差距、阶层差距、区域差距和校际差距依然存在，而在"教育公平 2.0"时期又表现出教育过程中的诸如应试教育、填鸭式教学模式等传统教育模式不能适应因材施教，中小学的课程内容陈旧老化，不能适应时代发展的需要等新问题。

一　阶层差距成为现阶段我国教育公平的主要问题

应该说在追求教育质量公平的过程中，教育的城乡差距、阶层差距、区域差距和校际差距这些问题还依然存在。这些既是教育不公平的表现形式，也是教育不公平的原因。课组织认为，在这些差距中，阶层差距突出成为现阶段我国教育公平的主要问题，同时也是导致城乡差距和区域差距的主要原因。

所谓阶层差距，是指具有较强的文化资本、经济资本和社会资本的优势社会阶层的子女，能够更多地享有高质量的教育，而收入低、文化基础差和社会背景浅的阶层，比如农村学生和弱势阶层的子女享受很少，或者享受不到。层次较高者在享受教育质量和高等教育机会与关乎就业的教育结果竞争中处于明显优势；反之层次较低者在各个方面都处于明显劣势，且优势、劣势之间差距较大。杨东平在其获奖发言中说:"阶层差距成为现阶段影响我国教育公平的重要问题。"①
阶层差距引起的教育不平等,可以用教育结果来窥见一斑。哪个阶
层能够获得更好的教育机会和更优质的教育资源,将直接影响到该
阶层后代高等教育的入学状况,以及毕业后找工作的状况,这已经
成为当前教育公平的焦点问题。由此衍生的教育遴选机制也成为各
阶层及其下一代分化流动的关键要素。有的学者则立足我国社会现
实,以地区分层、职业分层、权力分层、学历分层、收入分层五个
维度作为切入点,研究了我国当前社会结构的分层,并指出我国社
会分层结构的变化锐化了教育利益的矛盾,新的教育不公平也随之
产生。

与杨东平的观点一致,凌琳、杨文伟深入地分析了我国教育不公
平的城乡差别、校际差别、结果不公平等问题都与阶层差距有关,阶
层差距已经成为现阶段我国教育不公平的症结所在。

通过对高等教育机会阶层辈出率这一指标的考察,即某一社会阶
层子女,在大学生中的比例与该阶层人口在同一社会全体职业人口中
所占比例之比,就可以较为准确地看出阶层差距的教育不公平。

从表7-1综合来看,无论是以父亲阶层为基准,还是以母亲阶
层为基准,商业服务业人员、产业工人、农业劳动者和无业失业半失
业人员这几大相对弱势阶层子女高等教育机会辈出率不仅低于社会平
均水平,而且远低于国家与社会管理者阶层、经理人员阶层、专业技
术人员阶层、私营企业主阶层、个体户阶层和办事人员阶层这六大相
对强势阶层。社会已经呈现出明显的代际强弱分化,而这种分化背后
都是各自家庭所在阶层固化形成的结果。目前来看,这种分化还未呈
现缩小的趋势。

二 收入差距是导致阶层差距和城乡差距的主要原因

阶层差别进一步加剧了我国教育公平中本已存在的城乡差别、区
域差别。阶层差距主要是由收入不平衡引起的。

---

① 搜狐教育:《杨东平获法国人文奖项 警惕城镇化虚火烧城乡教育》,搜狐教育,
http://learning.sohu.com/20151025/n424104702.shtml,2015年10月25日。

表 7 – 1 　　　　　　2006 年高等教育机会辈出率　　　　　单位:%

阶层类别	社会阶层总构成比例	国内学者调查数据			
		抽样高校学生家庭阶层构成比例（以父亲阶层为基准）	以父亲阶层为基准的辈出率	抽样高校学生家庭阶层构成比例（以母亲阶层为基准）	以母亲阶层为基准的辈出率
国家与社会管理者	2.1	14.07	6.7	8.082	3.85
私营企业主	1.0	6.484	6.484	3.378	3.38
经理人员	1.6	6.044	3.778	2.895	1.81
专业技术人员	4.6	11.76	2.557	9.891	2.15
办事人员	7.2	10.44	1.45	12.55	1.74
个体工商户	7.1	13.52	1.904	14.11	1.99
商业服务业人员	11.2	1.868	0.167	3.981	0.36
产业工人	17.5	7.143	0.408	8.203	0.47
农业劳动者	42.9	27.14	0.633	32.69	0.76
无业失业半失业人员	4.8	1.538	0.32	4.222	0.88
合计	100	100		100	

资料来源：中国社会科学院社会学研究所陆学艺课题组所得出的十大社会阶层比例数据。[1]

　　就我国教育中的城乡差距来说，其实质上也是阶层差距在城市和农村的一种表现。由于我国特有的户口制度，农民与土地相挂钩，农民的教育、医疗服务等活动也只能由其所在地的政府提供。即使在进城务工后，他们的农民身份也改变不了，不能同市民一样享有城市带来的医疗、教育、社保等各种公共服务。在大规模的农民进城务工的过程中，当前我国出现了"留守儿童"这个特殊现象，包括农民工留在农村的子女和随其进城的子女。《中国留守儿童心灵状况白皮书（2015）》的数据显示，农村"留守儿童"有6100万人，57.2%留守

---

　　[1]　凌琳、杨文伟：《当前教育公平问题的若干动向及启示》，《大学》（研究版）2015年第3期。

儿童的父母一方外出，42.8%则是父母同时外出，其中，近1000万孩子一年到头见不到父母。由于城乡分治的现状，城市社会还没准备好完全接纳他们，农民工子女的受教育的权利和享有平等的教育水平成为当前较为突出的教育公平问题，是阶层差距的一个主要表现。

阶层差距主要是由收入的差距、贫富的两极分化造成的。如表7-2所示。

表7-2　　2014年全国31个省（区、市）城镇居民人均可支配收入对比

排名	地区	2014年总额	增速（%）	2013年排名	2000年排名
1	上海	47710	8.8	1	1
2	北京	43910	8.9	2	2
3	浙江	40398	8.9	3	4
4	江苏	34346	8.7	6	8
5	广东	32148	8.8	4	3
6	天津	31506	8.7	5	5
7	福建	30722	9	7	6
8	山东	29222	8.7	8	9
9	辽宁	29082	7	9	19
10	内蒙古	28350	9	10	22
11	湖南	26570	9.1	12	12
12	重庆	25133	9	11	11
13	湖北	24852	9.6	17	17
14	安徽	24839	9	15	20
15	广西	24669	8.7	13	14
16	海南	24487	9.3	16	18
17	河南	24391	6.8	21	30
18	四川	24381	9	22	13
19	陕西	24366	9	18	23
20	江西	24309	9.9	24	25
21	云南	24299	8.2	14	10
22	河北	24220	9	19	15

续表

排名	地区	2014 年总额	增速（%）	2013 年排名	2000 年排名
23	山西	24069	8.1	20	31
24	宁夏	23285	8.4	25	28
25	吉林	23218	8.8	23	29
26	黑龙江	22609	8.4	29	27
27	贵州	22548	9.6	26	24
28	青海	22307	9.6	30	21
29	新疆	22160	11.5	28	16
30	西藏	22026	8	27	7
31	甘肃	20804	9.7	31	26

资料来源：《光明日报》2015 年 3 月 25 日。

从表 6-2 的国家统计局数据中就可以看出位居前 9 位的上海、北京、浙江、江苏、广东、天津、福建、山东、辽宁的城镇居民人均可支配收入超过了全国平均水平的 28844 元。而位居前 3 名的上海、北京、浙江的城镇居民人均可支配收入已经超过了 4 万元；把全国 31 个省（区、市）分成三部分，可以发现位于前 9 名的省份都在我国的东部地区，而后九名中除吉林和黑龙江外，尤其是后 4 名的青海、新疆、西藏和甘肃都位于我国的西部地区，中部地区省份的收入排名也处于中间位置。这基本就可以看出我国东部、中部、西部的差距；排在第一的上海的人均可支配收入是后 10 个省份的两倍左右。除前 10 名之外，其他省份的人均值都低于全国平均水平。还要看到，这些仅仅是平均数值，即使经济不发达地区的富人们也为贫穷者背了不少的平均数。反映总体收入差距的实际状况，基尼系数是更有一定说服力的指标，中国基尼系数 2009 年为 0.490，2010 年为 0.481，2011 年为 0.477，2012 年为 0.474，2013 年为 0.473，虽然呈逐步回落趋势，但是依然处在 0.4 警戒线以上，仍须引起高度重视。[1]

---

[1] 冯蕾、鲁元珍：《2015：收入增长如何更公平》，《光明日报》2015 年 2 月 26 日第 15 版。

教育支出作为我国家庭所占比例大的支出项目，有人测算，一线城市目前养育一个孩子直到大学毕业，至少需要花费 50 万—130 万元，如果还要海外留学，至少要 200 万元。教育本身就是一项投资，家庭收入的不同对于孩子能否成功考入大学具有一定的决定作用。为什么城里的孩子上名牌大学的比例越来越高，农村的孩子比例越来越低，与家庭收入和教育支出的数额是有密切关系的。不容忽视的事实是，目前城里的孩子在学校课堂外的教育支出（如补课行为）少则几千元，多则几万元。按照国家统计局公布的数字，2015 年全年全国居民人均可支配收入 21966 元，2015 年城镇居民人均可支配收入达到 31195 元，农村居民人均可支配收入为 11422 元，收入差距为 1.73 倍。收入差距的存在导致了阶层差距，对于教育的质量公平和结果公平的影响短时期内很难改变。

三　阶层差距导致社会负能量蔓延，加剧教育不公平

如果说阶层收入的不同引起阶层差距，这在任何一个国家和社会都存在。只是在不同的国家，贫富差距所带来的教育差距不一样，在高度发达的国家，经过多年的治理，包括"教育凭证"制度的广泛使用，使富人和穷人在受教育过程中差距很小，甚至没有差别。我国现在的情况是，除了收入的差距导致阶层差距，引起教育机会和过程不公平外，更为严重的问题是，它会导致教育结果的不公平。具体表现在"好大学"的高考录取率和大学毕业后的就业方面，高收入阶层的子女在这两个方面明显强于低收入群体。出现了类似于经济学中的"贫穷循环理论"的现象，即贫穷的原因是由于贫穷，又会进一步加剧贫穷。优势阶层子女考学和工作概率更高更好，低收入阶层的子女概率更低更小。教育社会学学者把这种现象称作阶层差距的固化和传承行为。即社会各阶层尤其是强势阶层和弱势阶层在"二代"之间的分化，不仅体现在财富和权利上，还体现在获得高等教育机会的代价和成本上，父辈之间所形成的阶层差距，正在通过教育特别是高等教育的途径实现着固化和传承；[①] 更有甚者，还存在凭借背景而产生的

① 杨文伟、马宁：《阶层固化的内在逻辑及负面效应》，《社会科学论坛》2015 年第 5 期。

剥夺行为。这种教育中阶层差距的"剥夺"行为和现象，可以理解为富有阶层中的部分人运用权力和金钱将本不应该拥有的权利和机会据为己有，剥夺其他人的份额，使被剥夺者失去进取的机会和权利，进而蔓延到剥夺者将其剥夺行为视为能力，被剥夺者只剩下无奈和逃避，对公平丧失信心，将不公平看作是正常的事情。不公平对社会造成的负能量才是我国实施教育公平政策最大的绊脚石。必须逐本溯源，教育公平才可能真正实现。

具体来说，比如存在的择校问题和异地高考问题。富有阶层可以通过对重点学校的捐助行为而获得重点学校入学的机会，也可以通过一定的办法实现异地高考，这必然会替代掉另一个学生的机会；在教育结果公平中的学生就业这点上，家庭背景及其阶层出身在年青一代向上流动中所起的作用越来越大，这集中体现为大学生就业出现明显的不公平态势。网络新词"拼爹"，就是对这种现象的一种最好的描述。父母的能力在孩子找工作中起到了至关重要的作用，造成所谓的"职业世袭"现象。有学者指出，父亲的能力决定了孩子的工作，现在不是孩子找工作，更多的是父亲在找工作，"父亲就业时代"到来了。绝大部分优质的就业机会和工作岗位，基本上已经被强势阶层子女所占据。出身贫寒的大学毕业生只能选择第一、第二产业的普通岗位，有的甚至弃考弃学外出打工，导致就业率逐年走低。中国社会科学院发布的《2014 年中国社会形势分析与预测》指出：我国农村家庭普通本科毕业生就业最困难，失业率高达 30.5%。[①]

四　阶层差距导致教育结果不公

尽管目前国家强调"双一流"建设，但不可否认的是，在许多人心中对我国大学仍持传统的分类模式，即对现有大学简单地分为以"985 工程"院校和"211 工程"院校为代表的重点学校和其他非重点学校两个类别。从传统意义上说，重点大学的科研和教学水平自然

---

① 杨文伟：《转型期中国社会阶层固化探究》，博士学位论文，中共中央党校，2014年。

会高出很多，同时财政和政府的支持力度也远远高于普通院校，学生毕业的就业形势也好于其他院校，当然，考取的难度也高于普通院校。但是现在的问题在于，从教育结果公平的角度来考量，弱势群体的子女上重点大学的难度相对更大，这一点在前面已经详细论述过。同样，在城市里面的重点中学中，社会优势阶层的子女占有绝对比例，成为研究性大学的主要生源地。而一般类大学则主要容纳了来自低收入阶层的子女。这种阶层差距导致的教育结果不公，会阻挡贫困家庭的子女通过学习上升到高收入阶层群体的渠道，打破社会正常循环的链条，因为无法证明来自低收入家庭的子女未来的创造力和工作能力就会低于高收入家庭的孩子。

应该看到，农村的孩子尽管义务教育的毛入学率基本实现了100%，但是，九年后农村孩子的辍学率依然很高。课题组在对某农村中学调研中发现，农村孩子的中学辍学率依然不低。客观地说，国家通过不断地为农民减负，农民的收入近年来已有所提升，孩子辍学并不完全是由于家庭困难承担不起目前或未来求学的费用所导致，而是主要对于求学的前景抱有失望的态度，或者说是教育前景不乐观。具体来说，认为农村的教育质量不如城市，农村孩子竞争不过城里的孩子，考大学难；就是孩子即使考上了一般性大学，由于就业难，找不到好工作，上不上大学就显得意义不大了。所以，在孩子初中毕业后，如果本身学习成绩不好，或者不爱学习，很多农村家庭并不会强迫或全力支持孩子进一步求学，而选择中途退学。辍学后的中学生大多从事简单的体力劳动工作。仅仅九年的学习程度，在新技术革命背景下是无法适应和满足社会复杂工作需要的。

在新技术革命的背景下，新技术在生产中的充分运用，必然会对人力资本产生替代，美国的产品成本在不远的将来会与我国持平，甚至还要低，主要的原因就是智能化设备对人力的替代，生产中使用的人数越来越少是一个不可避免的趋势。马克思很早就论述过工业化大生产对人力的替代这个规律。随着固定资本 C 的投入和比重增多，必然会对可变资本 V 产生替代作用。新技术革命时期，智能化和物联网的大量使用，简单劳动的人力资本的作用会越来越小，具有创造性活动的人力资本反而会变得更加突出，并成长为新时期经济的增长动力。此外，我国目前正处于经济增长放缓期和结构调整期，根据奥肯定律，经济增速每下降1%，会带来4%的失业。这使得学生毕业后的就业前景不明朗，工作的搜索成本、读书的财务成本、机会成本都增多，导致农村孩子的辍学率依然较高。有的学者就此提出社会上存在着一种"读书无用论"的消极观念。不同社会阶层出身的受教育者，在受教育的过程上和结果上出现不同，出现阶层分野和固化，加剧了教育不公平。

五　教育投入总量和结构的不足加剧城乡差距

长期以来，由于我国的教育投入实行中央和各地方分头筹措管理的制度，使教育在投入方面，区域之间和城乡之间的差距越来越大。现在的状况是，城市教育无论在学校的基础设施硬件，还是在教师的数量、教学水平、教育资源等方面，都比乡村的条件好很多，再加上城市的财政总额也好于乡村，教育经费的投入数量自然大一些，使城市的教育水平水涨船高；而在农村地区，由于历史原因，教育的基础设施较差，再加之其教育经费大都由县级财政筹集，即使在相同比例下，教育经费投入的总量也明显不足，使本来就在教育设施方面落后于城市的农村教育更加落后，尽管近些年来中央财政有针对性地加大对农村教育的投入，但是由于历史欠账较多，农村地区尤其是经济不发达地区教育事业的贫弱状况还没有得到明显改善。我国当前教育经费投入不足，虽然2014年国家财政性教育经费支出已经占GDP的4.3%，这是历史性的进步，各级政府为此做出的努力值得肯定。但是，即使以教育投入占GDP 4.3%的水平来看，我国教育经费投入还是远远不够的。

当今世界上的发达国家和发展中国家无一不把教育投入放在国家财政预算的重要位置。据了解，从全世界范围看，平均水平为4.9%，欠发达国家的平均水平为4.1%，美国为8%，日本为5%，印度为7.4%。作为世界上教育经费支出最高的国家，美国各州级政府始终保持着重视教育投入的传统，大部分州40%以上的经费都用于教育，地方政府的财产税主要用于教育支出，从而为其成为教育强国和人才强国奠定了雄厚的物质基础。①

此外，我国用于教育发展的公共财政投入32%的经费都投入到了高等教育中，其中三成左右又都集中用于100多所"985工程"、"211工程"重点大学的建设，经费结构并不合理，涉及社会公平的义务教育、对国家产业升级和社会转型具备重要意义的职业教育都未得到充足的经费，这样造成的直接后果就是城乡间教育不公状况继续恶化。

六 传统教育模式导致教育质量公平难以实现

怎样来描述我国现有的教育模式呢？其主体特征可以概括为应试教育模式，重视共性的培养，不注重个性化培养，就连答题过程中没有写"答"或者"解"字，都要被扣分，有着严格的步骤分数，学生的学习过程就像是军人踢正步一样，不允许有任何的不同；课堂上是单一的填鸭式教学模式，老师具有绝对的权威，学生不能有不同的意见，不能越雷池半步；老师和学生受高考指挥棒的指引，学生大部分学习时间实行的是题海战术，深研答题解题的技巧，我们的学生论答题的功夫可以排在世界的首位，可是学习的宽度和范围，掌握的科学原理却远远落后于发达国家。从小学到大学，美国学校的课程比我们的要明显丰富很多。如离散数学、微积分、数理统计、量子力学、地球与空间科学、计算机辅助设计、音乐理论与作曲，等等，都可以在美国很多高中的课表中看到，其丰富程度是我们许多高中所无法比拟的。

我们的学生考试的题目要比国外难得多，以高分成绩录取的学生却未见得毕业后的创造力比国外的学生强，甚至还不如，这种状况不得不发人深思。是不是我们的教育模式出了问题？是不是我们人才培养的方向出了问题？为什么我们的学校总是培养不出杰出的人才？钱学森认为，我们的学校没有按照培养科技发明创造人才的模式去办学。这个所谓"钱学森之问"，恰好是我国现有教育模式的一个真实

①　中央企业班组长培训团：《中央企业班组长赴美培训纪实》，《现代班组》2011年1月10日。

写照。如果沿着一条正确的道路走，我们的教育改革就会成功；如果方向是错误的，即使耗费再多的资本，也不会获得成功。

我们现有的这种唯考试论的教育模式已经严重扼杀了学生的创造力。今天，越来越多的人认识到，学校学习最重要的目标并不是掌握一些特定的知识，不是那些可以很容易通过移动互联网，借助网络工具搜索到的特定的知识，而是思维模式和能力、品质及责任意识的培养，是职业胜任力和职业竞争力的培养。

第三节　国外促进教育公平的经验

"他山之石，可以攻玉"，成功跨越了中等收入陷阱的日本和韩国同属东亚，在民间文化方面也有很多相似之处，它们的一些成功经验很值得学习。此外，欧美发达国家、印度、巴西等国家的经验教训对我国也有许多可借鉴之处。

一　日本义务教育资源均衡配置和教师流动制度

日本最可贵的教育公平的经验就是在全国范围内实行严格的教育资源均衡配置和教师定期轮换制度。日本政府始终坚持教育的公益性和公共性原则来分配教育资源，对义务教育在全国范围内实现教育成果的均衡共享与教育平等。免除所有义务教育阶段公立学校的学杂费开支，对于义务教育阶段公立学校的所有教职工实现统一的公务员管理制度，防止教师资源的任意流动，通过国家统一调配教育资源经费，保障全国义务教育阶段受教育者享受同等的教育资源促进教育公平。不同地域间学校的基础建设和教学设施的配备基本相同，且新建的学校必须满足在校学习的每名受教育者都具有与其他地区基本平等的学习条件和设施，否则将无法办学。

同时，日本在义务教育阶段的公立中小学严禁设置重点校、重点班，不设跳级制度，保持适龄受教育者学业上齐头并进。义务教育阶段学校教职工的工资开支由国家财政直接拨付，教学装备由国家直接采购和配套，这样一来，就杜绝了校际差距。

日本政府要求举办学校尽量在小规模的基础上办出学校的特色，如学习促进型学校、学科爱好型学校、国际交流型学校等，采用的办学标准多样化，家长可以根据自己的价值选择合适的特色学校。在课程建设中，日本将教育多样化发展的重点推向体验式学习，其中，"综合学习时间"是日本课程体系中一个显著的特色。根据日本文部省修订的"学习指导要领"，从 2000 年起，日本义务教育阶段中小学开始设置"综合学习时间"课程。这个"综合学习时间"课程，实际上是增加教育实践的举措，通过各式各样的体验式学习，使受教育者把各科所学到的知识、技能，在实践中获得综合运用，提高受教育者解决实际问题的能力。

日本最成功的经验就是实行教师定期流动制度实现教育公平。日本义务教育阶段非常强调校际轮换教师，尽量保持校际间不出现师资、设施设备上的差距。包括在同一市、街区、村之间的流动和跨县一级（相当于我国的省一级）行政区域间的流动两种形式。全国公立基础教育学校教师平均每六年流动一次，多数县级中小学校长 3—5 年就要换一所学校。一名校长从上任到退休，一般要流动两次以上。这些均由政府主导，因此能够保证人才资源在地域之间、城乡之间、校际的合理配置，有利于教育公平的实现。同时，也由于教师的定期流动，增进了教师的交流，有利于保持教师的进取心和敬业精神，提高教师队伍的专业素质。所以，全国各校的教学质量差别不大，新生可以按其所属学区就近入学，家长也免除了择校的麻烦。①

为了确保这种教育的均等性，日本先后制定了《市镇村立学校教职工工资负担法》《地方财政法》《义务教育国库负担法》《地方交付税法》《私立学校振兴法》等，严格按照法律中的规定制定教育政策，保障教育公平的顺利进行。

特别强调的是，日本公立学校的教师享有全国统一的公务员待遇，教师的校际交流与公务员的工作调动流程大体相似，教师交流非

---

① 杨曾阳、黄崴：《城镇化进程中发达国家教育管理体制改革经验及对我国的启示——以美、日、德、英四国为例》，《当代教育科学》2014 年第 1 期。

常便捷，这与我国的教师编制的做法有很大的差别。教师的定期流动，既促进了教育成果的融合与分享，又提高了教师的工作热情，对合理平衡校际差距、保持全国范围内教育水平整体均衡起到了非常重要的作用。

二　韩国以"平准化教育"，促进教育结果公平

韩国值得一提的是实行"平准化教育"，促进教育结果公平。具体的做法是中小学教育质量在达到标准、均衡的基础上实现统一和公平。在进入高中时，取消考试，而改为通过推荐、书面材料、区域配置等方式招收学生。韩国政府为进一步推进基础教育从过去的应试教育向素质教育、创新教育发展，也对大学入学考试制度进行了改革，引进美国的大学入学资格考试制度，将大学统考改为"大学修学能力考试"，使考试淡化到类似于全国会考，注重学生的人格与能力的考察。韩国政府从法律上也限制各大学再进行正规的二次考试，只能采用小论文、面试等小测验录取，占总招生数的 60% 多。高中综合成绩在大学录取中也发挥着重要作用。有特长的学生可以通过"特别选考"进入大学，占 35% 左右。因此，基础教育阶段的研究型课程和课外、校外活动十分活跃。在韩国初高中的教学计划中已很少能看到繁重的课时安排，取而代之的是以学生为中心的素质教育，道德、法制、人文、信息、实践教育在基础教育阶段均得到加强。[①] 虽然"平准化教育"改革也饱受诟病，认为削减了韩国学生的学习能力，不利于拔尖人才的选拔。但是，在解除了高考的压力之后，为青少年提供了更多的进行国际交流、多样化能力培养的机会，为素质教育和创新教育提供了广阔的发展空间与机会，这是一种制度创新和突破，促进了教育公平。

三　印度的长处在于注重学生数学和软件开发能力的培养

作为"金砖五国"之一的印度，虽然在最新的《全球竞争力报告》中，落在中国之后，但是，在教育改革领域，印度还是有一点值得我们学习的。众所周知，印度是世界第二大软件超级大国，有着大量的软件技术人才储备。长期以来，印度一直把软件产业作为经济腾

---

①　梅秀荣：《国外是如何促进教育公平的》，《学习月刊》2007 年第 3 期。

飞的国民经济支柱产业，为了培养软件人才，印度从小学教育起就高度重视数学教育，并在学业成长中，在数学教育中加入软件开发的思维。印度培养出来的学生英语好，沟通无障碍；数学好，在教与学的过程中，师生对此课程都高度重视；计算机操作能力强，软件开发能力超强。这三点在新技术革命的时代背景下，倒是很符合经济发展对于新型人才素质的需要，值得我国教育界认真借鉴。还值得一提的是，印度政府对大学的考核，不是看论文的数量，而是侧重绩效。所以，按照论文数量的指标来进行世界各大学之间评比，印度的大学并不靠前，但是，按照培养学生的质量和影响力，印度的 IIT 大学却排进了世界前三名。

四 巴西实行严格的教育补偿制度

尽管巴西的高失业率和高通货膨胀率，使其被评为最不被看好的后十位经济体之一，但是，巴西是教育公平中的补偿制践行得非常好的国家。巴西的"助学补助金计划"是目前世界上唯一一个把各级政府对教育的投入比例明文写入宪法的国家。它是一项以刺激需求为驱动的教育项目，也称作有条件的"现金转移支付计划"，就是政府向贫困儿童的母亲发放一定数额的现金补助，条件是她们得让孩子在学校保持就学，不得辍学。这既能激励父母送孩子上学，也是对家庭的一种补偿。补助金计划不仅在教育系统，而且也在反贫困和反社会边际化的行动中发挥了重要作用。该计划对就学人数的增加、留级和辍学率的降低都产生了积极效果。①

五 欧美发达国家追求教育质量公平的经验

作为教育改革的先行者，欧美经济发达国家在教育公平方面做出了许多有价值的探索。

（一）通过发展多样化课程设置，促进教育公平

个性化、多样化的教育理念已经体现在欧美的中学课程设置上。美国的中学教育一方面遵照标准化教育增量的要求开设了普通的教育

---

① 李建忠、孙诚、李水山、焦流：《教育公平：国外的探索与经验》，《中国教育报》2006 年第 11 期。

课程；另一方面还开设大量的选修课程，而且选修课程具备职业教育的特点。美国中学实行学分制，学生可以根据自身的特点、兴趣来选择课程，使中学教育达到学生自主学习和社会需求相挂钩的培养目的。百余门选修课程可以满足学生兴趣的同时，又符合社会的需要。学生在完成必修课，掌握必要而且合理的学科知识结构的同时，可以通过选修自己感兴趣的课程来达到一定的素质和能力，能够满足社会的需要。这样的做法，就可以使中学毕业生自主决定是报考"University"，还是"College"，根据自己的兴趣来决定自己的未来。多样化的课程设置利于学生多样化的发展需求，而且使美国学生在中学时期掌握的知识和原理的覆盖面远远高于许多发展中国家，也为其进入大学和就业后的进一步发展提供了坚实的基础。

（二）通过多样化的办学形式促进教育质量的提升

欧美国家都在积极扩大高等教育的规模，同时通过设立特许学校（美国）、中学阶段的六种学校（英国），通过彼此的竞争来提升教育质量。

英国通过立法来界定处境不利的学校和地区，使其成为政府优先补助的"教育优先区"；加拿大针对多民族和多种族的国情，积极推行"多元化教育"。

（三）充分重视学前教育

在学前教育方面，法国从立法、资金、政策等方面保障儿童早期的教育与发展权，是世界上学前教育最发达的国家。为了保证公平，采取了对弱势儿童保障接受学前教育的优先权、完善幼儿教育课程设置、培养高素质师资队伍等措施。

（四）健全的评估体系确保教育质量和教育结果公平

德国的职业教育非常发达，同时对教育的评估和监督也十分严格。德国建立了一整套有效而且严格的教学评估体系，主要是由政府行政管理机构运用行政手段来对教育进行监督和评估；同样在美国，由教育部和劳工部共同起草和推出的《由学校到就业法案》规定，凡完成"由学校到就业"计划者，可同时获得高中毕业文凭和职业技能证书。在高等教育领域积极推行社区化、开放化和均等化。这些政策适应新技术革命发展的需要，为低学历者提供了资源共享、学分互认的上升渠道，值得我国学习。

（五）加大信息化与教育的整合，以数字化促进教育公平

以互联网、物联网和3D打印技术为代表的最新的技术革命在21世纪兴起。世界各国都对新技术在教育中的应用产生了共识，期望利用新技术改革教育，促进教育公平。国际社会对技术与教育融合的状况进行了研究和调查。根据2015年9月由联合国经济合作与发展组织发布的全球第一个数字化技能评估报告《学生、计算机与学习：促进彼此联系》显示，"数字化鸿沟"依然存在，即新技术还没有充分进入学校的课堂，改变传统的教育模式，学生利用以计算机为核心的新技术的能力和知识储备还远远不够，不能达到以新技术了解世界、沟通世界的目的，新技术与教育结合的潜力没有得到充分发挥。基于此，经济合作与发展组织号召世界各国，在确保学生能够获得基本的计算和阅读能力的基础上，正确理解新技术应用与教学理念，改变传统的误以为扩大或投入更多高科技设备及服务就是信息化了，而是务必要投入更大的精力为学生创造一个合理公平的数字化世界，注重数字化能力的培养，改变传统的教育模式等方面。

同样，欧盟"教育中的信息技术"调查也发现，许多国家的教师在信息技术与教育教学的整合、数字化工具的教学应用等新技术使用方面的能力不足甚至缺乏基本的常识，导致教育的数字化改革难以顺利推进。报告的数据显示，在被调查的31个欧洲国家中，只有7个国家30%—50%的四年级或八年级学生由数字技能较高的教师授课，覆盖面和比例严重不够。为此，欧盟终身学习计划资助的数字技能项目聚焦教师和其他培训人员数字化能力的发展。

为提升学生的信息技术素养，各国都制定了应对策略。美国启动了"信息高速公路"计划，面向全部学生开设计算机科学基础课程，增大新技术知识的比重；日本将推进教育信息化的重点放在加快教育环境中的信息技术的应用进程，提升教师的信息技术指导能力和活用能力，为此制订了"教育信息化环境构筑四年计划"；澳大利亚于2015年9月颁布实施了《澳大利亚国家课程：数字技术》课程大纲，

在全国教育的各个层面开展数字化课程的讲授，并进行严格考核。为促进学生数字化能力的运用，澳大利亚宣布从 2017 年开始，"国家评估计划——阅读与数学"的测试将全部改为在线测试，这一行动对于全国范围内的教育信息化起到了自上而下的巨大推动作用；法国政府在教育信息化方面也积极响应，2015 年 5 月启动了"学校数字化"计划，全盘推进学校进入数字化时代。

可以看出，教育的信息化、数字化是一个必然的趋势，而且受到了世界各国的广泛重视，从他们的经验中可以看出，数字化工程的推进都是由国家政府来牵头，乃至采取带有强制意味的自上而下的重大举措才可以迅速全面地开展起来。

第四节　以教育信息化促进教育质量公平

一　教育信息化促进教育公平的理论阐释

19 世纪六七十年代发生的以新材料、新能源、新技术为代表的第三次科技革命，尤其是进入 21 世纪发生的以互联网、物联网和物联网技术，以及 3D 打印技术为代表的被某些学者称作第四次工业革命时代的到来，极大地改变了人类的生活面貌，对于教育的影响是意义深远的，新技术在教育领域中的合理运用，诞生了教育信息化这样一个新兴的名词。何为教育信息化呢？按照祝智庭教授的观点，教育信息化的概念是基于 20 世纪 90 年代各个国家兴建"信息高速公路"的活动而提出的。特别是在 1993 年 9 月，美国政府正式提出建设"国家信息基础设施"（National Information Infrastructure，NII），被称作"信息高速公路"计划，其核心宗旨是发展以网络为核心的系统化信息服务体系和推进信息技术（Information Technology，IT）在社会各领域的广泛应用，尤其是要把 IT 技术应用于教育并紧密结合来作为面向 21 世纪实施教育改革的重要途径。[①] 美国的这一举措先后引起其他

---

① 祝智庭：《教育信息化与教育改革》，中国教育和科研计算机网络中心，2001 年 12 月。

各国的积极反应，许多国家的政府陆续制订并退出了推进本国教育信息化的计划。南国农先生通过研究认为教育信息化内涵包括两方面的意义：一是教育的计算机化、网络化、智能化，教育要从模拟时代走向数字时代；二是教育以培养和提高学生的信息素养，特别是信息能力为重要目标。陶遵适①提出了我国教育信息化科学定位和丰富外延：一是发展现代远程教育，构建终身教育体系；二是推动教育的改革和发展，实现教育的现代化；三是培养信息化人才，为国家各行各业的信息化和信息安全服务；四是发展教育信息产业，建立新的经济增长点。②

网络技术在教育领域的应用，衍生出了在线教育的新型教育手段，尤其是 2012 年一种不受时间、空间和环境限制的新型教育模式——慕课的出现，彻底打破了传统的学生在固定课堂中聚集，听取教师讲授的教学方法。还有微课、翻转课堂等新型教育模式的出现，被看作新技术革命以来，教育领域中的革命。我国政府及时确定了教育信息化的战略地位，提出以教育信息化带动教育现代化，加快我国从教育大国向教育强国迈进，早在 2010 年就制定了《国家中长期教育改革和发展规划纲要（2010—2020 年）》和《教育信息化十年发展规划》。党中央、国务院高度重视教育信息化工作。十八届三中全会强调，要大力促进教育公平，构建利用信息化手段扩大优质教育资源覆盖面的有效机制，逐步缩小"区域""城乡"和"校际"三大差距。五中全会进一步提出要推进教育信息化的要求，习近平总书记强调，中国要坚持不懈地推进教育信息化，通过教育信息化，大力促进教育公平，提高教育质量。李克强总理也要求运用现代信息技术，让贫困地区和农村的孩子共享优质的教育资源。将教育信息化带动教育现代化，加快我国从教育大国向教育强国迈进。新型教育手段的开展与推广，以教育信息化促进教育公平，首先需要在理论上搞清楚二者

---

① 陶遵适：《教育信息化：内涵与外延》，《计算机教育》2004 年第 11 期，转引自贾亚文《G 省基础教育信息化管理研究》，硕士学位论文，兰州大学，2013 年，第 2 页。

② 南国农：《我国教育信息化发展的新阶段、新使命》，《电化教育研究》2011 年第12 期。

之间的关系，才能为其进一步地推广扫清观念上的障碍。

（一）教育信息化能够很大程度上解决教育资源拥挤性的问题，促进教育公平

经济学认为，公共物品必须同时具备非排他性和非竞争性两个特点。教育作为公共物品，首先是要具备非排他性，即一个人拥有受教育的权利，并不能妨碍别人也享有此权利。教育机会公平的设置，从法律层面确立人人享有受教育的机会和权利，就是要解决教育的非排他性问题。我国的义务教育阶段，教育的非排他性通过多年的努力基本得以解决，早在 2006 年，我国小学学龄儿童净入学率达到99.27%，初中阶段毛入学率达到97%，到2010 年，我国普九人口覆盖率接近100%，初中毛入学率达到98%左右①，"普九"义务教育目标得以实现。但是教育并不具备非竞争性，由于教育资源的可承载性，教育是拥挤的，教育资源具有可竞争性，只有一部分人可以享有优质的教育资源，尤其是优秀教师资源在我国现阶段，由于城乡差别、地区差别、校际差别的存在，始终难以均衡分布，就有了重点和非重点学校的设置，也就产生了择校的问题。所以，准确地说，教育不是公共物品而是公共资源。传统的城乡差别、校际差别、区域差别，以及新出现的阶层差别，择校问题和异地高考等问题，都是新时期我国教育不公平的重要表现形式。这些矛盾和问题，大部分是源于教育资源配置的不均衡，源于对于名师、名校等优质教育资源的追求，追根溯源是由于教育资源的拥挤性问题而产生的。

从图 7-1 中可以进一步看出，为了解决教育的非排他性问题，可以采用义务教育的手段，使每个孩子无论出身、种族和宗教、收入，都可以上得起学。实施教育券和教育补偿，即不公平地对待不平等者，对弱势群体给予补偿制度，也是为了实现教育机会公平，从而实现教育的非排他性，不让一个孩子落伍；在教育的非竞争性方面，在新技术革命时代，出于对教育质量公平的追求，尊重受教育者的个性化和人与环境的和谐关系，对不同的人实施不同的教育，因材施教

---

① 徐丽莉：《我国教育公平现状及应对策略》，《成功教育》2012 年 1 月 23 日。

成为必然。这种高级形态的教育公平要求，因为教育资源的非均衡性配置和优质教育资源的可竞争性，使得传统的教育方式解决起来显得力不从心。教育信息化、慕课、微课、翻转课堂等依托现代网络技术的新型教育模式的出现，使不同国家、不同地域、不同类别的学生都可以分享来自世界各地的优质教育课程，从而很大程度上解决教育资源的拥挤性问题，进而实现教育质量公平。

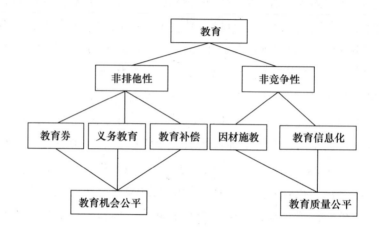

图 7 - 1　作为公共资源的教育

（二）教育信息化能够促进教育质量公平

我国目前正处在由教育机会公平向教育质量公平转变的时期。国家多次强调教育质量的公平问题。在上面已经谈到了教育信息化因解决教育资源的拥挤性问题而部分实现教育质量公平，在这里还要进一步探讨。互联网时代，"大众创业，万众创新"成为新时期对于教育培养人才的新的要求。创新创业能力的培养，传统的以应试为目的的填鸭式教学方式显然是不能胜任的，在新常态经济时期和面临成功跨越"中等收入陷阱"，经济转型、调整结构、促进增长的任务阶段，教育必须要思考该培养什么样的人才？要思考培养的学生能力在世界青年中处于一种什么水平和地位？所以，教育者眼界要宽，思维要开放，当然，行动也要大胆，创新的第一步，就是要去做，光想是没有用的。既然教育学生要创新创业，教育者首先自己要敢于创新，创新教学的方式方法。教育信息化推动教育质量公平的表现在于：慕课、微课、翻转课堂等新型教育手段的使用，必将使传统的教育方式产生翻天覆地的变化。学生由被动的知识接受者变成主动的学习者；老师由课堂的主宰者变成课堂的组织者，老师由教师变为导师，个性化、终身化学习成为主流。尽管有人从教几十年，讲了几十年的同一门课程，但在全球信息化面前，教学模式也必须做出改变。自动化生产车间式的培养模式，同一化的产品产出模式将不复存在，取而代之的是富有挑战性和创新精神的人才培养模式。这对于学生创造力的培养是很有帮助的，与"双创"人才的要求也是高度契合的。

（三）教育信息化利于教育结果公平

课题组认为，教育信息化是潮流，是大工程，我国还处于起步阶段。随着"德国工业4.0"和"中国制造2025"的提出，可以预测，随着大数据的应用及互联网、物联网技术的发展，随着教育信息化平台的建设与完善，一个学生从小学到大学毕业的成长历程将在平台中得以记录和展现，对于"择优录取"，对于人才选拔，对于促进的"高考"公平和就业公平具有很大的帮助和参考，乃至起到部分决定性的作用；世界银行提出"2020年的教育战略"，其中核心思想就是要促进"全民教育"向"全民学习"转变。过去讲"全民教育"是为了让更多人有机会上学，而现在提倡"全民学习"就不仅意味着有机会上学，而更重要的是要学有所成。教育信息化为全民学习提供了条件，必将促进教育公平由机会公平向结果公平转化；教育信息化乃至对于"教育精准扶贫"都将产生积极的推动作用。

关于技术创新对于教育变革的促进作用，进而对于教育公平的作用和实现可以通过表7-3来展现。

当然，事物都是两面的，新技术在促进教育公平的同时，也产生了新的不公平问题。也就是说，由于城乡差别和阶层收入差别的存在，一部分家庭对于孩子的现代技术设备，如电子书包配置不起，一些偏远地区的学校现代技术教学设备配置缺乏等，都会导致在新技术面前使教育差距拉大，"富者越富、贫者越贫"的现象也会在教育领域产生，这是需要整个社会公平的进一步拓展才能得以解决的。

表7-3　　　　　　信息技术促进教育公平的作用分析

技术的作用点	教育的改革点	教育公平的表现
扩大教育规模 增加学习机会	变革教育体制 增加经费投入 优化教育结构	教育权利、机会公平
资源跨域配送 优质资源共享	改善管理体制 加大政策力度 照顾利益平衡	教育资源的均衡配置
优质资源生成与共享 加强形成性评估 数据驱动教学决策	优化质量指标 改进评价体系 加强师资发展	教育质量公平
虚拟实验环境 跨界协作平台	革新教育文化 创新课程体系 加强实践环节	教育过程公平
差异化教学 客制化服务 自主学习资源	更新教育观念 创新评价体系 再造管理流程	教育结果公平
移动—泛在学习 提供微型学习 诊断学习过程	建立开放教育体系 建立终身学习体系	教育过程公平

二　我国教育信息化的发展状况

我国将教育信息化确定为实现教育现代化的重要途径，以教育信息化实现教育强国。分别于2006年和2010年，相继印发了"2006—2020年规划"和"2010—2020年十年规划"两大战略规划，规划从教育的各个领域综合制订了发展战略与行动计划，包含环境建设、基础社会保障、人才培养、信息化应用、信息化管理等，全面引导我国教育信息化建设的方向与步伐。2015 年 5 月 23—25 日，我国教育部和联合国教科文组织共同举办了"国际教育信息化和后 2015 年教育大会"，地点在我国的山东青岛，主题是"信息技术与未来教育变革"。大会主要围绕探讨怎样支持"2015 年世界教育论坛"制定的"教育技术改变未来 15 年的全球教育进程"的提议，最终通过了标志性的成果文件《青岛宣言》，彰显了我国在教育信息化推行方面的决心和取得的成果。

我国教育信息化发展的历程及成果，已经形成了系列的《中国教育信息化发展报告》。经过"十二五"期间的不断努力，初步确立了教育信息化的战略地位。"宽带网络校校通"、"网络学习空间人人通"和"优质资源班班通"、教育资源和教育管理两大平台的"三通两平台"建设取得了突破性进展。在世界上最大规模的教育体系里实现了广覆盖、多层次的教育信息化系统，使农村、边远、贫困和民族地区，缩小了教育差距和数字鸿沟，促进了教育的公平，使优质教育资源更好地惠及广大师生，提升了教育教学质量。[①]

新技术与教育的结合和广泛使用，势必带来教育方式的转变。一些具有代表性的新型教育模式，例如，慕课、微课、翻转课堂、O2O 等新型教育手段在世界范围内兴起并普及开来。所谓慕课，是在线课程的一种新形式，跟我国原有的精品课程、公开课等属于一类，只是规模更大、开放性更高，由于使用网络技术，使其具备了教师在线答疑和学生在线讨论的功能。受到教师和学生青睐的主要原因在于，可以坐在一个角落就收到来自世界其他国家人们的课程并与之讨论，可以放宽眼界，增加知识面。提起慕课就不得不提及 Coursera、Udacity、Edx 三大课程提供商，给世界上更多学生提供了系统学习的可能。其课程特征主要表现为：（1）工具资源多元化；（2）课程易于使用；（3）课程受众面广；（4）课程参与自主性强等。

"微课"也是视频课程，顾名思义就是小而精的课程，一般最长时间不超过 20 分钟，在这么短的时间里，讲课者可以围绕某个主题

---

① 刘延东在第二次全国教育信息化工作电视电话会议上的讲话。

进行讲解，可以是某个概念、某个命题、某个知识点（重点、难点、疑点）等，但是必须要精彩和质量高。随着录制者增多，也出现了一些有乐趣的微课视频。"微课"受到青睐的主要原因在于它打破了传统的冗长的教学时间，教学内容简而精、主题突出且内容具体、针对性强、教学资源构成情景化且使用方便、教师提前录制节省时间，这样就可以为学生留出大部分时间进行讨论，及时反馈，提高了学生学习的兴趣，深受学生和老师的喜爱。

翻转课堂（Flipped Classroom 或 Inverted Classroom），作为一种新型的教育模式，因彻底转变了传统的完全以讲授为主的授课方式，而受到广泛的认可和使用。这种形式能够将原有的教学时间和方式打乱重排，把原来课堂老师讲授的时间完全留给学生，学生不是说在课堂上上自习，而是进行充分的讨论，师生之间和学生彼此就教学内容进行研讨。老师讲授的内容和时间提前，把要讲的内容制作成视频，由学生在课前提前观看，独自学习完成。这种新的教学方式，充分体现了信息化技术在教学中的运用。重新调整课堂内外的时间，将学习的决定权从教师转移给学生。同时，大量的在线课程和"微课"等视频的出现，还有许多国际知名大学的开放课程运动和商业机构录制的精彩视频，包括麻省理工学院（MIT）的开放课件运动（OCW）、耶鲁公开课、可汗学院微视频、TED ED 视频等，这些大量优质教学资源的出现，为翻转课堂的开展提供了资源支持，推动了翻转式教学方式的发展。

翻转式教学方式相比传统的教学模式有很多优点，更主要的是它非常契合新技术革命时代对多样化、个性化和创新能力人才培养的要求，因而备受瞩目。它实现了教师角色的转变，翻转课堂使教师从传统课堂中的知识传授者变成了学习的促进者和指导者，老师在课堂上不再是权威，而是由教师向导师的性质转变，引领着学生去发现问题、探索知识，这对于学生的自主能力、研究能力、创造能力的培养是传统地以讲授为主的教学方式无法比拟的；它也实现了学生角色的转变，强调以学生为核心，尤其是在提前学习这部分，在网络技术的协作下，学生可以根据自身的需要自主安排自己的学习计划，可以控制对学习时间、学习地点的选择，也能够实现反复学习，并且不断地在师生间、同学间进行交流，达到扩展知识广度和深度的目的。同时，学生可以通过提前学习，接触到更大量的由"微课"和"慕课"等在线课程构成的知识，形成自己的观点和疑问，在课堂上与教师和同学们进行深入的探讨。正是基于这些长处，可以说翻转课堂是一个构建深度知识的课堂，学生便是这个课堂的主角。[1]

　　O2O 的教育模式。所谓 O2O 的教育模式就是 Offline to Online 的结合形式。这种模式不仅在教育领域使用，甚至可以说在国民经济的众多行业和领域都被广泛运用。这种模式被青睐的理由在于它将线上的展示和优惠价格与线下的体验有机地结合起来。在教育领域来看，慕课等在线课程，缺少线下面对面的答疑环节，也证明了在学习领域，面对面的交流还是无法被替代的，需要人性化的教学存在其中。另外，从线下到线上来看，O2O 的教育模式能够整合优质的教育资源，比如说优秀的教师资源，使得线下的受教育者可以在线上浏览、比较、挑选教育资源为己所用，而且由于资源集中，就可以享受到一个合理的价格。因此，原有的许多知名的慕课网站，也纷纷出台 O2O 教育平台。

　　回顾近些年来我国微课、慕课、翻转课堂等新型教育模式的发展历程，一些颇具代表性事项包括：（1）2010 年广东省佛山市举办了首届中小学教师微课作品大赛，共收到了 1700 多节教师微课作品，基本囊括了中小学各学科的重要知识点，微课作品上传到佛山微课展播平台后，两个月内就有超过 15 万人次的点击量。[2]（2）2011 年以来，慕课加翻转课堂的教学模式在我国中小学悄然出现，这一教学模式开始引起了我国基础教育界的广泛关注与积极讨论。（3）山东省昌乐一中从 2013 年秋季新学期开始在初一、高一各取两个班进行翻转课堂实验。山东省济南市历下区教育局也于 2013 年 7 月颁布了"翻转课堂"教改实验实施意见，提出在全区义务教育阶段学校积极开展

---

　　[1]　张金磊、王颖、张宝辉：《翻转课堂教学模式研究》，《远程教育杂志》2012 年第 4 期。

　　[2]　徐正涛：《基于 MOOCS 的中小学微课建设模式设计和实践研究》，硕士学位论文，西南大学，2014 年。

数字化网络环境下学习方式的探索，开展"翻转课堂"教学的研究。（4）华东师范大学 2013 年 9 月成立了慕课中心，并组织了高中、初中、小学慕课联盟（C20MOOCs）开展了一系列的研讨活动。① C20慕课联盟是由华东师范大学慕课中心牵头，由清华大学附中、华东师范大学二附中等 20 余所著名高中组成，以探索慕课与翻转课堂教学模式变革为主要任务的学术共同体。以后由于期望参加的学校众多，又分别成立了 C20 慕课联盟（初中与小学）、C20 慕课联盟（地方教育局）。② （5）2013 年除北大、清华 5 月加盟 edX，复旦大学、上海交通大学 7 月加盟 Coursers 外，一些大学联盟体、平台或网站涌现。上海市 30 多所高校联合成立"高校课程共享中心"可以进行选课学习并且可以获得学分，海峡两岸五家交通高等院校推出 Ewant 在线课程平台，人们称 2013 年为"中文 MOOC 元年"。③ （6）2012 年是国内微课建设和发展的"元年"，随着"翻转课堂""可汗学院""电子书包""视频公开课""1∶1 数字化学习""BYOD"（让每一个学生自带信息设备来上课）"混合学习"等教育创新项目在全球的迅速走红而成为教育界关注的热点话题，以在线视频为主要表现形式的微课迅速在全国中小学、职业院校、电大系统、高等院校甚至在企业教育等领域全面铺开，各个级别各种类型的微课作品征集、竞赛评选、教学大赛、应用推广等活动如火如荼地开展。④ （7）2015 年 4 月，教育部出台了《关于加强高等学校在线开放课程建设应用与管理的意见》，推动我国大规模在线开放课程建设走上"高校主体、政府支持、社会参与"的良性发展道路。在教育部的积极引导下，清华大学、北京大学、上海交通大学等多所高校和互联网企业合作开发的多类型、大规模的在线开放课程平台纷纷上线，将中国顶级的高等教育课程免费开

---

① 王秋月：《"慕课""微课"与"翻转课堂"的实质及其应用》，《上海教育科研》2014 年第 8 期。

② 陈玉琨：《中小学慕课与翻转课堂教学模式研究》，《课程·教材·教法》2014 年第 10 期。

③ 张忠：《规模开放在线课程设计研究》，硕士学位论文，华中师范大学，2014 年。

④ 胡铁生、黄明燕、李民：《我国微课发展的三个阶段及其启示》，《远程教育杂志》2013 年第 8 期。

放，带动在线教育用户规模的持续增长。截至 2015 年 12 月，我国在线教育用户规模达 1.10 亿人，占网民的 16.0%，其中手机端在线教育用户规模为 5303 万人，占手机网民的 8.6%。[①]

三 教育信息化下的教育公平问题

正如前文所述，新技术在教育领域的广泛使用既促进了教育改革发展，也促进了教育公平，但是这里面有个问题值得再思考。课题组一直坚信，新技术革命背景下的教育公平必须是建立在人的能力培养基础上的公平。具体来说，就是尊重人的个性化而采取多样化的教育方式，进而以提升能力为结果的教育公平。此外，还应该看到，目前国际经济形势处于通货紧缩的状态，后危机时期，各国的经济下滑趋势依然明显，就业的压力依然很大。2015 年，越来越多国家意识到，技能已成为 21 世纪经济的"全球货币"。各国开始纷纷出台相关政策，加强年轻人的技能培养，确保年轻人为就业做准备。面对失业率一直居高不下的事实，欧盟委员会提出了 6 个新优先领域，新的优先领域更为聚焦提升就业能力、创新能力和培养积极的公民，教育与培训体系则更注重提供与之相关的、高质量的技能和能力的培养。[②] 从能力培养出发，在我国现有的国情下，部分农村地区、不同学校之间、不同区域和不同阶层之间，因家庭背景，包括收入等因素的不同，对于经济发展和技术进步的成果的分享程度就会不同，也必然会使得教育平等很难实现。

（一）新型教育方式使用上存在区域差别

2014 年，果壳网 MOOC 学院与 POWER 教育、Coursera 联合发起"MOOC 中文网学习者大调查"，调查结果显示，中学生年龄段使用慕课进行自我学习的比例最高，达到近 60%；大学生（研究生）年龄段的比例其次，达到近 40%。小学生使用比例非常低。

本次调查结果正如所预判的一样，一线城市和教育发达城市的使用率较高，农村和偏远地区使用率很低，城乡差别依然存在。

---

① 聂曼曼：《普通高等学校图书馆规程解读》，《内蒙古科技与经济》2016 年第 5 期。
② 唐科莉：《2015 世界教育走了多远》，《中国教育报》2016 年 1 月 8 日第 8 版。

学习习惯的调查显示，慕课学习对于电脑、网络等现代教育资源有着强烈依赖。所以，新技术在现代教育中的公平配置，农村和偏远地区的信息化教学设备的资源配置，是新时期教育公平的一个重点问题。

课题组虽然没有准确的全国范围内学生使用网络学习的数字，但是我们可以通过借鉴我国大陆 31 个省份的网民规模和数量来体现区域差别和城乡差别。借鉴《2015 年第 37 次中国互联网发展状况统计报告》，从表 7-4 可以看出：尽管移动上网设备在不断普及、"宽带中国"战略在不断推进，但是由于各地经济发展水平、互联网基础设施建设方面存在差异，各省、市、自治区的互联网普及率参差不齐，数字鸿沟现象依然存在。其中，全国的平均普及率为 50.3%，北京、上海、广东经济发展最快的三个地区的普及率都达到 70% 以上，福建、浙江、天津和辽宁也都在 60% 以上，远高于云南、贵州和甘肃等经济较不发达的地区。

表 7-4　　　　　　　　2015 年中国内地各省互联网普及率

普及率排名	省份	普及率（%）	普及率排名	省份	普及率（%）
1	北京	76.5	17	山东	48.9
2	上海	73.1	18	重庆	48.3
3	广东	72.4	19	吉林	47.7
4	福建	69.6	20	湖北	46.8
5	浙江	65.3	21	西藏	44.6
6	天津	63.0	22	黑龙江	44.5
7	辽宁	62.2	23	广西	42.8
8	江苏	55.5	24	四川	40.0
9	新疆	54.9	25	湖南	39.9
10	青海	54.5	26	安徽	39.4
11	山西	54.2	37	河南	39.2
12	海南	51.6	28	甘肃	38.8
13	河北	50.5	29	江西	38.7
14	内蒙古	50.3	30	贵州	38.4
15	陕西	50.0	31	云南	37.4
16	宁夏	49.3		全国	50.3

资料来源：中国互联网络中心：《2015 年第 37 次中国互联网发展状况统计报告》，2016 年 1 月。

此外，截至 2015 年 12 月，我国网民中农村网民占 28.4%，规模达 1.95 亿；城镇网民占 71.6%，规模为 4.93 亿。这比"二八"定律要好一些，也可以看出城里的基础设施本来就好，加上资金的不断投入，好的教育资源集中在城市里。

（二）教育信息化教育资源配置存在城乡差别

根据教育部公布的 2009—2013 年的教育统计数据，可以计算出我国中小学的电脑配置状况，如图 7 - 2 所示。

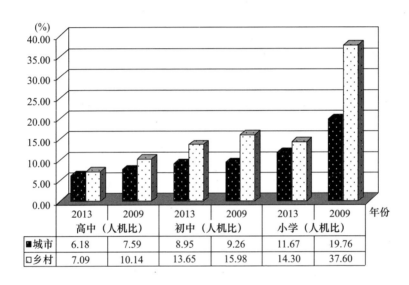

	2013 高中（人机比）	2009 高中（人机比）	2013 初中（人机比）	2009 初中（人机比）	2013 小学（人机比）	2009 小学（人机比）
■城市	6.18	7.59	8.95	9.26	11.67	19.76
□乡村	7.09	10.14	13.65	15.98	14.30	37.60

图 7 - 2 2009 年和 2013 年中小学学生电脑拥有状况

资料来源：课题组根据《中国教育统计年鉴》整理。

从图 7 - 2 中可以看出，整体来看随着我国远程教育工程的开展，电脑下乡活动的进行，农村学校的计算机设备配置状况逐年改善。从最明显的 2009 年小学 37.60 名学生配有一台教学用电脑，发展到 2013 年 14.30 人配用一台教学计算机，提高了一倍以上。从城乡对比来看，无论是 2009 年还是 2013 年，高中阶段的人机比差距不大，2013 年城市每 6.18 名学生就配有一台电脑，农村学生每 7.09 名配有一台电脑；在初中阶段城乡的差别就很大，2009 年城市和农村分别是每 9.26 名学生和 15.98 名学生配有一台电脑；2013 年分别是 8.95 名学生和13.65名学生配有一台脑。城乡差距最明显的还是在小学阶段，这个比值是37.60：19.76，从柱状图中更是可以看出鲜明的对比，柱状图柱子是越短越好，高中的电脑配置状况要好于初中和小学。

接下来，再看中小学的网络覆盖和使用状况。这里利用2013年全国中小学拥有网络多媒体教室的数量（见表7-5）和接入互联网的学校数量（见表7-6）进行分析。

表7-5　　　　　　　　2013年全国网络多媒体教室　　　　　　单位：间

城乡	高中	初中	小学
城市	255846	253588	420053
乡村	14511	98739	210153

资料来源：课题组根据《中国教育统计年鉴》整理。

表7-6　　　　　　　　2013年全国中小学接入互联网校数　　　　单位：间

城乡	高中	初中	小学
城市	6162	10604	23908
乡村	665	16514	83302

资料来源：课题组根据《中国教育统计年鉴》整理。

从表7-5的数据可以看出，城乡的网络多媒体教室的数量还是有很大的差距，教育条件不公平依然存在。从表7-6中可以看出，中小学的网络覆盖不错，乡村除高中外的数据都要好于城市，但是，回到表7-5，说明农村尽管有网络覆盖，但是仅用于办公，在教学模式创新和现代新技术教育成果的使用上与城里有很大的差距，这必然导致教育起点的不公平和教育质量的不公平。数据只能说明学校现代教学设备的表面配置状况，至于设备的老化和陈旧状态，电脑的使用率等状况，无法反映。但鉴于我国一直存在的城乡二元社会结构的现状，可以推测城乡教育不公平在这里也必然存在。

（三）师资力量存在城乡差别

新技术革命下，现代教育模式的创新和创新型、复合型人才培养规格的转变，与教师的资源和信息化水平是密不可分的。依据教育部的教育统计数据可以做出比较。

从图 7-3 中可以看出，2009—2013 年农村中小学的学生人数与专任教师（排除行政教师等其他人员）的比例一直优于城市的师生比。农村中学从 2009 年的 14.72 名学生就配备一名教师，到 2013 年达到了 9.70 名学生就有一名教师的配比状况；农村小学从 2009 年的 17.15 名学生配置一名教师到 2013 年的 15.61 名学生就有一名教师的较合理的师生比，都高于城市的师生比。

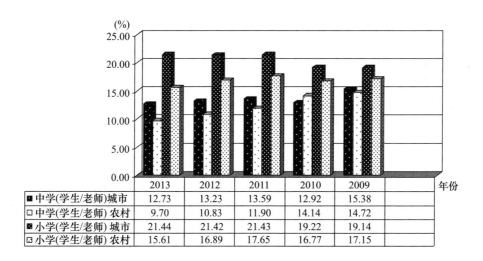

	2013	2012	2011	2010	2009
■ 中学(学生/老师)城市	12.73	13.23	13.59	12.92	15.38
□ 中学(学生/老师) 农村	9.70	10.83	11.90	14.14	14.72
■ 小学(学生/老师) 城市	21.44	21.42	21.43	19.22	19.14
□ 小学(学生/老师) 农村	15.61	16.89	17.65	16.77	17.15

图 7-3　2009—2013 年城乡中小学师生比

资料来源：课题组依据《中国教育统计年鉴》整理。

长期以来，受城乡二元结构的影响，我国农村教育相对落后。办学条件差，一些农村学校教学仪器设备、器材和图书没有达到国家标准，寄宿制学校宿舍、食堂等生活设施不足；吸引优秀教师困难，农村地区特别是一些边远贫困地区教师工作任务较重、生活条件艰苦、培训机会较少，优秀教师"下不去、留不住"；部分农村学校教师年龄偏大，音乐、体育、美术、英语、信息技术等主干课程教师缺乏。[①]
以四川凉山彝族自治州为例，凉山州教育局局长谢宁在 2015 年 9 月
14 日的扶贫开发攻坚动员大会上就提出，凉山州现缺中小学教师近
6000 名，学前教师缺 1.8 万名，各级各类学校缺大量的炊事员、保安
人员、双语教学人员、校医等。[②] 由此可见，农村和偏远地区教师的
现状，就更谈不上优质的师资力量了。

（四）以教育信息化来追求教育质量公平还有教师积极性和配合
的问题

在我国大力推进教育信息化的同时，课题组通过走访调研发现，
新型教育手段似乎还是"不接地气"，远离中小学和高等教育的课堂，
传统的"填鸭式"教育模式依然占据主导地位。在随机走访中，获悉
有的师生就没有听说过"三件课"这种新型的教育手段，更不知道如
何操作；中小学的计算机房和多媒体课堂也不过是应付上级检查的摆
设，有的孩子小学六年时光进过计算机房的次数也是屈指可数。难道
是我们的方向错了吗？难道是我们的对策措施不给力？其实并不是这
样。课题组认为，在新型教育手段的开展过程中，作为教育的主要供
给者——教师的热情和积极性似乎还没有被完全地调动起来。即使我
们有了先进的武器，但是使用武器的人没有兴趣去学习也是无用的。
有了热情即使设备相对落后也能谱写华美的乐章，没了热情，再先进
的设备也是冰冷的机器。所以，教育信息化的关键还在于如何调动教
师的热情和积极性。

一方面，基础教育的教师普遍存有应试教育的后顾之忧。考取优
秀学校的录取率，即"高考指挥棒"，时刻施压在师生及学生父母的
身上。尽管部分地区已经实现了在偏远地区学校课堂接收名校教师授
课的新型教育信息化模式，取得了一定的进步，但是，从全国来看，
还是凤毛麟角。新型的教育模式尽管具有很多优点，但是，对于实

[①] 袁贵仁：《努力让全体人民享有更好更公平的教育》，中国教育和科研计算机网，
http://www.edu.cn/buzhang_11341/20131016/t20131016_1028173.shtml，2013 - 10 - 16。
[②] 马海伊：《强化教育扶贫攻坚，推动教育事业发展》，《凉山日报》（汉）2015 年 9
月 22 日。

施教育信息化与提升录取率之间的关联的肯定性研究，目前还没有。再深一步考量就是实行远程教育的内容是以能力培养为核心，还是以应试教育为主要内容呢？如果不能有效地破解"高考指挥棒"的坚冰，工作在一线的教师的积极性就不会高，教育信息化的推广恐怕难以深入到中小学课堂中去。我们的学生还是会疲于题海中，我们的老师还是会唯考试论，没有兴致和精力去研究新型的教育手段。

另一方面，高等教育中的教师普遍存在"重科研，轻教学"的倾向。重视科学研究无可厚非，知识创造也是新阶段对高校考评的一个重要指标。但是高校并不等同于科研机构，作为具有很强外部性的教育，还是要体现在教书育人方面。尤其在国家提出"中国制造2025"的目标后，高校更肩负着为制造业的发展输送大量合格人才的重任。造成重视科研、弱化教学的现象的背后原因，主要是在于指挥棒：老师的职称晋升、高校之间的比较、教育的评估、媒体的宣传等多以科研见长。课题、著作、文章等科研项目很容易量化，而教学的高劣则很难衡量。老师把大部分精力放到科学研究方面，加上中国传统文化对学生的影响，我们的学生在课堂上普遍不够活跃，提问和质疑的声音少而弱，更削弱了教学的重要性。这些问题的存在，很难使老师的积极性和热情转投到教学模式的创新、新型教学手段的运用上来，不利于教育信息化的发展。现在有的学校针对这个问题，设立了"教学型教授、副教授"的岗位，初衷是为了鼓励老师重视教学，可是这种做法是缘木求鱼，治标不治本。设想少有甚至没有项目、文章和著作的教授，如何体现教学内容的前瞻性和权威性，这个问题值得商榷。越是科研成果丰富的教师，越应该通过慕课、微课的制作，将科研所得转化为教育成果，为更多和更广范围的学生分享。

第五节　新技术革命背景下促进我国教育质量公平的对策建议

习近平总书记在主持中央全面深化改革领导小组第十一次会议时指出，要让每个乡村孩子都能接受公平、有质量的教育，阻止贫困现象代际传递。教育公平是社会公平的基础，应引起全社会的高度关注。[①] 由于我国政府近些年已经采取了一系列促进教育起点公平和结果公平的措施，取得了丰硕的成果。本书是在此基础上，从新技术革命对教育要求的角度，指出促进我国教育质量公平的对策建议。

一　牢固树立以教育转型来实现教育质量公平的理念

所谓科教兴国，教育会为经济发展服务，经济要转型，教育转型先行。只有教育转型后，再去追求教育质量，才能为全民提供优质的教育。教育公平得以实现必须是在高度重视人的个性化和多样性的选择的基础上，如果继续坚持现有的教育模式和内容不转变，实现教育质量公平只能是空谈。

我国目前正处在经济转型时期，而经济增长面临很大的挑战。目前的决策就是要把我国建设成为创新型国家。2016 年年初，外媒做了一个关于"在美国，能不能只用中国产品过一天"的调查。试验的目的是想看看，中国产品是不是还如国人希望的那样"接管"了美国。其结果揭示，在稍微高端点的产品领域，比如汽车、电子、家用电器，我国的品牌产品非常少，日韩产品居多；在低端的产品，如食物和服装，欧洲和美国本土的农产品占据市场；服装加工产品原来多是来自中国，现在也多被我们的邻国泰国、越南、印度尼西亚和巴基斯坦等国的低价劳动力市场夺走。在高价值的产品，比如汽车、民航客机、芯片、数控机床、精密仪器、医疗器械、发动机等，还有比较赚

钱的第三产业的电影、音乐、艺术产品，以及互联网、金融、法律和教育等，我国的产品几乎是空白的。从这个案例可以看出我国在经济领域面临的挑战，做低端产品没利润，还污染国内的环境，同时还越来越被劳动力成本更低的国家争抢；中端产品还没有形成世界性的品牌；高端产品面临创新不足的窘境。

国家提出"双创"和"中国制造2025"的战略，目的就是要通过全方位的创新来实现经济结构的转型。目前，中国已经步入了中等偏上收入国家的行列，成为世界第二大经济体（如果按照购买力平价计算，已经是第一），而且拥有近4万万亿美元的外汇储备。这一切都对经济转型提供了保障，也为经济转型提出了要求。

经济转型，教育先行。我国现有的教育体制和模式过于僵化，离创新型人才的教育要求相去甚远，教育质量的提升如负重之人刚刚起步。传统的应试教育理念根深蒂固，在"一卷定终生"的形势所迫下，过于重视对知识的传授，偏重"智育"的培养，而忽略"体育"和"美育"的培养，忽视思维训练和自主能力的培养。从小学起就过重于记忆能力的培养，死记硬背通过考试仿佛是不二的法则，甚至一直沿用到了大学教育过程。我们培养出的高才生很可能是某个专业里的杰出技术工人，或者说是熟练掌握武术套路的武功高手，但是在信息高速发展的现代社会，如果对方不按照套路出牌，那该怎么办？

再拿大学教育来说，知识创造是未来衡量一所大学的重要标准，这句话无可厚非，可是知识创造怎么样来衡量呢？能以大学发表的文章数量来衡量吗？在这样的量化指标下，又有多少文章具备创新性呢（按照科学研究的方法来衡量，很多文章的质量受到质疑）？重视科研、弱化教学的现象必须改变，才能真正回归教书育人的本质。

现在鼓励创新和创业，但按照现有的教育方法，难道我们的大学生毕业后就能创业了吗？学生从入学到高中毕业这12年间，已经形成了僵化和禁锢的思维方式，难道能指望学生通过大学四年的创新创业教育，就能创新创业了吗？一位受访的学者这样来形容思维能力的重要性：思维不转变，永远没有出路。资源性思维的特征是我有什么，有就开发什么，没有就抓瞎；技术性思维的特征是我会什么，会就去卖，不会就"歇菜"；市场性思维方式的特征既不是我有什么，也不是我会什么，而是别人需要什么，只要有需求，我没有，知道谁有就行，我不会，知道谁会就行。在紧缺经济时期，资源性思维和技术性思维占翘；在过剩经济时代，市场性思维更给力。

　　教育在重视知识和技术培养的同时，更要注重对于孩子的思维能力的训练，从小学阶段就要开始，国外好的经验值得学习的就要去学习。我们小学生的家庭作业多是重复课堂上的内容，通过强化来加深记忆，课堂上学生的发言内容也是有正确答案的，很少有开放型的、发散型的、求异思维的训练，课堂上老师的地位是权威的，是不容置疑的。但是，殊不知，孩子的天性是好奇的，是应该被允许和鼓励提出质疑的，所以要在课堂上给予学生更多的讨论的机会，自我思想表达的机会，锻炼学生的思辨能力；另外，要注重对学生科学研究方法的训练。尽早有意识地去培养学生提出某个命题或者假设，即使其可能是很幼稚的，接着鼓励其自己通过查找文献、网上搜索、实地调研等多种手段来收集证据，进而做出理性的分析，来验证自己的假设的真伪；然后尝试着对自己分析检验的结果做出解释，如弄清楚自己最初的命题的对错以及原因；最后要鼓励我们的小学生写出报告或者文章。这个抽象的过程，需要老师进行正确的讲解和引导，并通过反复训练来完成。有的人会觉得这个科学的方法似乎应该是大学教育应该完成的事情，殊不知，美国的小学四年级的孩子就已经开始训练这个科学研究的方法，并且终身受益。

　　为什么要讲这个科学研究的方法呢？因为它不仅只是一个方法，而是一种申辩式思辨能力的训练，培养其养成独立学习和思考的良好习惯。当他们听到一句话，看到一种现象，自然就会去怀疑、审视，然后会通过思考，或者找到证据去证明这句话在逻辑上和事实上能否站得住脚。养成了这种良好的习惯，才不会只是成为言听计从的好孩子，这是一个良好的开端。它同样是学生创新能力的来源，世界上的理论的突破和创新多是从怀疑原有的结论开始的，新的产品和服务的创造也是在大量市场调研和策划的基础上产生的。传统的教育体制中最缺乏的就是这种科学研究方法的训练，沿用现在的以考试为核心的教育模式，学生把大部分精力用在怎样答出试题的正确答案，获得高分；老师的任务就是激励和训练学生去答出关乎人生命运的那一张高考试卷；出题者则是绞尽脑汁去出奇题、怪题，臆想通过这张试卷来选拔和区分优劣。就没有人想过这样教育出来的学生毕业后，怎样去创新和创业呢？这又是谁之过呢？

我国的经济处在转型时期，教育首先要及时转型，需要教育培养出兴趣丰富、人格完整、体智健全的通识人才、思辨型人才。沿着正确的道路出发，才能走到成功的彼岸。这也是教育质量提升的核心和出发点，否则在原有的模式上再加强、再加固，只能是愈加故步自封，不可能培养出创新型的人才，教育质量公平更是无法实现。

二　实现义务教育资源标准化均衡配置，保障教育质量公平

我国目前在基础教育领域还存在城乡差别、阶层差别、校际差别和区域差别的问题。差别主要表现在于教育资源软硬件设施配置的不均衡和师资力量的差别。这是个关于教育起点公平的问题。保证人人都有受教育权利的同时，应该保证每个孩子受到的教育水平是一致的，是标准化的，然后才能去进行教育过程中以人为中心的个性化和多样化的教育质量提升。

（一）实现基础教育资源的国内统一标准化均衡配置

标准化教育资源均衡配置的国际经验很值得我们学习，我们的邻国日本的一些做法还是值得借鉴的。首先从教育资源的均衡配置方面来看。日本在义务教育阶段，基本实现了教育资源配置的绝对平均，在校舍的面积和建筑、办学条件等硬件设施方面基本保持一致，学生基本实现就近上学。即使是在人口相对稀少和偏远的地区，标准化的校舍也同城市中保持一致。办学条件的一致也为教师的流动打下基础。老师无论在哪个区域任职，体会到的办学条件是一样的，无所谓艰苦和不艰苦的区别，这与国内的情况有很大区别。所以，教育资源的均衡配置首先要实现硬件设施全国统一化。在我国当下大力发展学前教育的财政举措中，90% 以上的资金仍然投放到硬件设施上。[①] 可是，在我国中西部地区部分地方小学有教学危楼的同时，有些地方政府则为幼儿园建设了漂亮的大楼、豪华的大型设备。我国的义务教育阶段分成重点和非重点中小学已经是司空见惯的事实，重点学校不断扩大规模，整合吞并了其他生源不好的非重点学校，规模越做越大。现实的做法似乎与国际的做法有很大的差别。

（二）进一步完善教师的流动制度

日本实行严格的教师流动制度，校长在任期内也是流动的。在前几年，我国也执行过一段教师流动制度，可是在实际中似乎很难推行，出现了所谓的"马太效应"，即教育资源易出现单向流动而非双向流动，这就容易造成好学校越来越好，差学校越来越差的情况。新教师还出现了教师轮岗交流过程中对工作地和新学校的适应困难。家庭和工作环境的变化都会降低教师教学效率，不利于教育资源的消化。轮岗带来的教育资源的变化对学校管理提出了新挑战，对校长在资源的把控上提出新要求，学校的管理将面临更加复杂的局面。[②] 由于出现了这些现实问题，教师的轮岗制度慢慢就销声匿迹了。教育硬件设施不均衡，师资力量不均衡，学生就近上学就很难实现，重点和非重点学校就必然会存在。资源配置不合理，城乡差别和阶层差别就会一直存在，教育改革的成果就无法均衡地惠顾到偏远的农村和民族地区，最后教育过程和结果公平也就无法实现。

（三）需要国家完善教育财政的支出政策

为改革教育的财政投入政策，加大中央教育支出，配合经济发展战略，进一步提高教育支出占 GDP 的比例，德国提出"工业 4.0"，将教育支出提高到占 GDP 的 10%。而我国目前占 5%，为配合"中国制造 2025"的战略需要，应将教育支持逐渐提高到与发达国家相同的水平。教育支出要有意向偏远地区倾斜，对弱势群体给予补助。

---

① 王海英：《质量公平：当下教育公平研究与实践的新追求》，《湖南师范大学教育科学学报》2013 年 11 月 29 日。

② 吴孟帅：《义务教育阶段教师轮岗交流制度的影响及启示》，《教育评论》2015 年第 11 期。

还应尽早完善教师的轮岗制度，采取强制和自愿结合的方式，以行政区域划分为标准，实施区域内的教师轮岗制度。校长乃至区县级别的教育管理者在任职期内也要进行轮岗。应通过福利津贴和人文关怀等形式，对于流动到农村和偏远地区的教师给予补偿。支持和奖励新毕业的师范大学生充实到教师缺乏的地区。

（四）要建立和完善由大众、学校和政府共同组成的对教育的监管机制，加强对教育公平的监管

正如众多学者认同的："问责已成为教育系统中不可或缺的组成部分，已经成为诸多国家的日常实践。许多国家的教育改革政策是由问责驱使的。"[1] 教育中要敢于去行政化，这不仅仅是谁来做负责人的问题，而是涉及教育的本质的问题。学校是学生步入社会前的课堂，是学生了解社会的一个窗口，也是学生模仿的对象。其中，大学承载了更多全面提升人力资本的责任，不去行政化，缺乏监督机制，不合理地进行政干预，都会直接影响教育质量。所以，需要及时建立起一套行政任免机制、权力制衡和监督机制，使教育能够发挥更大的"社会平衡调节器"的作用，提高教育的质量。

三　以内涵式发展，提升教育质量公平

从教育质量公平的要素来看，个性化、多样化的因材施教方式是重点。教育要体现以人为中心，因人的禀赋和条件，有针对性地提供其所意愿的成才之路，才能提升教育质量。

从我国的教育现实来看，由于重点和非重点学校的设立，重点学校学生过多，班级人数都在 50 人以上，班型过大，这对于因材施教是一个阻碍的因素。试想一个老师面对这么多的学生如何把握学生的特征进行个性化和多样化的培养呢？就以教育信息化来说，课题组成员也进行了几轮翻转课堂的教育模式尝试，也总结了包括软硬件不匹配等问题，其中一点就是班型成员的数量，以 20 人以下为佳，才能在有限的时间内充分讨论。教育信息化不能停留在把学生会聚到一个教室，然后播放来自远方的教学视频。这样一种类似于看电影的教学

---

① Macpherson, R. J. S., *The Politics of Accountability*, Corwin Press, Inc., 1998, p.92.

模式，需要通过答疑和讨论来发现问题，来扩散思路，才能真正实现翻转课堂的教学目的。举这个案例只是要说明，我国现有的班级形式还是为应试教育服务的，并不是为了素质教育。

所以，实现教育的内涵式发展、提升教育质量，就要从学校的实际出发，从学校的管理体制、师资力量、办学条件和社区评价的实际出发，发展校园文化，求同存异，找寻自己的办学特色。学校不必过大，500—1000人都可以，班型不必过大，20多人即可。要切合实际地培养学生的品质，例如，"自觉""开朗""友好""坚强"等易于学生接受的行为准则，培养学生的团结合作和勇于担当的责任意识，教会学生如何去学习，如何去辩证地思考问题，从而形成互相有差异化的办学理念。

从教育的多元化来看，发达国家的教育经验表明，其教育供给主体同样是多元化的，为学生提供了多种类型的学校供他们选择。所以，要鼓励和采取措施支持多样化学校的建立，充分发挥市场的作用机制，调动一切可以利用的社会教育资源，建立教育公共服务的多元参与机制，形成以政府办学为主体、全社会积极参与、公办教育和民办教育共同发展的格局。从教育质量来看，这样做的好处就是让学生可以根据自身的兴趣选择上什么样的学校，进而决定将来是否一定要报考综合类大学。从发达国家的经验来看，上专科学校并不比上综合类大学的学生将来的就业差，收入少。现在我国的家长望子成龙，孩子们就一定要夺取高考的胜利，高考是必须要逾越的鸿沟，而且励志要考入名牌大学，造成了教育结果不公平的阶层差别和城乡差别，一方面是教育理念的落后，另一方面也是我们的学生的选择机会太少了。教育多元化发展必然会产生多元的结果。改变现在只能"靠高考"这一种出路的局面，对于教育结果公平是有利的。

同时，教育的内涵式发展要求必须实行个性化和多样化教育。因材施教要求教育管理者和教育者都能够尊重人的个性，尊重受教育者的差异性，充分调动受教育者的潜能，培养多样化的人才。要改变现有的过于强调共性培养的教育理念，在教育过程中公平地对待每一个学生，从教材、课程、教学内容、课时和教授方法上做出改变。老师要提高信息化时代的自身素质，通过再学习，充分意识到教育模式和人才培养方式转变的重要意义。教育的管理者和教育者先有了先进的理念和方式方法，才能引领学生去发现自己的能力，去找到自己的兴趣所在，才能明确自己未来的方向。我国的大多数孩子往往并不清楚将来自己要学什么专业，要从事什么工作，只能听从家长和老师的意见，这种情况是与我们的教育缺乏多样化选择相关的。

四　以教育信息化实现教育公平

我国正在努力通过教育信息化，实现教育现代化，实现教育质量公平。教育信息化有助于教育公平，其内在机理，前文已经论述过。对于教育信息化的推动和不断深入，有两个方面值得尝试：

（一）确立大数据理念下的教育公平

何为大数据呢？很多人经常听到和使用这个名词，但是却不知晓其真正的含义。一般认为数据就是数字，按照数据说话，理解为看数字来说明问题，其实这个理解是不全面的。从根本上说，大数据是指为决策问题提供服务的大数据集、大数据技术和大数据应用的总称。数据是 21 世纪最重要的资源，李克强总理说它是基础资源。国务院常务会议通过的《关于促进大数据发展的行动纲要》，强调开发应用好大数据这一基础性战略资源，推动公共数据资源开放共享，将大数据打造成新常态下经济提质增效升级的新动能。党的十八届五中全会提出要实施网络强国战略，实施"互联网＋"行动计划，发展分享经济，实施国家大数据战略。"十三五"规划建议首次提出"拓展网络经济空间"。数据不断增长，被大量积累以后就形成了数据资源。可以预见，大数据将创造下一代互联网生态、下一代创新体系、下一代制造业形态以及下一代社会治理结构。

大数据不仅指数字，还包括一切可以用来作为数据源的材料，包括图片、影音、一段文字等。这些材料能否成为大数据，主要是读者、听者能否就这些资料产生正确的反应。例如，运用卫星传来的大数据可以对天气做出预报；对病人过往病史的数据采集就可以对大夫的诊断提供帮助。再如，国家降低了存款准备金率。当你看到这条信息时，能够意识到国家采取了宽松的货币政策，并进而能够对当前的经济形势有一定的判断，并且会采取一定的措施去应对，对你的生活和学习产生一定的影响，那么这条信息就会成为你的大数据。这就是大数据的作用和它所创造出来的价值理念。

大数据并不只是 IT 业者的事情，与教育息息相关。大数据为我们的教育提供了便利。大数据能够预测和评估教学行为，促进教与学的有效性。综合运用数学统计、机器学习和数据挖掘的技术和方法，对教育大数据进行处理和分析，通过数据建模，可以通过发现学习者学习结果与学习内容、学习资源和教学行为等变量的相关关系，来预测学习者未来的学习趋势。[①] 综合运用信息科学、社会学、计算机科学、心理学和学习科学的理论和方法，通过对广义教育大数据的处理和分析，利用已知模型和方法去解释影响学习者学习重大问题，可以评估学习者学习行为，并为学习者提供人为的适应性反馈。[②] 大数据的开发和利用为教育质量公平提供了方式方法。教育者完全可以通过数据来改进自己的教学方式方法，使教学环节更加合理化；也可以通过对学生数据的分析，进行个性化教育，实行因材施教。学习者可以通过大数据分析，发现自己存在的问题，找到自己的薄弱之处有针对性地进行改进和加强。发现自己擅长和感兴趣的方面，找到未来的方向。所以，大数据的广泛运用为教育质量的提升打开了一扇便捷之门。

大数据的理念也为提升教育质量水平提供了解决思路。正如前面所说，能不能对大数据做出正确的反应，某种程度上也是对教育提出的考验。在教育转型中，曾经谈到教育的改革要从注重知识和技术的培养，转到通识人才的培养，就是要强化人文社会科学知识和思辨能力的训练。在我国的教育中，这方面是缺乏的。从基础教育的课程安排来看，哲学、经济学、心理学等选修课程几乎见不到。而在美国的中学生中，不仅有这样的通识选修课程，还有我国传统文化中的《论语》和《孙子兵法》等选修课程。这些知识的积累，对于学生对信

---

① 徐鹏等：《大数据视角分析学习变革——美国〈通过教育数据挖掘和学习分析促进教与学〉报告解读及启示》，《远程教育杂志》2013 年第 6 期。

② 徐勇：《大数据时代观下的教育质量监控》，《师道》2014 年第 5 期。

息做出正确的反应都会有帮助，思维能力和创新能力在义务教育过程阶段的养成，关系到大学毕业后的创业能力和出色的工作能力，同样也是教育质量公平中个性化和多样化的要求。

总之，在大数据时代，大数据与教育紧密相关，这就要求以为全民提供优质教育为理念促进教育公平；倡导大数据的学习和应用，使教育过程公平；运用大数据的评估方法，实现教育结果公平；融合大数据的理念，变革课程设置，实现教育的个性化和多样化。

（二）大力发展以O2O为主的新型教育模式

自教育信息化以来，精品课程和慕课、微课、翻转课堂等新型教育手段广泛开展起来。如今，一种新型的在线教育方式——O2O的教育模式也发展起来，引起人们的关注，其对线上和线下的资源整合方式，对提升教育质量和公平起到了一定的推动作用。

我国的教育行业正迎来前所未有的变革。O2O模式的核心是以学习者为中心，加强科技和互联网与教育的结合。慕课等在线教育形式，其实质上是把传统的课程搬到网络上，充其量也只能叫公开课而已，单纯的在线教育不能称为O2O，充其量只能称为"教育淘宝"，是一种C2C模式。C2C只是O2O线上模式的一种。O2O一定要有线下的体验，线下做体验，线上做课程。在线学习者或是担心自己的控制力不够，或者是在学习中遇到的问题不能够及时提问得到解答，总想面对面向老师提问，希望老师直接解答自己的疑问。出于这个原因，O2O的教育模式应运而生。

O2O的教育模式分为三个阶段：（1）线下课程的网络化复制阶段；（2）"课程任务＋线上线下混合服务"阶段；（3）全面精细化管理阶段。O2O教育模式，现在来看主要分为两种：一种是传统的类似于慕课的在线教育，叫作老师入驻形式的O2O教育模式。就是请一些老师在网上授课。相比传统的在线教育方式的突破在于，在线下实体店中，集中安排时间对学生进行辅导答疑，将在线教学与线下讨论、检测、答疑、评价等相结合，以此实现在线教育与传统教育培训完美结合。另一种就是将实体教育培训机构的资源整合放到网上，让学习者在线上了解所有产品的信息，在线上购买，然后去线下实体教育机构中享受服务，学习者最理想的愿望得以实现，线上的价格，线下的服务。

"三通两平台"是我国教育信息化建设发展的核心目标与标志工程。"三通"要求学校之间通网络、班级之间通资源、人人之间学习空间互通共享；"两平台"是指教育资源和教育管理平台。"三通"不仅仅是通网络、通硬件，更重要的是通资源、通应用，"三通"需要平台的支持，平台建设是"三通"的保障。从某种程度上来说，这种"三通两平台"的教育信息化模式，就属于O2O的教育模式，将全国的优秀教育资源、优秀的教师讲授内容通过视频公开课的方式放到网上的平台，然后在全国范围内实现资源的共享，有效地解决了优质教师资源不足的教育拥挤性问题，实现了教育改革成果的均衡共享，促进了教育质量的公平。特别是O2O的教育模式在市场中的广泛开展和具体的实践经验，可以为教育信息化的模式构建提供有益的参考。

科技和市场是实现教育公平的两个重要的因素。O2O的教育模式教育平台不是简单的课程资源堆积网站，而是既面向老师也面向学生。它是老师的备课平台。教师可以将相应的教学资源、课件以及基于课程的课外阅读资料一并上传到平台上，组建教学课程，根据学生的基础、知识点掌握、思维能力等个性化差异，设置个性化的教学方案，为学员提供全面的层次化能力成长解决方案，提供灵活多变的个性化混合式教学服务，实现教学资源及经验的共享、教育资源的有效流通和最大化利用。平台支持各类高等教育课程，建立不同体系的知识库基础。在实际的应用当中，教育平台可以针对校方的要求进行灵活定制，满足高校的教学需求，借助此平台开展网络课程教学辅导和教学工作，并将教学过程与实践体系有效地结合，同步提高学生的理论与实践能力。O2O模式为学校、政府、培训机构等提供了一个开发平台，形成了一个高效率的资源组合，将名师、名校的网络教育理念、模式、流程推广到其他学校和机构，面向教师、家长、学生，建立了一个优质教育资源、精品课程的共享平台。

在这样的产品和服务形态下，学生可以用在线答疑系统，实时地将自己在在线学习中遇到的问题提出来，由专业的老师在线解答或者也可以通过同学来帮助解答。在线下课程中，通过统计学生提出问题的重要性和普遍性，帮助学生在老师集中答疑时得到与老师面对面交流的机会。

O2O模式助推教育公平。由于我国地域辽阔，优质教育资源主要集中在一、二线城市，三、四线城市和乡镇享受优质资源的机会较少。O2O模式通过线上优质教学资源的共享和线下实体店本土化老师的辅导答疑，有效地解决了教育公平的问题。现在O2O的线上教育课程和师资力量，多是来自国内知名学校的老师和教育资源。线下实体店的辅导则由所在地区本土化教师负责提供，这种线上线下的混合模式，既解决了部分地区优质教育资源不足的问题，实现了教育质量公平的提升，又可以使本土老师对学生有针对性地辅导，整合了线上线下的资源，推动了教育公平。此外，O2O模式利于对学生做出比较准确的评估，实现教育的个性化和多样化。利用先进的软件对教育测量指标作统计与分析，根据这些测量指标所具体指示的意义，调整教学过程和活动，并对具体学生给出诊断，对下一步学习提出建议，使线下辅导更加有针对性和差异性。

O2O的教育模式在我国刚刚起步，也面临着教师资源不足、学生和家长认识不够、资金不足等一些问题。所以，在发展我国教育信息化的过程中，一是要鼓励市场和社会等更多力量介入；二是可以通过政府购买的方式介入已有的做得好的O2O教育机构；三是实现大数据下政府资源的分享和出售，推动O2O等现代新型教育模式的发展，其目的就是实现教育质量公平。

结　语

　　人类进步的列车在技术革命的驱动下，正以超乎想象的动力加速驶向未来。以新能源、新材料、新技术与互联网的高度交互融合为新趋势，形成了以信息技术为核心的移动互联网、云计算和大数据技术的"大数据革命"。人脑与电脑的有机结合，自然人与机器人的有机结合，实体经济与虚拟经济的有机结合，不仅加快了原有产业的分化与重新整合，推动一大批新兴产业的繁荣与发展，而且导致社会生产方式、生产组织和生产空间发生重大变革。

　　各国经济社会发展的实践证明，经济的竞争最终是创新的竞争，创新的竞争最终是人才的竞争，人才的竞争最终是教育的竞争。科学革命、技术革命与产业革命的发生、发展，具有密切的因果关系，而促使其"联结—互动—共同发展"，进而实现其不断"积累、传递、生产、创新、再生产、再创新"的历史过程的最关键的因素则是教育。教育一方面使人类先前所积累起来的基本科学知识、生产经验和技术得以延续传递，为新的更高层次的科学技术发展打下基础；另一方面，现代教育还要不断创新和再生产新的科学技术，创造和拓展新的科学技术领域。教育既是促进科学转化为技术，科学技术转化为现实生产力的原动力，又是实现其转化的有效载体。新技术革命必然伴生于一大批掌握现代科学技术、具有创新精神和创新能力的新型劳动者。

　　新型劳动者创新意识的培养、创造能力的塑造，健全人格的形成以及新型知识架构和实践技能的累积都离不开教育。如何跳出传统的教育思维模式，使新的教育理念、教育手段、人才培养模式在新技术革命背景下，从国家战略层面适应经济新常态的要求，是摆在我们面前的一个重大课题。正是基于这一视角，本书通过对适应和促进不同阶段技术革命发生、发展的不同国家人力资本战略的比较，对新的历史时期我国的人才需求特征、人才培养模式、高校转型发展、终身教育、个性化教育、教育公平等问题进行尝试性分析，旨在探寻新技术革命背景下中国未来教育的发展路径。

附　录

美国教育部 STEM 战略支撑项目名称及经费

单位：百万美元

投资项目名称	启动时间（年）	2008 年资金投入	2009 年资金投入	2010 年资金投入
联邦网络服务：服务奖（SFS）	2001	11.37	14.88	14.87
罗伯特诺伊斯奖学金（诺伊斯）计划	2002	55.05	115.000	54.930
学生国际研究经验交流（IRES）	2004	2.710	4.220	3.430
工程和计算机科学教师研究经验（RET）	2002	3.970	5.790	5.410
航空奖学金	2007	1.800	1.800	1.800
USRP——本科生研究项目	2001	3.995	3.480	2.975
GSRP——研究生项目	1980	5.200	4.300	4.400
本科环境研究更多研究机会研究金（GPO）	1982	0.600	1.300	1.500
职前教师计划	2001	0.188	0.210	0.429
Teachers for a Competitive Tomorrow：对有教师资格认证的 STEM 学士学位获得者或重要外语教师提供的资助项目	2008	1.000	1.000	1.000
Teachers for a Competitive Tomorrow：对 STEM 硕士学位或重要外语教育的资助项目（TCT－M）	2008	1.000	1.000	1.000
国家需求领域研究生资助（GAANN）	1988	30.000	31.000	31.000
教师贷款豁免	1999	15.440	38.630	49.770
美国国家海洋和大气管理局：教师在海项目	2004	0.189	0.600	0.600

续表

投资项目名称	启动时间（年）	2008 年资金投入	2009 年资金投入	2010 年资金投入
美国国家海洋和大气管理局：渔业教育计划	2007	2.242	2.242	2.313
欧内斯特霍林斯本科奖学金项目	2005	3.970	5.600	5.600
师生创新技术经验（ITEST）	2003	28.720	27.860	20.850
NHLBI HBCU 研究科学家奖	2001	0.476	0.486	0.476
国防科学与工程研究生（NDSEG）奖学金计划	1989	33.094	36.342	36.814
减重力学生飞行机会项目	1995		0.355	0.355
GSRP——研究生课程	1980	5.200	4.300	4.400
本科环境研究更多研究机会（GPO）研究经费	2007	2.242	2.242	2.313
食品与农业科学国家需求本科生和研究生奖学金补助计划	1986	2.800	2.900	2.900
学生校内科研训练奖金计划	1994	5.775	5.115	5.869
劣势大学生奖学金计划	1995	2.200	2.300	2.400
综合性大学项目——奖学金和助学金计划	2009	—	8.400	6.600
综合性大学项目——贸易学校奖学金	2009	—	1.800	2.200
南希福斯特博士奖学金项目	2001	0.468	0.620	0.603
斯托克斯教育奖学金项目	1987		1.500	1.600
国防部/SIM 中学教师暑期奖学金	2010			0.387
美国能源部科学院创建教师科学家（美国能源部法案）	2004	1.849	3.768	3.722
NIST 中学教师暑期学院	2009	0.100	0.200	0.300
师生创新技术经验（ITEST）	2003	28.720	27.860	20.850
亚太地区美国研究生暑期学院（EAPSI）	2004	1.750	1.520	1.740
学生国际研究经验交流（IRES）	2004	2.710	4.220	3.430
P3——"人类、繁荣和星球"奖：全国学生可持续发展设计大赛	2004	1.300	1.200	2.000
少数民族教育机构学生合作计划	2005	0.550	0.663	0.840

续表

投资项目名称	启动时间（年）	2008 年资金投入	2009 年资金投入	2010 年资金投入
鲁思基尔希斯坦——国家级研究单位奖：给博士前研究员，包括少数种族/民族群体，劣势背景学生，以及身患残疾的博士生	1975	47.571	55.552	56.883
倡议学生发展最大化	2001	16.443	22.335	21.412
环境健康科学研究的短期教育经验（STEER）	2008	0.568	0.763	0.568
学生校内科研训练奖金计划	1994	5.775	5.115	5.869
师生创新技术经验（ITEST）	2003	28.720	27.860	20.850
本科生研究经验（REU）	1987	62.670	100.470	80.990
生物和数学科学本科生跨学科培训（UBM）	2004	2.320	2.710	2.700
工科类本科纳米技术教育	2003	1.080	2.000	1.830
MUST——理工科大学生激励计划	2006	1.900	1.900	2.400
SURF——暑期本科生研究助学金计划	1983	0.329	0.287	0.315
美国国家海洋和大气管理局：渔业教育计划	2007	2.242	2.242	2.313
激发和支持本科生研究经验奖项（ASSURE）		4.500	4.500	4.500
等离子体物理和聚变能科学国家本科奖学金计划	1993	0.370	0.370	0.370
理科生实验室实习项目	2004	2.583	2.497	3.802
课程改进合作伙伴奖：本科课程研究整合（CIPAIR）	2008	2.750	2.711	3.111
美国国家心肺血液研究所：少数民族本科医学教育研究	2001	0.476	0.486	0.476
暑期本科研究助学金（SURF）	1993	0.511	0.627	0.740
欧内斯特霍林斯本科奖学金项目	2005	3.970	5.600	5.600
JPFP——詹金斯博士研究生奖学金计划	2001	2.564	2.525	2.625

投资项目名称	启动时间（年）	2008年资金投入	2009年资金投入	2010年资金投入
航天奖——国家航天奖学院和奖学金计划	1989	39.711	38.298	44.502
NAFP——美国宇航局管理员的奖学金项目	1999	1.200	0.415	0.300
国防科学与工程研究生奖学金计划（NDSEG）	1989	33.094	36.342	36.814
环境管理研究全国网络奖学金计划	1986		0.316	0.394
P3——"人类、繁荣和星球"奖：全国学生可持续发展设计大赛	2004	1.300	1.200	2.000
米奇利兰能源研究奖学金计划			0.478	0.500
聚变能源科学研究生奖学金计划	1985	0.750	0.800	0.700
计算机科学研究生计划	1991	6.800	6.800	7.800
理科研究生奖学金办公室（SCGF）	2010	—	—	5.000
NIFA奖学金资助计划	2010	—	—	6.457
德怀特·戴维·艾森豪威尔：交通运输资助计划	1991	1.961	1.989	2.006
总计		528.83716	691.890417	625.502616

资料来源：美国教育部网站。

参考文献

一 著作类

[1] 周洪宇、徐莉编著：《第三次工业革命与当代中国》，湖北教育出版社 2013 年版。

[2] ［美］杰里米·里夫金：《第三次工业革命》，中信出版社 2012 年版。

[3] 桂昭明：《人才资源经济学》，蓝天出版社 2005 年版。

[4] ［美］格里高利·克拉克：《应该读点经济史》，中信出版社 2009 年版。

[5] ［美］斯塔夫里阿诺斯：《全球通史》（下），北京大学出版社 2007 年版。

[6] 马克思：《资本论》第一卷，人民出版社 2004 年版。

[7] 毛泽东：《毛泽东文集》第五卷，人民出版社 1999 年版。

[8] 彭聃龄：《普通心理学》修订版，北京师范大学出版社 2001 年版。

[9] 郝克明：《跨进学习社会——建设终身学习体系和学习型社会的研究》，高等教育出版社 2006 年版。

[10] 黄富顺：《终身学习的意义、源起、发展与实施》，转引自"中华民国"教育学会主编《终身学习与教育改革》，（台北）师大学苑 1996 年发行。

[11] 吴式颖：《外国教育史教程》，人民教育出版社 1999 年版。

[12] 姜振华：《社区参与与城市社区社会资本的培育》，中国社会出版社 2008 年版。

[13] 托尔斯顿·胡森：《社会环境与学业成就》，张人杰译，云南教

育出版社 1991 年版。

［14］顾永安：《新建本科院校转型发展论》，中国社会科学出版社
2012 年版。

［15］周洪宇：《第三次工业革命与中国教育变革》，湖北教育出版社
2014 年版。

［16］约翰·罗尔斯：《正义论》，何怀宏等译，中国社会科学出版社
1988 年版。

［17］马和民、高旭平：《教育社会学研究》，上海教育出版社 1998
年版。

［18］奈尔·诺丁斯：《教育哲学》，许立新译，北京师范大学出版社
2008 年版。

［19］袁晖光：《大学生就业难本质探源》，中国社会科学出版社 2013
年版。

［20］伯顿·克拉克：《高等教育新论——多学科的研究》，王承旭、
徐辉译，浙江教育出版社 1988 年版。

二 文章类

（一）杂志

［1］祝智庭、管钰琪：《教育变革中的技术力量》，《中国电化教育》
2004 年第 324 期。

［2］郭文革：《教育的"技术"发展史》，《北京大学教育评论》
2011 年第 3 期。

［3］柯清超：《技术推动的变革与创新》，《中国电化教育》2012 年
第 303 期。

［4］马万全、单美贤：《教育发展历程中教育与技术的关系》，《苏州
大学学报》（哲学社会科学版）2009 年第 5 期。

［5］刘京京、张万红：《第三次工业革命对人才培养模式的牵引》，
《教育研究与实验》2013 年第 4 期。

［6］史降云、孙佳瑾：《第三次工业革命背景下的基础教育课程改
革——以武汉市为研究对象》，《江汉学术》2014 年第 1 期。

［7］王金波：《新技术革命与教育》，《枣庄师专学报》1986 年第

2 期。

[8] 周洪宇、鲍成中：《第三次工业革命与人才培养模式变革》，《教育研究》2013 年第 10 期。

[9] 申国昌、程功群：《第三次工业革命背景下的教学改革》，《教育研究与实验》2013 年第 4 期。

[10] 刘荣添：《语文高效课堂呼唤教师角色的转变》，《教育实践与研究》2012 年第 8 期。

[11] 柳琼华：《创新驱动发展战略与企业创新人才培养——继续教育发展的一个新视角》，《福建商业高等专科学校学报》2013 年第 12 期。

[12] 汤敏：《第三次工业革命需要什么样的教育》，《创新人才教育》2013 年第 5 期。

[13] 贠志兴：《从日本和牛看中国牛肉产业发展》，《中国畜牧业》2016 年第 8 期。

[14] 王建华：《大学转型的解释框架》，《中国地质大学学报》2011 年第 1 期。

[15] 郑鹏、曾新、熊玮、熊国保：《高校转型背景下普通院校"一体两翼"人才培养模式研究——以东华理工大学市场营销专业为例》，《东华理工大学学报》（社会科学版）2015 年第 12 期。

[16] 倪闽景：《创新驱动推动基础教育转型发展》，《基础教育参考》2013 年第 6 期。

[17] 李康林：《我国成人教育公平缺失及其完善》，《职教论坛》2009 年第 11 期。

[18] 中央教育科学研究所教育政策分析中心：《义务教育均衡发展是实现教育公平的基石》，《教育研究》2011 年第 2 期。

[19] 李康林：《我国成人教育公平缺失及其完善》，《职教论坛》2009 年第 11 期。

[20] 杜屏：《以充足性为基础的教育财政公平——美国义务教育财政政策改进对我国的启示》，《中国教育政策评论》2008 年第 12 期。

［21］曹利：《教育公平的内涵及原则》，《四川教育》2011 年第
　　　9 期。

［22］冯海波：《论公民社会中的现代教育公平》，《长江论坛》2011
　　　年第 111 期。

［23］胡小和、李菁：《浅析中国教育公平》，《家教世界》2013 年第
　　　9 期。

［24］董晓波：《和谐社会构建中的教育公平问题研究》，《教育与职
　　　业》2007 年第 12 期。

［25］北京教育科学研究院课题组：《国际社会促进教育公平的实践
　　　及其对我国的启示》，《基础教育》2009 年第 6 期。

［26］王勇、严萍：《把握教育公平的天平》，《宿州教育学院学报》
　　　2006 年第 12 期。

［27］张维维：《把握战略机遇期　办人民满意的高等教育》，《北京
　　　教育》（高教）2013 年第 633 期。

［28］孔令仁、马光汝、仲跻荣：《略论郑和的军事才能》，《思想战
　　　线》1988 年第 4 期。

［29］于桂兰、秦晓利：《英国市场经济早期工人人力资本"公地悲
　　　剧"的产权经济学分析》，《学习与实践》2009 年第 8 期。

［30］刘正良、吴强、冷松：《20 世纪 90 年代美国职业培训制度的改
　　　革及启示》，《扬州职业大学学报》2007 年第 3 期。

［31］李其龙：《德国高中规模发展的理论与实践》，《全球教育展望》
　　　2006 年第 2 期。

［32］张洪亚：《美、英、日三国高等教育大众化扩张重点之比较和
　　　借鉴》，《现代大学教育》2002 年第 6 期。

［33］段莉：《美国、日本、德国、英国人才战略实践集锦》，《现代
　　　人才》2007 年第 6 期。

［34］宋京：《"教育先行"到"国家人力资源发展"——韩国发展战
　　　略的研究及启示》，《复旦教育论坛》2009 年第 11 期。

［35］徐辉：《21 世纪世界高等教育改革的若干趋向及启示》，《比较
　　　教育研究》2015 年第 1 期。

［36］杨朝峰、赵志耘：《金融危机后主要国家科技战略与政策的调整及启示》，《科技与法律》2011 年第 12 期。

［37］刘建、魏志英：《英国创新型人才培养模式》，《中国民族教育》2012 年第 11 期。

［38］祝珣：《法国大学校精英人才培养模式及启示》，《中国人才》2011 年第 14 期。

［39］陈维嘉、罗维东、范海林、王戈、祁慧勇：《法国"大学校"办学模式及其启示——"教育部行业特色型大学发展考察团"考察报告》，《中国高等教育》2010 年第 10 期。

［40］孙进：《培养高层次应用型人才——德国应用科学大学独具特色的人才培养模式》，《世界教育信息》2012 年第 19 期。

［41］李春生、白钢：《日本全球化人才培养战略及启示》，《中国高等教育》2013 年第 2 期。

［42］姜英敏、李昕：《韩国国家创新体系下的高等教育人才培养模式改革》，《郑州师范教育》2015 年第 5 期。

［43］吴慧：《韩国高校人才培养模式的主要特征及其启示》，《教学研究》2008 年第 6 期。

［44］赵恒平、刘卉：《读"子曰"，论人才——孔子人才标准的现代启示》，《华中农业大学学报》（社会科学版）2007 年第 1 期。

［45］《中共中央国务院关于进一步加强人才工作的决定》，《国土资源高等职业教育研究》2004 年第 3 期。

［46］陈玉和：《创新的概念、创新的发生与创新教育模式》，《煤炭高等教育》2001 年第 2 期。

［47］特木尔巴根、吴灵芝：《论"少数民族高层骨干人才"基础培训生跨文化交际能力的培养》，《内蒙古师范大学学报》（教育科学版）2009 年第 11 期。

［48］黄尧：《认真贯彻落实〈教育规划纲要〉推进我国现代职业教育体系建设》，《中国职业技术教育》2012 年第 24 期。

［49］陈昌贵、翁丽霞：《高等教育国际化与创新人才培养》，《高等教育研究》2008 年第 6 期。

［50］林超宁：《学校教育信息化建设的探索》，《小学教学参考》2015 年第 27 期。

［51］李孝更、平和光、陈琳：《第三次工业革命与我国高校人才培养的变革》，《重庆高教研究》2014 年第 3 期。

［52］杨立军、刘陈：《第三次工业革命与我国高校人才培养的变革》，《中国电化教育》2010 年第 7 期。

［53］王振杰：《终身教育体制机制创新探析》，《福建论坛》（人文社会科学版）2011 年第 11 期。

［54］李红恩：《国民教育体系与终身教育体系的关系》，《辽宁教育》2012 年第 11 期。

［55］邓永庆：《终身教育发展的现状与趋势》，《中国远程教育》2007 年第 10 期。

［56］刘献君：《高等学校个性化教育探索》，《高等教育研究》2011 年第 3 期。

［57］刘彦文、袁桂林：《个性化教育的内涵与特征浅析》，《教育评论》2000 年第 4 期。

［58］刘文霞：《完整地理解个性教育》，《内蒙古师范大学学报》（哲学社会科学版）1997 年第 2 期。

［59］汪名帅：《"班级教学"与"个别教学"的博弈》，《上海教育科研》2011 年第 9 期。

［60］纪德奎：《新课改十年争鸣与反思》，《课程教材教法》2011 年第 3 期。

［61］沈光辉：《我国终身教育立法的主要问题与对策建议》，《远程教育》2014 年第 12 期。

［62］吴遵民、国卉男、赵华：《我国终身教育政策的回顾与分析》，《教育发展研究》2012 年第 17 期。

［63］黄欣：《终身教育立法：国际视野与本土行动》，《教育发展研究》2010 年第 5 期。

［64］黄海刚：《经济危机与美国高等教育变革》，《比较教育研究》2009 年第 9 期。

［65］王洪才、邹海燕：《金融危机中的美国高校：现状、对策及思考》，《比较教育研究》2010 年第 2 期。

［66］高益民：《面向个性化的日本高中教育改革》，《比较教育研究》2010 年第 6 期。

［67］胡乡峰：《终身教育体系的构建》，《通化师范学院学报》2012 年第 12 期。

［68］陆依：《我国教育个性化趋势分析和实践期待》，《求索》2013 年第 9 期。

［69］王淑杰：《日本开放式个性化教育改革及其启示》，《肇庆学院学报》2011 年第 7 期。

［70］王斌华：《奖惩性与发展性教师评价制度的比较》，《上海教育科研》2007 年第 12 期。

［71］吴彦文：《世界新技术革命对心理科学带来的机遇和挑战》，《黑龙江教育学院学报》2012 年第 1 期。

［72］潘逸阳：《新技术革命与制造业再转移带来的机遇和挑战》，《理论研究》2013 年第 2 期。

［73］顾永安：《新建本科院校转型发展若干问题探析》，《现代教育管理》2010 年第 11 期。

［74］金为民、金鑫：《高等教育如何面对新技术革命的挑战》，《中国现代教育装备》2007 年第 5 期。

［75］肖国安：《准确定位突出特色——应用型工科大学办学思考》，《高等工程教育研究》1998 年第 1 期。

［76］周世厚、江芳：《我国高校转型发展的“歧途”与“正路”》，《现代教育管理》2012 年第 8 期。

［77］何克抗、余胜泉、吴娟：《通过学校自身的内涵发展促进“教育结果公平”的创新举措》，《电化教育研究》2015 年第 5 期。

［78］陈锋：《关于部分普通本科高校转型发展的若干问题思考》，《中国高等教育》2014 年第 12 期。

［79］张辉：《高等学校分类发展的管理学阐释》，《高教探索》2005 年第 1 期。

［80］ 孟庆国、曹晔：《地方高校转型发展：路径选择与内涵建设》，《职业技术教育》2013 年第 18 期。

［81］ 陈晓东、顾永安：《转型期新建本科院校人才培养机制探析——基于价值链分析模型的视角》，《教育发展研究》2015 年第 21 期。

［82］ 杨东平：《现代大学制度的形成、演变和创新》，《国家行政学院学报》2005 年第 5 期。

［83］ 王晓辉：《20 世纪法国高等教育发展回眸》，《高等教育研究》2000 年第 2 期。

［84］ 汪少卿：《全球时代大学改革的法国道路》，《外国教育研究》2012 年第 3 期。

［85］ 刘敏、景立燕：《未来十年法国高等教育发展目标》，《新课程研究》2016 年第 1 期。

［86］ 唐春生：《德国"双元制"职教模式对行业转制高职院校教学改革的启示》，《高教论坛》2014 年第 8 期。

［87］ 高嘉勇：《德国高校课程设置与可雇佣性研究》，《天津市教科院学报》2008 年第 4 期。

［88］ 徐延宇、高源、王雅婷：《高等教育分类管理的几个关系》，《云南开放大学学报》2015 年第 12 期。

［89］ 翁文艳：《教育公平的多元分析》，《教育发展研究》2001 年第 3 期。

［90］ 易红郡：《历史视野下西方教育公平问题研究》，《湖南师范大学教育科学学报》2010 年第 9 期。

［91］ 谈松华、王建：《追求有质量的教育公平》，《人民教育》2011 年第 18 期。

［92］ 维纳雅阁·奇纳帕、谷小燕：《教育改革：仍然在公平与质量之间权衡吗?》，《比较教育研究》2012 年第 2 期。

［93］ 辛涛、黄宁：《教育公平的终极目标：教育结果公平》，《教育研究》2009 年第 8 期。

［94］ 褚宏启、杨海燕：《教育公平的原则及其政策含义》，《教育研

究》2008 年第 1 期。

[95] 辛涛、田伟、邹舟：《教育结果公平的测量及其对基础教育发展的启示》，《清华大学教育研究》2010 年第 4 期。

[96] 陈传万：《地方高校转型发展要素分析》，《安徽科技学院学报》2014 年第 5 期。

[97] 杨文伟、马宁：《阶层固化的内在逻辑及负面效应》，《社会科学论坛》2015 年第 5 期。

[98] 杨曾阳、黄崴：《城镇化进程中发达国家教育管理体制改革经验及对我国的启示——以美、日、德、英四国为例》，《当代教育科学》2014 年第 1 期。

[99] 梅秀荣：《国外是如何促进教育公平的》，《学习月刊》2007 年第 3 期。

[100] 凌琳、杨文伟：《当前教育公平问题的若干动向及启示》，《大学》（研究版）2015 年第 3 期。

[101] 祝智庭：《教育信息化与教育改革》，中国教育和科研计算机网络中心，2001 年 12 月。

[102] 张金磊、王颖、张宝辉：《翻转课堂教学模式研究》，《远程教育杂志》2012 年第 4 期。

[103] 南国农：《我国教育信息化发展的新阶段、新使命》，《电化教育研究》2011 年第 12 期。

[104] 王秋月：《"慕课""微课"与"翻转课堂"的实质及其应用》，《上海教育科研》2014 年第 8 期。

[105] 陈玉琨：《中小学慕课与翻转课堂教学模式研究》，《课程·教材·教法》2014 年第 10 期。

[106] 胡铁生、黄明燕、李民：《我国微课发展的三个阶段及其启示》，《远程教育杂志》2013 年第 8 期。

[107] 聂曼曼：《普通高等学校图书馆规程解读》，《内蒙古科技与经济》2016 年第 5 期。

[108] 吴孟帅：《义务教育阶段教师轮岗交流制度的影响及启示》，《教育评论》2015 年第 11 期。

［109］徐鹏等：《大数据视角分析学习变革——美国〈通过教育数据挖掘和学习分析促进教与学〉报告解读及启示》，《远程教育杂志》2013 年第 6 期。

［110］徐勇：《大数据时代观下的教育质量监控》，《师道》2014 年第 5 期。

（二）报纸

［1］习近平：《敏锐把握世界科技创新发展趋势，切实把创新驱动发展战略实施好》，《人民日报》2013 年 10 月 2 日。

［2］谈松华：《全民学习践行教育终身化战略》，《中国教育报》2015 年 9 月 9 日第 7 版。

［3］郑晋鸣、王玉婷：《开放大学：搭建全民终身学习"立交桥"》，《光明日报》2014 年 12 月 27 日第 4 版。

［4］颜维琦、曹继军：《上海：终身教育"学分银行"正式成立》，《光明日报》2012 年 8 月 5 日第 5 版。

［5］翟帆、鲁昕：《深化教育综合改革开启全民终身学习新常态》，《中国教育报》2014 年 11 月 5 日第 3 版。

［6］肖文：《我国应对新科技革命和新产业革命的再思考》，《中国经济导报》2014 年 8 月 30 日第 A02 版。

［7］潘懋元：《构建多样化的本科教育》，《中国教育报》2005 年 4 月 1 日。

［8］陈如平：《走向有质量的教育公平》，《中国教育报》2007 年 8 月 18 日第 3 版。

［9］冯蕾、鲁元珍：《2015：收入增长如何更公平》，《光明日报》2015 年 2 月 26 日第 15 版。

［10］李建忠、孙诚、李水山、焦流：《教育公平：国外的探索与经验》，《中国教育报》2006 年第 11 期。

［11］马海伊：《强化教育扶贫攻坚，推动教育事业发展》，《凉山日报》（汉）2015 年 9 月 22 日。

［12］李玉梅、熊若愚：《让每个孩子都能接受公平有质量的教育》，《学习时报》2015 年 5 月 25 日。

后　记

　　受教育部发展规划司和学校规划建设发展中心委托，以课题组负责人王大超教授为首的沈阳师范大学研究团队承担了"新技术革命与中国未来教育"重点课题研究，课题组成员有：袁晖光、张野、王东升、陈献勇、温凤媛、王尧和马春晓。本书是这项重点委托课题的核心研究成果，研究旨在跳出传统的教育思维模式，适应经济新常态的要求，使新的教育理念、教育手段、人才培养模式融入未来的教育中。

　　课题负责人王大超教授负责撰写完成了课题研究总报告，构建了研究的整体内容框架和逻辑架构，为系统深入地探寻新技术革命背景下中国未来教育的发展路径，采用现象学研究范式对不同国家为适应和促进不同阶段技术革命发生和发展采用的人力资本战略进行了比较研究，运用解释学研究范式对人力资本助推技术革命进行理论探讨，使用建构主义研究范式对新的历史时期我国的人才需求特征、人才培养模式、高校转型发展、终身教育、个性化教育、教育公平等问题进行了分析和建构。围绕这一核心逻辑架构，整体研究分为七个子课题，分别对应本书的七个章节。马春晓负责撰写绪论部分；王尧负责撰写第一章；袁晖光负责撰写第二章；张野负责撰写第三章；温凤媛负责撰写第四章；王东升负责撰写第五章；陈献勇负责撰写第六章；王大超、马春晓负责统稿。

　　书稿的顺利完成离不开教育部的各位领导专家的关心和支持。特别感谢教育部学校规划建设发展中心陈锋主任、教育部发展规划司规划处周天明处长、教育部学校规划建设发展中心研究与数据处张智副处长在课题研究期间提供的支持和指导。感谢著名教育管理理论学家、沈阳师范大学教育经济与管理研究所所长孙绵涛教授对课题研究提出的宝贵咨询建议。感谢教育部教育与战略研究理事会秘书处为我们提供了专著出版资助，这不仅是对课题组研究成果的一种认可，更是一种激励，激励我们要以更加严谨的治学态度来开展更加深入的研究。感谢中国社会科学出版社经济与管理出版中心卢小生编审，让课题组有机会在代表中国社会科学研究最高水平的出版平台宣传出版我们的研究成果。

王大超

2016 年 11 月 1 日